複合構造シリーズ 09

FRP 接着による構造物の補修・補強指針（案）

土木学会

Hybrid Structure Series 09

Guidelines for Repair and Strengthening of Structures using Externally Bonded FRP

July 2018

Japan Society of Civil Engineers

序

　複合構造物とは，コンクリートと鋼などの異なる2種類以上の材料の組み合わせによる構造物であるが，新設時に複合構造物ではなかった構造物でも，時間が経過し，補修・補強が必要となった時に，複合構造化による対処が効果的である場合がある．このような維持管理における複合化技術の中でも注目されたものとして，コンクリート構造物の補修・補強に炭素繊維を用いて，FRPとしてコンクリート表面に貼り付けて複合化する技術があげられる．FRPの軽量性を活かして施工性が優れていることなどの特長を有していた．この技術について，土木学会においてはコンクリート委員会による研究が進められ，2000年にコンクリートライブラリー101「連続繊維シートを用いたコンクリート構造物の補修補強指針」として成果が発刊されている．

　上記指針が発刊されて以降，FRPを用いた補修・補強技術は，材料，設計法などについて国内外で多くの研究・技術開発が行われるとともに，鋼構造物や複合構造物の補修・補強にも適用が可能であり効果が期待できることが明らかとなってきた．このため，これらの新しい材料や知見を取り入れた，指針の改訂が必要な状況となっていた．

　複合構造委員会では発足後まもなくの，2006年度より，FRPを用いた構造物の複合化による補修・補強技術についての研究に，複数の小委員会を設置して取り組みを推進した．その成果は，2014年制定の複合構造標準示方書におけるFRPによる補強の記述に結実しているが，より具体的な標準的手法の記述については，FRP接着による構造物の補修・補強指針の制定が必要となっていた．このため，FRPによる構造物の補修・補強指針作成小委員会 (H106委員会) (大垣賀津雄委員長 (ものつくり大学)) を設置して検討を進め，今般，その成果を複合構造シリーズ09として，世に送り出すものである．

　本指針ではコンクリート構造物，鋼構造物の双方を対象としているが，補修・補強の材料・技術としては，FRP接着を対象としている．しかし，補修・補強工法にはFRP接着以外のものも数多くあり，補修・補強工法の種類によらず，構造物の補修・補強の際に共通的に考慮すべき事項があり，その標準的な事項や手法を記述することは，補修・補強指針の策定に当たっては重要と考えられる．このような観点から，本指針では，FRP接着による補修・補強技術に先立つ標準手法として，構造物の補修・補強標準をとりまとめている．なお，この検討はコンクリート委員会のセメント系材料を用いたコンクリート構造物の補修補強研究小委員会（263委員会）（上田多門委員長（北海道大学））との連携によって行われ，共通の成果が得られている．

　最後に，本指針（案）をとりまとめるに際してご尽力を賜った，FRPによる構造物の補修・補強指針作成小委員会の大垣賀津雄委員長，小林朗幹事長，中村一史連絡幹事をはじめ，小委員会のメンバー各位，構造物の補修・補強標準のとりまとめにご尽力頂いた，セメント系材料を用いたコンクリート構造物の補修補強研究小委員会の皆さま，意見照会にご協力頂いた複合構造委員会の委員・幹事各位ならびに本指針の発刊に御理解・ご協力頂いたコンクリート委員会の皆さまに謝意を表します．

2018年7月

複合構造委員会

委員長　西﨑　到

土木学会　複合構造委員会　委員構成

（平成 29，30 年度）

顧　問　　　池田　尚治，伊藤　壮一，栗田　章光，中村　俊一，三浦　尚
委 員 長　　西﨑　到
副委員長　　下村　匠
幹 事 長　　溝江　慶久

池田　学	石川　敏之	岩波　光保	上田　多門	大垣賀津雄	○大久保宣人
大西　弘志	大山　理	大山　博明	緒方　辰男	奥井　義昭	街道　浩
○葛西　昭	上原子晶久	○川端雄一郎	菅野　貴浩	○北根　安雄	鬼頭　宏明
熊野　拓志	小林　朗	○斉藤　成彦	○齋藤　隆	島　弘	杉浦　邦征
○平　陽兵	高嶋　豊	高野　正克	髙橋　良輔	○滝本　和志	竹村　浩志
立神　久雄	谷口　望	玉井　真一	趙　唯堅	利根川太郎	内藤　英樹
長井　宏平	中島　章典	○中村　一史	中村　光	西岡　勉	○仁平　達也
○橋本国太郎	橋本　努	○広瀬　剛	藤井　堅	藤山知加子	古市　耕輔
古内　仁	○牧　剛史	松井　孝洋	○松本　高志	松本　幸大	三ツ木幸子
山本　広祐	横田　弘	渡辺　忠朋			

（五十音順，敬称略）

（○印：委員兼幹事）

土木学会　複合構造委員会　委員構成

（平成 27，28 年度）

顧　　問　　池田　尚治，伊藤　壮一，栗田　章光，三浦　尚
委 員 長　　奥井　義昭
副委員長　　西﨑　到
幹 事 長　　滝本　和志

○池田　学	石川　敏之	岩波　光保	上田　多門	大垣賀津雄	○大久保宣人
大西　弘志	大山　理	大山　博明	街道　浩	○葛西　昭	加藤　暢彦
金治　英貞	上原子晶久	川端雄一郎	菅野　貴浩	北根　安雄	鬼頭　宏明
熊野　拓志	小林　朗	近藤富士夫	○斉藤　成彦	○齋藤　隆	佐々木保隆
紫桃孝一郎	島　弘	○下村　匠	杉浦　邦征	○平　陽兵	高野　正克
立神　久雄	玉井　真一	趙　唯堅	利根川太郎	内藤　英樹	中島　章典
○中村　一史	中村　俊一	中村　光	○広瀬　剛	藤井　堅	藤山知加子
古市　耕輔	古内　仁	○牧　剛史	松田　一史	○松本　高志	松本　幸大
○溝江　慶久	三ツ木幸子	山本　広祐	横田　弘	渡辺　忠朋	

（五十音順，敬称略）

（○印：委員兼幹事）

まえがき

FRP による土木造物の補修・補強は，1990 年代初頭に連続繊維シート接着工法がわが国で開発され，RC 橋脚の耐震補強や RC 床版の延命化などのコンクリート構造物の補修・補強に広く適用されるようになっており，土木学会・コンクリート委員会から，2000 年に世界に先駆けて性能照査型の「連続繊維シートを用いたコンクリート構造物の補修補強指針」が発刊されている．

また近年，土木学会・複合構造委員会では，FRP を鋼構造物の表面に接着して補修・補強する技術も開発され，その適用が広がりつつあることから，FRP による鋼および複合構造の補修・補強小委員会（H18-H20 年度）において，指針作成に向けて調査研究が行われている．さらに，複合構造委員会では，新材料による複合技術研究小委員会（H17-H19 年度），維持管理研究小委員会（H17-H19 年度），樹脂材料による複合技術研究小委員会（H21-H22 年度），FRP によるコンクリート構造の補強設計小委員会（H22-H25 年度），FRP と鋼の接合方法に関する調査研究小委員会（H23-H25 年度）において，補修・補強に用いられる各種 FRP および樹脂の材料特性，異種材料である FRP と鋼およびコンクリートの接合技術，FRP を接着・巻立て補強した構造物の性能評価方法について精力的に調査研究を行ってきた．これらの成果をもとに 2014 年制定「複合構造標準示方書」では FRP で補強された（鋼・コンクリート）部材の性能評価について基本的な考え方が示されている．

一方，現在国内外で利用されている FRP による補修・補強に関する設計施工指針では，近年開発された補強用 FRP や高伸度弾性樹脂などの新しい材料に関する諸元，はく離破壊のメカニズム，および補修・補強された部材の耐久性（環境作用と疲労）等に関する最新の知見が十分に取り入れられ，整理されているとは言い難いのが実情である．このような状況の中で，コンクリートのみならず鋼構造を含めた構造物共通の FRP による補修・補強指針をまとめて，FRP の材料特性を正しく評価するとともに，FRP と鋼およびコンクリートとの接合強度を評価したうえで，補修・補強部材の力学的性能や耐久性について精度よく予測できる設計手法，および，これらを実現するために必要な施工や維持管理の手法を提示することは極めて意義がある．以上の経緯から，複合構造委員会に「FRP による構造物の補修・補強指針作成小委員会」が設置された．本小委員会は上述のこれまで活動を行った小委員会で主導的な立場の関係者や産官学の専門家で構成され，2016 年度は，本小委員会内に共通編 WG，鋼構造 WG，コンクリート WG，材料・試験法 WG を設置して指針案作成に取り組んだ．2017 年度は，さらに各 WG から出された原案の共通部分の統合や内容調整を行うために，総則 WG，材料・試験法 WG，設計 WG，施工 WG に再編して，本指針を最終的に取りまとめた．

本指針では，「構造物の補修・補強標準」を新たに作成し，並行して作成されているコンクリート委員会の「セメント系材料を用いたコンクリート構造物の補修補強指針（案）」と本指針との共通の標準として位置付けた．この補修・補強標準は，今後，コンクリート構造物や複合構造物の補修・補強工法に共通の標準ともなることを想定している．

構造物の補修・補強標準を示したこと以外に，今回の指針の特徴を要約すると次の通りである．①コンクリートのみならず鋼構造物の FRP による補修・補強の設計・施工方法を示していること，②新しい補強用 FRP 材料や高伸度弾性樹脂などの諸元を示したこと，③はく離破壊のメカニズムの考え方や補強された部材の耐久性評価法を規定したことである．

この指針（案）の付属資料として，接着接合に関する次の 2 つの試験法を示した．

・補強用 FRP の接着接合に用いる接着用樹脂材料と鋼材との接着試験方法（案）

・鋼板と当て板の接着接合部における強度の評価方法（案）

さらに，以下を参考資料として掲載した．

・制定資料

・資料集（補修・補強に用いる材料について，補強 FRP の信頼限界について，鋼板と当て板の接着接合部における強度の評価方法（案）に基づく評価事例，補強用 FRP が下面接着された道路橋 RC 床版の疲労耐久性，参考試験方法：連続繊維シートの曲げ引張試験方法（案））

・FRP 接着により補修・補強した構造物の性能照査例

・FRP 接着による構造物の補修・補強事例

　最後に，本指針（案）をとりまとめるに際してご尽力を賜った，本小委員会の小林朗幹事長，中村一史幹事（鋼構造 WG 主査，設計 WG 主査），斉藤成彦幹事（共通編 WG 主査，総則編 WG 主査），西﨑到幹事（材料・試験法 WG 主査），上原子晶久幹事（コンクリート WG 主査），立神久雄幹事（施工 WG 主査）はじめ，活発に活動頂きました小委員会のメンバー各位に御礼を申し上げます．また，意見照会にご協力頂いたコンクリート委員会，複合構造委員会の委員・幹事各位に謝意を表します．

　本指針は世界的に見ても新規性があり，最新の技術的な知見を取り入れたものといえる．本指針の国際標準化などを通じて海外でも，実務に有用な指針となることを期待している．また，FRP を用いた補修・補強工法は技術の発展途上にあり，今後も内容が更新されていくことを合わせて期待したい．

2018 年 7 月

FRP による構造物の補修・補強指針作成小委員会

委員長　大垣　賀津雄

土木学会　複合構造委員会
FRP による補修・補強指針作成小委員会　委員構成

委 員 長　大垣賀津雄　（ものつくり大学）

副委員長　佐藤　靖彦　（北海道大学）

幹 事 長　小林　　朗　（新日鉄住金マテリアルズ(株)）

委　員

新井　崇裕　（鹿島建設(株)）　　　　　　池田　　学　（(公財)鉄道総合技術研究所）

石川　敏之　（関西大学）　　　　　　　　岩下健太郎　（名城大学）

上田　多門　（北海道大学）　　　　　　　笠井　尚樹　（北武コンサルタント(株)）

○上原子晶久　（弘前大学）　　　　　　　北根　安雄　（名古屋大学）

　子田　康弘　（日本大学）　　　　　　○斉藤　成彦　（山梨大学）

　下村　　匠　（長岡技術科学大学）　　　立石　晶洋　（新日鉄住金マテリアルズ(株)）

○立神　久雄　（ドーピー建設工業(株)）　○中村　一史　（首都大学東京）

○西崎　　到　（(国研)土木研究所）　　　久部　修弘　（三菱ケミカルインフラテック(株)）

　秀熊　佑哉　（新日鉄住金マテリアルズ(株)）　広瀬　　剛　（(株)高速道路総合技術研究所）

　細見　直史　（日本ファブテック(株)）　堀井　久一　（コニシ(株)）

　松井　孝洋　（東レ(株)）　　　　　　　宮下　　剛　（長岡技術科学大学）

　山口　恒太　（パシフィックコンサルタンツ(株)）

（五十音順，敬称略）

（○印：委員兼幹事）

土木学会　複合構造委員会
FRP による補修・補強指針作成小委員会
ワーキンググループ委員構成

第 1 期　2016 年 4 月～2017 年 3 月

［共通 WG］

主　査　　斉藤　成彦

委　員

池田　学	上田　多門	上原子晶久	下村　匠
中村　一史	広瀬　剛	山口　恒太	

［材料・試験法 WG］

主　査　　西﨑　到

委　員

岩下健太郎	北根　安雄	久部　修弘	秀熊　佑哉
堀井　久一	松井　孝洋		

［鋼構造 WG］

主　査　　中村　一史

委　員

石川　敏之	北根　安雄	久部　修弘	秀熊　佑哉
細見　直史	松井　孝洋	宮下　剛	

［コンクリート構造 WG］

主　査　　上原子晶久

委　員

新井　崇裕	岩下健太郎	笠井　尚樹	子田　康弘
立石　晶洋	立神　久雄	久部　修弘	

第 2 期　2017 年 4 月～2018 年 3 月

［総則 WG］

主　　査　　斉藤　成彦

委　　員

| 池田　学 | 上田　多門 | 上原子晶久 | 子田　康弘 |
| 下村　　匠 | 中村　一史 | 広瀬　　剛 | 山口　恒太 |

［材料・試験法 WG］

主　　査　　西﨑　到

委　　員

| 北根　安雄 | 久部　修弘 | 秀熊　佑哉 | 堀井　久一 |
| 松井　孝洋 | | | |

［設計 WG］

主　　査　　中村　一史

委　　員

| 新井　崇裕 | 石川　敏之 | 岩下健太郎 | 笠井　尚樹 |
| 立石　晶洋 | 立神　久雄 | 宮下　　剛 | |

［施工 WG］

主　　査　　立神　久雄

委　　員

| 笠井　尚樹 | 久部　修弘 | 秀熊　佑哉 | 細見　直史 |
| 松井　孝洋 | | | |

（五十音順，敬称略）

複合構造シリーズ 09

FRP 接着による構造物の補修・補強指針（案）

目　次

構造物の補修・補強標準

1章　総　　則 1
　1.1　適用の範囲 1
　1.2　用語の定義 2
2章　補修・補強の基本 3
　2.1　一　　般 3
　2.2　補修・補強の計画 4
　2.3　補修・補強の流れ 4
3章　補修・補強の設計 7
　3.1　一　　般 7
　3.2　既設構造物の調査 7
　3.3　構造計画 8
　3.4　材料の設計値 10
　3.5　作　　用 12
　3.6　性能照査 13
4章　補修・補強の施工 15
　4.1　一　　般 15
　4.2　施工計画 15
　4.3　施　　工 16
　4.4　検　　査 17
　4.5　記　　録 17
5章　補修・補強後の維持管理 18
　5.1　一　　般 18
　5.2　点　　検 18
　5.3　評　　価 19
　5.4　対　　策 19

FRP 接着による構造物の補修・補強指針（案）

1 章 総 則 21

  1.1 適用の範囲 21

  1.2 補修・補強の基本 22

  1.3 用語の定義 24

  1.4 記 号 24

2 章 既設構造物の調査 26

  2.1 一 般 26

  2.2 詳細調査 26

  2.3 記 録 28

3 章 材 料 29

  3.1 一 般 29

  3.2 既設構造物中の材料 29

    3.2.1 コンクリート 29

    3.2.2 鉄筋および PC 鋼材 30

    3.2.3 構造用鋼材 30

    3.2.4 接合用鋼材 31

    3.2.5 構造用 FRP 31

  3.3 補修・補強に用いる材料 31

    3.3.1 材料の品質 31

      3.3.1.1 補強用 FRP 31

      3.3.1.2 接着用樹脂材料 32

      3.3.1.3 表面保護材 34

      3.3.1.4 その他の材料 35

    3.3.2 材料の特性値と設計用値 35

      3.3.2.1 一 般 35

      3.3.2.2 補強用 FRP 36

      3.3.2.3 接着用樹脂材料 38

4 章 作 用 39

  4.1 一 般 39

  4.2 補修・補強の設計における作用 39

5 章 補修・補強の設計 41

  5.1 一 般 41

  5.2 構造計画 41

  5.3 構造詳細 43

6章　構造解析および応答値の算定 45

　6.1　一　　般 45

　6.2　部材のモデル化 46

　　6.2.1　一　　般 46

　　6.2.2　線材モデル 46

　　6.2.3　有限要素モデル 48

　6.3　構造解析 49

　6.4　設計応答値の算定 50

　　6.4.1　一　　般 50

　　6.4.2　断 面 力 50

　　6.4.3　応 力 度 50

　　6.4.4　ひび割れ幅 52

　　6.4.5　変位・変形 52

7章　性能照査における前提 53

　7.1　一　　般 53

　7.2　耐久性に関する検討 53

　7.3　クリープに対する検討 54

　7.4　構造細目 54

　　7.4.1　一　　般 54

　　7.4.2　補強用 FRP の定着長 55

　　7.4.3　部材の隅角部 57

　　7.4.4　補強用 FRP の継手 57

　　7.4.5　補強用 FRP の機械的定着 58

　7.5　施工に関する検討 58

8章　安全性に関する照査 59

　8.1　一　　般 59

　8.2　断面破壊に対する照査 59

　　8.2.1　一　　般 59

　　8.2.2　軸方向力に対する照査 64

　　　8.2.2.1　一　　般 64

　　　8.2.2.2　コンクリート部材の照査 65

　　　8.2.2.3　鋼部材の照査 65

　　8.2.3　曲げモーメントに対する照査 67

　　　8.2.3.1　一　　般 67

　　　8.2.3.2　コンクリート部材の照査 67

　　　8.2.3.3　鋼部材の照査 67

　　8.2.4　せん断力に対する照査 68

　　　8.2.4.1　一　　般 68

iii

8.2.4.2 コンクリート部材の照査 69

8.2.4.3 鋼部材の照査 75

8.2.5 曲げモーメントと軸方向力の組合せに対する照査 76

8.2.5.1 一　　般 76

8.2.5.2 コンクリート部材の照査 76

8.2.5.3 鋼部材に対する照査 78

8.2.6 その他の断面力の組合せに対する照査 79

8.2.6.1 一　　般 79

8.2.6.2 コンクリート部材の照査 79

8.2.6.3 鋼部材の照査 81

8.3 疲労破壊に対する照査 81

8.3.1 一　　般 81

8.3.2 コンクリート部材の照査 82

8.3.3 鋼部材の照査 84

8.4 地震作用に対する照査 85

8.4.1 一　　般 85

8.4.2 コンクリート部材の照査 85

8.4.3 鋼部材の照査 87

9 章　使用性に関する照査 89

9.1 一　　般 89

9.2 使用性の照査の前提 89

9.3 快適性に対する照査 89

9.3.1 一　　般 89

9.3.2 外観に対する照査 90

9.3.3 振動に対する照査 91

9.3.4 変位・変形に対する照査 92

9.4 機能性に対する照査 93

9.4.1 一　　般 93

9.4.2 水密性に対する照査 93

10 章　復旧性に関する照査 94

10.1 一　　般 94

10.2 偶発作用に対する修復性の照査 94

10.3 火災作用に対する修復性の照査 94

10.4 衝突作用に対する修復性の照査 95

11 章　補修・補強の施工 96

11.1 一　　般 96

11.2 施工計画 96

11.3 材料の取扱い 97

11.4　施　　工 98

　11.4.1　一　　般 98

　11.4.2　劣化部の除去・補修 100

　11.4.3　下地処理 100

　11.4.4　補強用 FRP の接着 102

　11.4.5　仕上げ工 103

　11.4.6　検　　査 105

　　11.4.6.1　材料の受入れ検査 105

　　11.4.6.2　材料の保管状態の検査 105

　　11.4.6.3　下地処理，プライマー塗布および不陸修正の検査 105

　　11.4.6.4　施工中および施工後の補強用 FRP の検査 106

12 章　補修・補強の記録・保存 107

　12.1　一　　般 107

　12.2　記録項目 107

13 章　補修・補強後の維持管理 108

　13.1　一　　般 108

　13.2　点検および評価 108

　13.3　対　　策 109

参考文献 110

付属資料 1：補強用 FRP の接着接合に用いる接着用樹脂材料と鋼材との接着試験方法（案） 113

付属資料 2：鋼板と当て板の接着接合部における強度の評価方法（案） 117

参考資料

制定資料

1.「1章　総則」について 131

2.「5章　補修・補強の設計」について 132

3.「6章　構造解析および応答値の算定」について 134

4.「7章　性能照査における前提」について 139

5.「8章　安全性に関する照査」について 143

資料集

A：補修・補強に用いる材料について 149

B：補強用 FRP の信頼限界について 155

C：鋼板と当て板の接着接合部における強度の評価方法（案）に基づく評価事例 157

D：補強用 FRP が下面接着された道路橋 RC 床版の疲労耐久性 180

E：連続繊維シートの曲げ引張試験方法（案）............................... 189

FRP 接着により補修・補強した構造物の性能照査例

Part A：コンクリート構造物

1.　FRP 接着による単柱式道路橋橋脚の耐震補強 193

2.　FRP シート接着による RC 桁の曲げ補強 215

3.　FRP プレート（緊張あり）接着による PC 単純 T 桁橋の曲げ補強 220

Part B：鋼構造物

1.FRP シート接着によるトラス橋下弦材の断面欠損補修（引張力）......... 227

2.FRP ストランドシート接着によるトラス橋下弦材の断面欠損補修（圧縮力）...... 233

3.FRP ストランドシート接着による鈑桁下フランジの断面欠損補修 241

4.FRP シート接着による鈑桁端部の断面欠損補修（支点反力）......... 248

5.FRP シート接着によるウェブ下端部の断面欠損補修（せん断力）..... 257

FRP 接着による構造物の補修・補強事例

FRP 接着による構造物の補修・補強事例 261

構造物の補修・補強標準

1章 総　則

1.1　適用の範囲

構造物の補修・補強標準は，各種構造物の補修・補強における共通の事項を示すものである．

【**解　説**】　構造物がその設計耐用期間を通じて設定された要求性能を満足するためには，適切な設計および確実な施工とともに，供用後の適切な維持管理が必要である．構造物の維持管理では，点検で入手した情報に基づいて構造物が保有する性能を評価し，性能の回復や向上が必要と判断された場合には，必要な補修・補強を実施することになる．この標準は，鋼やコンクリートで構成された構造物の補修・補強を実施する上で，各種補修・補強工法に共通の事項を示したものである．

構造物の補修では，新設時に設定した性能に回復させることを目標として，ひび割れやき裂の修復，断面の修復，表面の処理，欠落部品の交換・取替え，部位の追加等の各種補修工法を適用するとともに，性能低下を引き起こす要因がもたらす影響を低減する必要がある．また，構造物の補強では，新設時の性能に関わらず設定した要求性能を満足するように，断面の増加，部材の交換・追加，支持点の追加，補強材の追加，応力の導入等の各種補強工法を適用し，補強後の構造物が所要の性能を満足することを適切な照査法により確認する必要がある．

これまで多くの補修・補強工法が提案され，実際に適用されているが，中には想定した効果を十分に発揮できていないものや，早期に効果が失われているものがあることが確認されている．その要因としては，使用する材料の特性を十分に把握できていないこと，性能の回復や向上が確実に達成できる設計となっていないこと，必要な施工環境が確保されていないこと，性能低下を引き起こす要因を把握できていないことなどが考えられる．適用した補修・補強工法が想定した効果を発揮しているかについて十分に検証を行い，記録を残していくことが必要である．

この標準は，補修・補強の計画，設計，施工，補修・補強後の維持管理に関して，適用する補修・補強工法によらない共通の事項を示すものである．各種補修・補強工法の具体的な適用に関しては，以下に示す土木学会が発刊する関連規準とともに，補修・補強の方法を具体的に定めた指針を参照することを前提としている．

コンクリート標準示方書［基本原則編］，［設計編］，［施工編］，［維持管理編］

鋼・合成構造標準示方書［総則編・構造計画編・設計編］，［施工編］，［維持管理編］

複合構造標準示方書［原則編］，［設計編］，［施工編］，［維持管理編］

セメント系材料を用いたコンクリート構造物の補修・補強指針［2018年制定］

FRP接着による構造物の補修・補強指針（案）［2018年制定］

1.2 用語の定義

この標準では，次のように用語を定義する．

設計耐用期間：構造物または部材が要求性能を満足する設計上の期間．

補　　修：力学的性能を供用開始時に構造物が保有していた程度まで回復させるための行為．または，第三者への影響の除去，および美観や材料劣化抵抗性の回復や向上を目的とした対策．

補　　強：力学的性能を供用開始時に構造物が保有していた以上の性能まで向上させるための行為．

2章　補修・補強の基本

2.1　一　般

（1）構造物の補修・補強は，回復や向上させる性能を明確にしたうえで，補修・補強後の構造物が要求性能を所定の期間満足するように実施しなければならない．

（2）補修・補強の実施にあたっては，補修・補強の設計，施工，ならびに補修・補強後の維持管理に至る計画を策定するものとする．

（3）補修・補強は，残存する供用期間と，性能を保持できると評価された期間との関係に基づき，費用便益やライフサイクルコスト等を考慮して実施するものとする．

【解　説】　（1）について　構造物の補修・補強にあたっては，対象構造物の保有する性能を適切な方法により評価し，回復や向上させる性能とそのレベルを明確にする必要がある．また，補修・補強後の構造物が残存する設計耐用期間において要求された性能を満足するように，適用する補修・補強工法の効果が持続する期間を明確にしておく必要がある．構造物の性能評価に基づいた適切な補修・補強を実施しなければ，対症療法的な対策となり，必要な性能回復や向上が得られない場合や，補修・補強後の構造物が早期に性能低下を引き起こす場合がある．

設定した設計耐用期間において補修・補強後の構造物に要求される性能を満足させるためには，使用する材料の特性を十分に把握しておくこと，性能の回復や向上が確実に達成できる設計とすること，必要な施工環境を確保すること，性能低下を引き起こす要因を適切に把握し，その影響を低減することなどが重要である．使用する材料の選定では，特に接着剤等の接合材料の耐用期間や，適用可能な環境条件等に配慮する必要がある．また，補修・補強の施工において，温度や湿度等の必要な施工環境が確保されていなければ，期待する効果が得られず，必要な性能が発揮できない場合や早期の性能低下が生じる場合がある．その他，材料劣化が生じた構造物の補修・補強においては，劣化部の除去や劣化要因の把握が適切に行われなければ，早期に再劣化を生じる可能性が考えられる．したがって，補修・補強後の構造物が性能を保持できる期間を明確にし，適切な維持管理を実施することが必要である．

（2）について　補修・補強の計画は，性能の回復や向上が確実に達成されるように設計での構造計画や施工計画を検討するとともに，補修・補強の効果が所定の期間保持されるように補修・補強後の構造物の維持管理計画を検討した上で策定する必要がある．

（3）について　補修・補強に先立って実施される既設構造物の性能評価では，当該構造物の点検時点での各性能の限界値に対する余裕度や，性能を保持できる期間が明らかとなる．さらに，補修・補強後の性能評価では，補修・補強後の構造物の設計耐用期間を明確にしなければ，設計耐用期間中に想定外の補修・補強を繰返すことで，ライフサイクルコストが増大することが考えられる．したがって，補修・補強の対象となる構造物が属する施設の残存する供用期間と，補修・補強後の構造物が性能を保持する期間との関係に基づいて，ライフサイクルコストが最小となるような補修・補強を実施することが重要である．特に，補修・補強工法の選定では，各工法の費用便益やライフサイクルコストを考慮するのがよい．

2.2 補修・補強の計画

（1）補修・補強の計画は，補修・補強の対象となる構造物の現況を考慮して策定しなければならない．

（2）補修・補強の計画では，補修・補強の設計，施工，補修・補強後の維持管理を総合的に考慮して策定しなければならない．

（3）補修・補強を確実に遂行するために，適切な実施体制を整えなければならない．

【解　説】　（1）について　構造物の補修・補強は，既設の構造物を供用しながら実施されるのが一般的である．そのため，既設構造物の調査や，補修・補強の施工における制約が厳しい場合が多く，作業従事者の作業環境や安全性等に対する配慮を十分に行うとともに，補修・補強後の構造物が確実に要求性能を満足するように綿密な計画を策定することが重要である．したがって，補修・補強の前に実施される点検において，当該構造物の現況を適切に把握しておくことが求められる．

補修・補強の実施にあたっては，補修・補強の設計や施工の検討に必要な情報を取得するために，既設構造物の詳細な調査を計画する必要がある．特に，適用する補修・補強工法の選定は，既設構造物の調査の結果に基づき総合的に判断されることになる．

（2）について　補修・補強の計画は，設計における構造計画，施工計画，補修・補強後の維持管理計画を総合的に検討することにより，構造物の重要度，設計耐用期間，供用条件，施工方法，品質管理や検査の状況，維持管理の難易度等に配慮し，補修・補強後の構造物が所要の性能を確保できるように策定する．また，合理的な補修・補強とするためには，当該構造物の維持管理計画との連携を図る必要がある．

（3）について　構造物の補修・補強は，工期を含め各種の制約条件が厳しいことが想定されるため，補修・補強を確実に遂行するためには，必要となる組織，人員，材料，予算等を確保し，適切な実施体制を整える必要がある．

2.3 補修・補強の流れ

（1）構造物の補修・補強は，策定された補修・補強の計画に基づき，補修・補強の対象となる既設構造物の調査，補修・補強の設計，施工，記録，補修・補強後の維持管理により実施するものとする．

（2）補修・補強の対象となる既設構造物の調査では，補修・補強の合理的な設計，および確実な施工のために必要な情報を取得するものとする．

（3）補修・補強の設計では，補修・補強後の構造物が所定の期間を通じて要求された性能を満足することを適切な方法で照査するものとする．

（4）補修・補強の施工は，設計で設定した性能が確保されるように実施するものとする．

（5）補修・補強後の構造物の維持管理を効果的に行うために，実施した調査，設計，施工に関する情報を記録するものとする．

（6）補修・補強後の構造物が要求された性能を所定の期間保持するように，適切な維持管理を行うものとする．

【解　説】　（1）について　構造物の補修・補強は，策定された補修・補強の計画に基づき，解説 図 2.3.1 に示す既設構造物の調査，補修・補強の設計と性能照査，補修・補強の施工によって実施され，補修・補強に関する情報を記録した上で，補修・補強後の維持管理に至るものとする．

　（2）について　補修・補強にあたっては，詳細調査を実施するなどして，補修・補強の設計や施工に必要な情報を入手する．補修・補強の設計に関しては，工法の選定や構造詳細の決定に際し，既設構造物に対する作用（荷重条件や環境条件），境界条件（隣接構造物や隣接部材との関係，変状の空間分布），既設構造物中の材料の状態等の情報が必要である．補修・補強の施工に関しては，施工方法や工程の決定に際し，既設構造物の環境条件，施工空間や資材の仮置き場，供用の状態等の情報が必要である．

　（3）について　補修・補強の設計では，補修・補強後の構造物が所定の性能を満足するように，工法の選定等を含む構造計画を策定し，構造詳細を決定する．また，補修・補強の対象となった性能が確実に回復または向上されること，および構造物が補修・補強の直後だけでなく，残存する設計耐用期間において所定の性能を満足することを性能照査によって確認する．補修・補強では，新たに接合する材料，部位，部材に

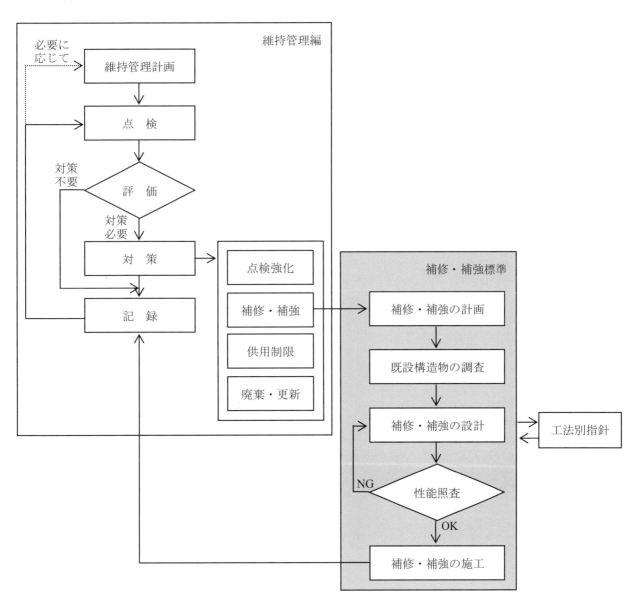

解説 図 2.3.1　補修・補強の流れ

どのような特性や性能を期待し，接合後にどのような一体性を設計の条件とするのかを明確にしておく必要がある．

（4）について　補修・補強の施工では，補修・補強後の構造物が設計した性能を発揮できるように，適切な施工計画を策定し，工事の各段階で必要な検査を実施する．補修・補強では，補強材料，部位，部材を接合するため，既設構造物の接合面を適切に処理することが必要である．また，接合材料は温度や湿度の影響を受ける場合が多く，施工時の環境条件には特に配慮が必要である．

（5）について　補修・補強において実施した既設構造物の調査結果，および設計・施工に関する情報は適切に記録し，補修・補強後の維持管理に引き継ぐ必要がある．特に補修・補強後は，既設部を外観変状によって評価することが困難になる場合が多いため，既設部の変状等やその処置に関する情報を適切に記録しておくことが求められる．また，補修・補強に使用する接合材料によっては，施工時の環境条件について記録しておく必要がある．

（6）について　補修・補強後の構造物が所定の期間性能を保持できるように，適切な維持管理を行うことが必要である．点検時には，接合部の状態に着目し，設定した既設部と補修・補強部の一体性が確保されていることを確認する．補修・補強に使用した材料によっては，表面の保護等，定期的な処置が必要な場合がある．また，補修・補強を実施した構造物が変状を有していた場合には，変状の進行がないか，変状の要因を適切に把握できているかなどに注意する必要がある．

3章　補修・補強の設計

3.1　一　　般

　補修・補強の設計では，既設構造物の調査結果に基づき，補修・補強後の構造物が要求性能を満足するように合理的な構造計画および構造詳細を設定し，所定の期間を通じて要求性能が満足されていることを適切な方法により照査しなければならない．

【解　説】　補修・補強の設計では，必要とする性能の回復や向上を確実に遂行できる補修・補強工法を選定し，既設構造物の現況に応じた適切な構造計画および構造詳細を設定した上で，補修・補強後の構造物が所定の期間を通じて要求性能を満足することを適切な方法により照査する．補修・補強の設計にあたっては，対象となる既設構造物の調査を詳細に実施し，設計に必要な情報を取得する．特に，変状が生じている場合には，その程度および範囲を把握するとともに，残存する設計耐用期間における経時的な影響を推察し，設計において適切に配慮する必要がある．

　供用中の既設構造物に対する補修・補強は，厳しい制約条件の下で実施する場合がほとんどである．補修・補強後の構造物が要求する性能を確実に満足できるように，施工および補修・補強後の維持管理に配慮した合理的な構造計画を立案するものとする．

　補修・補強後の構造物の性能照査では，適用した補修・補強工法の前提条件を踏まえた上で，補修・補強が部材または構造物に与える影響を適切に考慮できる照査法を用いて，補修・補強後の構造物が設計耐用期間を通じて要求性能を満足することを確認する必要がある．

3.2　既設構造物の調査

（1）補修・補強の対象となる既設構造物の状態について詳細に調査しなければならない．
（2）既設構造物の置かれた制約条件について調査しなければならない．

【解　説】　（1）について　既設構造物の調査では，補修・補強の対象となる構造物の状態を詳細に把握するとともに，性能低下を引き起こした要因について調査することで，適用可能な補修・補強工法の選定に必要な情報を取得する．補修・補強の設計や施工では，適用する箇所の表面の状態，既設構造物中の材料の特性，既設構造物が受けてきた作用・環境条件，変状が生じている場合にはその種類や空間的広がり等を把握しておく必要がある．また，補修・補強の履歴がある場合には，設計や施工の記録，現在の状態等について調査し，適用する補修・補強工法の選定に考慮する．

　（2）について　既設構造物の調査では，補修・補強の設計や施工を検討する際の制約条件を把握しておく必要がある．制約条件には，**解説 表3.2.1**に示すように，時間的な制約，空間的な制約，作用による制約等がある．道路の車線規制や通行止め，鉄道の営業時間外や運行停止といった既設構造物の供用状態によって，施工時間が左右されることになり，補修・補強工法の選定や構造計画の設定に大きな影響を及ぼす．

解説 表 3.2.1 制約条件の例

分類	制約
時間的な制約	施工時間，供用状態（通行止め，規制）
空間的な制約	構造寸法，施工空間，隣接構造物，仮置き場
作用による制約	交通荷重，初期応力，隣接構造物
その他	費用，環境条件，作業の安全性，周辺環境への影響

　空間的な制約としては，躯体の施工空間や資材の仮置き場の確保，隣接構造物の影響等を把握しておくことが必要となる．また，補修・補強の設計を合理的に行うためには，既設構造物が現在受けている作用やこれまで受けてきた作用の履歴について把握することが必要となる．その他，補修・補強工事における周辺環境への配慮や，補修・補強後の構造物の景観への適合性等に関する調査も重要である．

3.3　構造計画

（1）補修・補強後の構造物が要求性能を満たすように，構造特性，材料，施工方法，維持管理方法，経済性等を考慮して補修・補強工法の選定を行い，構造詳細を決定するものとする．

（2）補修・補強後の構造物が設計耐用期間にわたり，所要の安全性，使用性および復旧性を確保するように考慮しなければならない．

（3）施工に関する制約条件，施工時期や施工期間等を考慮しなければならない．

（4）構造物の重要度，設計耐用期間，供用条件，環境条件および維持管理の難易度等を考慮し，補修・補強後の維持管理が適切になされるように考慮しなければならない．

（5）照査に用いる安全係数は，既設構造物および補修・補強後の構造物の現況に応じて適切に定めなければならない．

【解　説】　（1）および（2）について　構造物の補修・補強では，必要とする性能の回復や向上が確実に達成できるような補修・補強工法を適用する必要がある．また，選定した補修・補強工法の特性や適用の前提条件に十分留意して構造詳細を決定する．

　構造物の補修は，設定した性能に回復させることを目的として，性能低下を引き起こす要因がもたらす影響を低減できるように実施する．一般的な補修の目的には，以下のようなものがある．

・ひび割れ，き裂，変形，腐食等の部材に生じた変状の修復

・部位・部品の補填

・劣化部の除去

・劣化因子の除去

・性能低下を引き起こす要因がもたらす影響を低減

　構造物の補強は，供用開始時に保有していた以上の性能まで向上させることを目的として，補強後の構造物が要求性能を確実に満足するように実施する．一般的な補強の方法には，以下のようなものがある．

・部位の交換

・断面の増加

・部材の追加

・支持点の増加

・補強材の追加

・応力の導入

　構造物の補修・補強は，回復や向上が必要とされた性能が設定したレベルを満たすように，要求性能に応じた適切な工法を適用する．**解説 表** 3.3.1 は，回復や向上を目指す性能に応じた一般的な補修・補強工法の例を示したものである．安全性および使用性に対する補修・補強では，材料または部材の力学的な抵抗性を維持・向上することを目的として工法を選定する．一方，安全性および使用性が設計耐用期間中に所要の性

解説 表 3.3.1　性能の回復や向上の目的に応じた補修・補強工法の例

補修・補強の目的	補修・補強の方法	補修・補強工法
力学的抵抗性の維持・向上	部位の交換	コンクリートの打換え工法
		高力ボルト取替工法
	断面の追加 補強材の追加	モルタル増厚工法
		コンクリート増厚工法
		モルタル巻立て工法
		コンクリート巻立て工法
		鋼板巻立て工法
		FRP 巻立て工法
		当て板工法・鋼板接着工法
		FRP 接着工法
	部材の追加	桁増設工法
		壁増設工法
		ブレース増設工法
	支持点の追加	支持点増設工法
	応力の導入	プレストレス導入工法
材料劣化抵抗性の維持・向上	部材表面の保護	表面被覆工法・塗装工法
		表面含侵工法
		断面修復工法
	電気化学的防食	電気防食工法
		脱塩工法
		再アルカリ化工法
		電着工法
	ひび割れ・き裂の閉塞， 進展の抑制	注入工法
		充填工法
		ストップホール工法

能を満足するための材料劣化抵抗性に対する補修・補強では，材料劣化への抵抗性を維持・向上することを目的とした工法を選定する．

　構造物の補修・補強の設計では，既設構造物に新たな材料または部材を接合することになるため，補修・補強後の既設部と補修・補強部の一体性をどのように設定するか，既設部と補修・補強部の応力伝達機構をどのように設定するかなどについて検討を行う必要がある．また，適用する補修・補強工法が補修・補強後の構造物の剛性や耐荷力の回復・向上にどのように寄与し，どの程度の期間持続するかについて，十分に把握しておくことが重要である．なお，補修・補強の設計では，新設時の設計図書に加え，既設構造物の実測値に従って構造詳細の検討を行うこととなる．

　適用する補修・補強工法を検討する際は，補修・補強後の構造物の設計耐用期間を明確にした上で，残存する設計耐用期間における既設部の材料の経時変化とともに，補修・補強後の設計耐用期間における補修・補強部の材料劣化抵抗性に配慮する必要がある．

　（3）について　既設構造物の補修・補強では，構造物を供用しながらの施工や，隣接構造物の影響により施工空間の確保が難しいなど，施工に対する制約が厳しい場合が多く，補修・補強の設計時に施工に対する十分な配慮が必要となる．また，既設部と補修・補強部が設定した一体性を確保できるように，使用材料，施工方法，施工期間等を考慮した構造計画の立案が重要である．

　（4）について　補修・補強後の構造物が設計耐用期間に所要の性能を満足するためには，補修・補強後の適切な維持管理が必要であり，構造計画で維持管理の容易さなどについて検討しておく必要がある．特に，既設部の変状は補修・補強後に目視による確認が困難になる場合が考えられるため，変状の進行の抑制や，変状の原因の制御等についても検討を行う．

　（5）について　補修・補強後の構造物の性能照査では，既設構造物の現況，および残存する設計耐用期間に構造物が置かれる状況を考慮して，安全係数を適切に設定するものとする．特に，既設構造物の現況に関する情報が詳細に把握できる場合には，安全係数を新設設計時より小さく設定することも考えられる．

　既設部の材料に対する材料係数は，既設構造物から実測値が入手可能な場合には，設計値との対比や空間的ばらつき等に配慮して設定する．特に，既設部のコンクリートの圧縮強度は新設時の設計値より増大している場合が多く，設定する破壊形態への影響について検討しておくのがよい．補修・補強に比較的新しく開発された材料を用いる場合には，その施工条件の影響や長期的な特性に十分配慮して材料係数を設定する．

　作用係数は，既設構造物がこれまでに実際に受けた作用の実測値や，補修・補強後の残存する設計耐用期間に想定される作用に基づいて設定してよい．

　構造解析係数は，既設部と補修・補強部の接合方法や，既設構造物の境界条件等を考慮して設定するものとする．

　既設部の部材係数は，施工記録や既設構造物の実測値を考慮して設定してよい．

　構造物係数は，構造物の重要度，限界状態に達したときの社会的影響等を考慮して定めるが，補修・補強時点の状況を考慮して設定する．

3.4　材料の設計値

（1）構造物の補修・補強には，所要の品質を有する材料を使用しなければならない．

（2）補修・補強に使用する材料の特性値および設計用値は，適切な方法で定めなければならない．

（3）補修・補強後の構造物の設計耐用期間が明確となるように，使用する材料が所要の品質を保持する期間を把握しなければならない．

（4）既設構造物中の材料の特性値は適切な方法により設定し，設計値に用いる材料係数は既設構造物の置かれた各種条件を考慮して定めてよい．

【解　説】　（1）および（2）について　補修・補強後の構造物が設計耐用期間を通じて所要の性能を満足するためには，補修・補強に使用する材料が必要とする品質を保持していることが重要である．補修・補強に用いられる材料の例を解説 表3.4.1に示す．補修・補強に使用する材料には，補修・補強部を構成するセメント系材料や補強材料，既設部と補修・補強部の接着や定着に用いる接合材料，断面の欠損部や空間を満たす充填または注入材料，コンクリートや鋼材の表面を保護するための表面保護材料，鋼材の腐食を防ぐ防錆材料等がある．このほか下地処理や表面処理として，接着剤と補修・補強部の密着性を高めるためのプライマー，表面の凹凸を調整する不陸修正材等も用いられている．設定した補修・補強の効果を得るために

解説 表3.4.1　補修・補強に使用する材料の例

分類	種類
セメント系材料	普通コンクリート，高強度コンクリート
	短繊維補強モルタル／コンクリート
	流動化コンクリート
	高流動コンクリート
	ポリマーセメントモルタル／コンクリート
補強材料	鉄筋，PC鋼材
	鋼板
	補強用 FRP，構造用 FRP
接合材料	樹脂系／セメント系接着剤
	アンカー筋
充填・注入材料	無収縮グラウト
	水中不分離性モルタル／コンクリート
	ポリマーセメントモルタル
	樹脂系注入材
表面保護材料	樹脂塗料
	ポリマーセメントペースト／モルタル
	シラン系／ケイ酸塩系含浸材
	連続繊維シート
防錆材料	樹脂塗料
	亜硝酸塩系／キレート反応系／アミノアルコール系防錆剤
	陽極材

は，それぞれの材料が所要の品質を保持していることを確認するとともに，使用材料の組合せの相性にも留意する必要がある．

補修・補強に使用する材料の特性としては，強度，弾性係数，応力－ひずみ関係，クリープ特性，熱膨張係数，密度等の設計に用いる物理特性に加え，可使時間・硬化時間，粘性等の施工に関わる特性がある．特に，樹脂系接着剤等の特性は温度や湿度の影響を大きく受けるため，施工時の環境条件や補修・補強後の構造物の供用条件等に応じて適切なものを選択する必要がある．

補修・補強に使用する材料の特性値は，日本工業規格（JIS）や土木学会規準に規定されている試験法や，材料製造者が発行する品質証明書に基づいて定める．

（3）について　補修・補強後の構造物の設計耐用期間を明確にするためには，補修・補強に使用する材料が所要の品質を保持する期間を十分に把握し，補修・補強の効果の経時変化を評価できる必要がある．材料の品質が保証される期間が明確でない場合や，品質の経時変化に関する情報が少ない新材料を用いる場合には，適切な時期での再補修や更新等が実施できるように，補修・補強後の維持管理において，使用した材料の品質を定期的に確認する方法を検討するのがよい．

（4）について　既設構造物中の材料の特性値は，既設構造物の調査結果に基づいて定めるか，設計図書等に基づいて定める．既設部の材料に対する材料係数は，既設構造物から実測値が入手可能な場合には，設計値との対比や空間的ばらつき等に配慮して設定してよい．特に，既設部のコンクリートの圧縮強度は新設時の設計値より増大している場合が多く，設定する破壊形態への影響について検討しておくのがよい．補修・補強に比較的新しく開発された材料を用いる場合には，その施工条件や補修・補強後の供用要件の影響，および長期的な特性に十分配慮して材料係数を設定する．また，既設構造物中の材料と補修・補強に使用する材料との相性にも配慮が必要である．

3.5　作　　用

（1）補修・補強後の構造物の性能照査では，補修・補強の施工中および残存する設計耐用期間中に想定される作用を，要求性能に対する限界状態に応じて，適切な組合せのもとに考慮しなければならない．

（2）作用の特性値は，既設構造物が照査時点までに受けた作用や，既設構造物が置かれてきた環境条件を考慮して定めるものとする．

（3）補修・補強後の構造物の性能照査では，既設部と補修・補強部の作用負担を適切に考慮するものとする．

【解　説】　（1）および（2）について　補修・補強後の構造物の性能照査は，残存する設計耐用期間に想定される作用に対して実施することになるが，既設構造物が照査時点までに受けた作用を考慮した上で，設計耐用期間における作用の特性値や作用係数を合理的に設定するのがよい．また，補修・補強の施工は，構造物の供用下で行う場合や，既設部に永続荷重を受けた状態で実施する場合があることから，施工中に想定される作用についても十分に配慮が必要である．

作用の特性値および作用係数の設定では，既設構造物の現況に配慮するとともに，照査時点までに受けた作用とその影響や構造物が置かれてきた環境条件等を考慮するのがよい．たとえば，変動作用の実測値の把

握や，構造物が実際に受けてきた環境作用の考慮によって，合理的に設定することが可能である．

（3）について　補修・補強後の構造物の性能照査では，補修・補強後の既設部と補修・補強部の作用負担を適切に設定する必要がある．補修・補強では，既設部には補修・補強部の重量が付加されるのに対し，補修・補強部には既設部が受けている永続作用は再分配されないことが一般的である．

補修・補強後の構造物の耐荷力や剛性は，既設部と補修・補強部にどのような一体性を設定するかによって異なり，既設部と補修・補強部の作用負担との関係について十分に検討を行うのがよい．また，既設部の耐荷力や剛性が補修・補強部に比べて低い場合には，合成後の構造物が想定する耐荷力や剛性を発揮できることを適切な方法で確認する必要がある．

3.6　性能照査

（1）補修・補強後の構造物の性能照査は，要求性能に応じた限界状態を施工中および残存する設計耐用期間中の構造物あるいは構成部材ごとに設定し，補修・補強の設計で仮定した形状・寸法・配筋等の構造詳細を有する構造物あるいは構造部材が限界状態に至らないことを確認することで行うこととする．

（2）性能照査にあたっては，性能照査における前提を満足するものとする．

（3）応答値の算定では，構造物の現況を考慮して定めた各種限界状態に応じた作用と，補修・補強後の構造物に対する適切な解析モデルを用いて構造解析を行い，照査指標に応じた応答値を算定する．

（4）限界状態は，一般に安全性，使用性，および復旧性に対して設定し，その限界値と応答値との比較により行うことを原則とする．

【解　説】　（1）について　補修・補強後の構造物の性能照査は，基本的には新設時の性能照査の方法に従うことになる．ただし，補修・補強後の構造物に要求する性能のレベルは，構造物の現況と残存する設計耐用期間を考慮して合理的に定めるのがよい．

（2）について　補修・補強後の構造物の性能照査に対し，適用範囲の定められた照査法を用いるためには，以下のような照査法の前提条件を確保する必要がある．

・耐久性に関する検討（環境作用による経時変化に対する前提，初期ひび割れに対する検討等）
・構造細目（照査の前提となる構造細目）
・施工に関する検討（照査の前提となる施工に対する配慮）

既設構造物に変状が生じている場合や，新設時に仮定した前提条件を満足していない可能性がある場合には，補修・補強後の構造物の性能照査において，適用する照査法の前提条件を既設部が満足していることを確認しておく必要がある．

（3）について　補修・補強後の構造物の性能照査では，既設部と補修・補強部の接合状況に配慮して，補修・補強後の構造物の応答値を算定する必要がある．すなわち，適用する補修・補強工法によって既設部と補修・補強部でどのような応力伝達が行われるかに留意し，適切にモデル化することが求められる．一方で，構造物に生じた変状，残留変形や応力等，照査時点までに受けてきた作用による影響を考慮することも重要である．

（4）について　補修・補強後の構造物の性能照査は，各要求性能に応じた限界状態に対して，適切な照

査指標を定めて行う．一般には，新設時に設定した照査指標を用いることができるが，既設部に変状を有する場合や既設部と補修・補強部の一体性に特別な配慮が必要な場合等には，適切な照査指標を定める必要がある．

4章　補修・補強の施工

4.1　一　般

補修・補強の施工は，使用する材料の特性，施工上の制約条件等を考慮して，適切な施工計画を立案し，設計で想定した品質を確保し，補修・補強後の構造物が所要の性能を満足するように実施しなければならない.

【解　説】　補修・補強後の構造物が設計耐用期間を通じて所要の性能を満足するためには，設計で想定した品質を確保した補修・補強の施工を行う必要がある. 補修・補強の施工では，使用する材料の特性に応じた施工管理および品質管理を行わなければ，想定した補修・補強の効果が十分に得られない可能性がある. 補修・補強にあたっては，使用する材料に関する施工規準等を参考に，適切な施工計画を立案することとした. また，構造物の供用下で行う補修・補強の施工は，施工期間や施工空間の制約が大きいことが多く，綿密な施工計画の策定が必要となる.

既設構造物の補修・補強では，既設部に生じた変状を適切に処置しなければ，想定した補修・補強の効果が得られなかったり，早期に再劣化を生じたりすることが考えられる. そのため，補修・補強にあたっては，劣化部や劣化因子の確実な除去，劣化要因の影響を低減するなど，処置の方法や領域を詳細に記録しておくことが重要である.

4.2　施工計画

（1）補修・補強の施工計画は，既設構造物の構造条件，施工の環境条件および施工条件を勘案し，作業の安全性および環境負荷に対する配慮を含めて策定しなければならない.

（2）補修・補強の施工計画には，使用する材料の特性に応じた施工方法と施工手順とともに，施工や品質を確認するための検査の方法について示すものとする.

【解　説】　（1）について　補修・補強の施工計画の立案にあたっては，**解説 表**3.2.1に示されるような工期，環境条件，安全性，経済性等の施工上の制約を考慮した上で，全体工程，施工方法，使用材料，品質管理，検査，安全および環境負荷等について検討する. また，事前に既設構造物に対する調査を実施して，構造物の現況と施工上の制約条件を把握しておく. 供用中の既設構造物に対する補修・補強の施工は，限られた施工時間や狭隘な施工空間等のように，新設時と異なる施工環境で行う場合が多く，品質や作業の安全性を確保する方法について十分に検討を行う必要がある.

施工計画は，施工，品質管理，検査のすべてを網羅するものであり，施工計画書として，それぞれを担当する技術者が参照できるものとしておく.

（2）について　構造物の補修・補強では，使用材料の特性が施工時の温度や湿度等の環境条件の影響を大きく受ける場合があるため，設計で想定した効果が得られるように，適切な施工方法と施工手順を検討す

る必要がある．また，施工の各段階において，使用する材料の品質や施工の内容を確認するために，実施すべき検査についても検討しておく．

4.3 施　工

（1）補修・補強の施工は，施工計画に従って実施しなければならない．

（2）補修・補強の施工は，使用材料や適用する工法に関して十分な知識および経験を有する技術者の下で実施しなければならない．

（3）補修・補強に使用する材料の運搬，保管，配合，製作・加工および使用等の取扱いは，各材料の特性に留意して行わなければならない．

（4）補修・補強材料または部材の接合は，補修・補強後の構造物が所要の性能を満足するように，既設部の下地処理を適切に行った上で，施工条件や環境条件等に留意して実施しなければならない．

（5）補修・補強後の構造物が所定の期間を通じて要求性能を満足するために，適切な仕上げを行わなければならない．

【解　説】　（1）および（2）について　補修・補強の施工は，策定した施工計画に従って，作業の安全性を確保しながら効率的に実施する．一般に，施工の良否は作業を行う技術者の能力に大きく左右されるため，適用する補修・補強工法に関する十分な知識と経験を有する技術者を配置し，その技術者の指示の下で実施することが重要である．なお，施工の実施にあたっては，各技術者の責任と権限の範囲を明確にしておく必要がある．

　（3）について　補修・補強に使用する材料の取扱いは，各材料に規定された方法により行うものとする．たとえば，補修・補強に使用する繊維系材料や樹脂系材料等は，紫外線や熱，水分により劣化や特性の変化が生じる可能性があるため，直射日光や高温環境下等を避けて，温度条件や湿度条件を確保して運搬や保管を行う必要がある．

　（4）について　補修・補強材料や部材の接合は，補修・補強後の構造物が所要の性能を満足するように，施工条件や環境条件に配慮し，適切な施工手順で実施する必要がある．接合の前処理や下地処理としては，既設構造物の劣化部の除去，脆弱部や突起の除去，汚れや付着物の除去，表面の整形等を行う．その後，不陸修正材やプライマーの塗布，接着剤の塗布や含浸を経て，補修・補強材料や部材を確実に接着や定着させる．その際，使用材料は所定の配合で混合・撹拌し，接合時の時間管理や環境条件の確保を徹底する必要がある．特に，低温環境下や雨水等による湿潤状態では，接合の品質が不十分となる材料もあるため，施工時の環境条件の確保は重要である．

　アンカーやボルト等を用いて機械的に接合する場合には，事前調査を入念に行うなどして，既設部への影響を最小限にとどめるように留意する必要がある．

　既設構造物に補修・補強の履歴がある場合には，既補修・補強部を適切に除去するか，あるいは既補修・補強部を包含するように補修・補強する際は，その材料劣化の状態や接合状況等を適切に評価することが必要である．

　（5）について　補修・補強を行った表面は，耐候性，耐火性，耐衝撃性，美観等に関する要求性能を満

たすように，適切な仕上げを行う必要がある．また，既設部と補修・補強部の接合部（境界部）は，材料劣化抵抗性が確保されるように保護することが重要である．一般的な仕上げ工として，塗装工（紫外線対策，温度対策，美観対策），表面保護工（紫外線対策，外傷・衝突対策），耐火・不燃被覆工（火災対策）等がある．

4.4 検 査

（1）補修・補強後の構造物が所要の性能を満足するために，施工の各段階および完成時に検査を実施しなければならない．

（2）検査は，あらかじめ定めた判定基準に基づいて，信頼性が保証された方法によって行わなければならない．

（3）検査の結果，施工や品質が不適と判定された場合には，適切な対策措置を講じなければならない．

【解 説】 （1）について 検査は，補修・補強後の構造物が設計耐用期間を通じて所要の性能を満足するために，使用材料の品質，製造・加工設備の性能，施工された部材や構造物等について行うものである．補修・補強の施工にあたっては，検査項目，検査の方法および判定基準，実施時期，頻度，人員配置等について，工事の効率や経済性を考慮してあらかじめ計画しておく．補修・補強の施工における検査項目には，樹脂系材料や有機溶剤等の保管状態の検査，下地処理における表面状態や寸法の検査，接合材料の使用方法，使用量，使用環境等の検査，補修・補強部の位置や寸法の検査等がある．

（2）について 検査の方法および判定基準は，構造物の種類，使用材料，適用する補修・補強工法等によって異なり，効率的かつ確実な検査ができるように定めておく必要がある．また，客観的かつ信頼性が保証されたものであることが重要である．一般には，日本工業規格（JIS）や土木学会規準に定められた方法や判定基準を用いる．補修・補強の施工では，補修・補強材料または部材の接合が所定の品質を確保できていることを検査によって確認することが特に重要となる．

（3）について 検査において，施工や品質が不適と判定された場合には，当該の施工をやり直す，使用材料を変更するなどの対策措置を検討する．補修・補強の施工において，補修・補強材料または部材の接合をやり直すことは困難な場合には，あらかじめ施工の手順や内容を入念に検討しておくことが必要である．

4.5 記 録

補修・補強の施工に関する情報を記録し，適切に保管しなければならない．

【解 説】 補修・補強の施工の各段階において，品質管理や検査の結果とともに，施工条件や環境条件等に関する情報を記録しておく．これらの情報は，補修・補強後の維持管理において，維持管理計画の策定に用いられることに加え，再劣化や早期の性能低下等が生じた場合に，変状原因の推定や対策方法の検討に有用となる．

5章　補修・補強後の維持管理

5.1 一　　般

補修・補強後の構造物は，残存する設計耐用期間を通じて所要の性能を保持するように，適切に維持管理を行わなければならない．

【解　説】　補修・補強した構造物が残存する設計耐用期間を通じて所要の性能を満足するためには，適切な維持管理を実施し，補修・補強の効果が持続することを確認する必要がある．補修・補強後の構造物は，既設部の補修・補強部の接合等，新たな部位・部材が存在するとともに，他の部位・部材への影響も考えられるため，補修・補強を施す前の維持管理計画を適切に見直した上で実施するものとする．

5.2 点　　検

（1）補修・補強後の構造物の点検では，補修・補強の効果が持続していることを確認するものとする．
（2）補修・補強後の構造物の点検は，補修・補強を適用した部位・部材以外の領域への補修・補強の影響に留意して行うものとする．

【解　説】　（1）について　補修・補強後の構造物の点検では，補修・補強を適用した部位・部材が想定した効果を発揮していることを確認する必要がある．特に，既設部と補修・補強部との接合の状態の把握は，補修・補強の効果を持続させる上で極めて重要である．また，補修・補強部の材料劣化抵抗性を確保するための表面保護の状態についても確認しておく．

補修・補強後の構造物の点検では，補修・補強を施すことによって，既設部の状態を目視等で直接的に確認することが困難になる場合があるため，間接的な方法等の代替手段を検討しておく必要がある．特に，劣化部や劣化因子の除去，性能低下を引き起こす要因がもたらす影響の低減等が不十分な場合には，再劣化や早期の性能低下を生じる可能性があるため，変状の発生や進行を適切に把握できるような点検を検討する必要がある．

（2）について　補修・補強を一部の部材，または限られた部位に施した場合には，その適用によって，補修・補強した部位・部材以外の領域に環境作用や荷重作用等の変化をもたらす場合がある．たとえば，補修・補強の適用によって，応力分布の変化，コンクリート内部の水分の分布状態，物質移動特性，電気化学的平衡状態等が既設部と補修・補強部とで異なり，想定しない新たな変状が生じる可能性が考えられる．したがって，補修・補強を施した部位・部材だけに着目するのではなく，構造物全体の状態を適切に把握するように点検を実施することが重要である．

5.3 評　　価

（1）補修・補強後の構造物の性能評価は，点検により得られた情報に基づき，適切な評価手法を用いて実施しなければならない．

（2）性能評価にあたっては，補修・補強の影響を適切に考慮しなければならない．

【解　説】　（1）について　補修・補強後の構造物の性能評価は，基本的には既設構造物の性能評価に用いた手法を適用してよい．ただし，補修・補強の適用によって，外観の変状に基づいた評価が困難になる場合が考えられるため，評価方法の見直しやモニタリング手法の適用等，代替手段の利用を検討するのがよい．

　　（2）について　補修・補強後の構造物の性能評価にあたっては，補修・補強の影響を構造物のモデル化や作用のモデル化等に適切に考慮する必要がある．特に，補修・補強部とその接合のモデル化，作用条件や境界条件の変化に伴うモデル化，補修・補強に伴う応力分布の変化への配慮等は，適用する補修・補強工法に応じて適切に行う必要がある．

5.4 対　　策

（1）補修・補強後の構造物に対し，定期的な対策を前提としている場合には，確実に実施しなければならない．

（2）性能評価によって対策が必要と判断された場合には，対策後の構造物の性能を所定の期間保持できるように対策を行わなければならない．

【解　説】　（1）について　表面保護の補修や更新等，補修・補強工法によっては定期的な対策を前提とする場合があり，性能評価の結果と合わせて合理的に判断し，必要な対策を講じるものとする．

　　（2）について　補修・補強後の構造物の設計耐用期間内にもかかわらず，構造物の性能の低下が確認され，再度の対策が必要と判断された場合には，補修・補強の範囲，使用材料，補修・補強工法等を再検討し，目標とする効果が得られるように適切な対策を講じるものとする．

FRP 接着による構造物の補修・補強指針（案）

1章 総　則

1.1 適用の範囲

この指針（案）は，補強用 FRP を鋼およびコンクリート等で構成される既設構造物に接着または巻き立てて補修・補強する場合の設計および施工の標準を示すものである．

【解　説】　この指針（案）は，鋼およびコンクリート等で構成される既設構造物の性能を維持または向上させるために，補強用 FRP を用いて補修・補強する場合の設計，施工，および補修・補強後の維持管理に関する標準を示したものである．なお，この指針（案）で扱う補修・補強は，構造物の力学的な性能を回復，保持，または向上させる場合を対象とし，材料劣化抵抗性の回復や向上を目的とする場合には，土木学会の各種構造物に対する示方書を参照するとよい．

この指針（案）では，補強用 FRP を鋼またはコンクリートに接着あるいは巻き立てる場合を対象にしており，扱う補強用 FRP の種類は，炭素繊維とアラミド繊維を強化繊維とした FRP シート，FRP ストランドシート，および FRP プレートである．この指針（案）では，補強用 FRP を接着あるいは巻き立てた上で機械的定着を併用して既設構造物を補強する工法も対象とするが，棒状の FRP 補強材を既設構造物の表面に接着することなく定着する外ケーブル工法等は対象としていない．現在，一般的に使用されている FRP シートの繊維目付量は，炭素繊維で 200〜600g/m², アラミド繊維で 250〜850g/m² である．したがって，その範囲から大きく外れる補強用 FRP を用いる場合には，適宜材料試験等を行って，材料特性を確認することが望ましい．この指針（案）では，補強用 FRP の特性値を得るための新たな材料試験方法を提案している．

土木学会における構造物の補修・補強に関する指針としては，1999 年にコンクリートライブラリー第 95 号「コンクリート構造物の補強指針（案）」が発刊され，外ケーブル工法，FRP 接着工法，鋼板接着工法，FRP 巻立て工法，鋼板巻立て工法，増厚工法，コンクリート巻立て工法に関する設計・施工の方法が示された．また，2000 年にはコンクリートライブラリー第 101 号「連続繊維シートを用いたコンクリート構造物の補修補強指針」が発刊され，連続繊維シートをコンクリート構造物に接着または巻き立てて補修・補強する場合の設計・施工の方法が示された．いずれの指針も補強の対象はコンクリート構造物であった．この指針（案）は，これらの指針の発刊後に制定された土木学会の各種構造物に対する示方書［維持管理編］に準拠した内容にするとともに，コンクリート構造物に加えて鋼で構成される構造物についても補修・補強の対象とした．また，補強用 FRP として，FRP ストランドシートや FRP プレートも扱うこととした．

この指針（案）の適用に際しては，既設構造物の補修・補強に関する標準的な事項は**構造物の補修・補強標準**に準ずるものとし，この指針（案）には補強用 FRP を用いた補修・補強に関するより具体的な方法を示した．

この指針（案）に記述されていない事項については，以下の示方書や指針等に準じるものとする．

複合構造標準示方書［設計編］［2014 年制定］

複合構造標準示方書［施工編］［2014 年制定］

複合構造標準示方書［維持管理編］［2014 年制定］

コンクリート標準示方書［設計編］［2017 年制定］

コンクリート標準示方書［施工編］［2017 年制定］

コンクリート標準示方書［維持管理編］［2013 年制定］

鋼・合成構造標準示方書［総則編・構造計画編・設計編］［2016 年制定］

鋼・合成構造標準示方書［施工編］［2009 年制定］

鋼・合成構造標準示方書［維持管理編］［2013 年制定］

1.2 補修・補強の基本

（1）補強用 FRP による構造物の補修・補強は，補修・補強後の構造物が残存する設計耐用期間を通じて要求された性能を満足するように行わなければならない．

（2）補強用 FRP による構造物の補修・補強は，補修・補強の計画を策定したうえで，補修・補強の対象となる既設構造物の調査，補修・補強の設計，施工，記録，補修・補強後の維持管理により実施するものとする．

【解　説】　（1）について　構造物の補修・補強は，既設構造物の性能の評価結果に基づき，要求された性能を保持させること，または低下あるいは不足した性能を回復や向上させることを目的として実施する．補修・補強後は，残存する設計耐用期間を通じて構造物が要求された性能を満足することが求められ，再劣化の懸念や要求性能水準の変化が見込まれる場合には，補修・補強効果の持続期間を明確に設定し，再度の補修・補強の実施を検討する必要がある．補修・補強の程度と効果の持続期間は，残存する設計耐用期間における費用便益とライフサイクルコスト等を考慮して設定するのが望ましい．

　（2）について　補修・補強を合理的かつ効果的に実施するためには，構造物の要求性能と設計耐用期間を明確にしたうえで，対象構造物の基本情報の整理，実施時期と実施体制，設計と施工の方法，補修・補強後の維持管理の内容等をとりまとめた補修・補強の計画を策定することが重要である．構造物の補修・補強は，策定された計画に基づき，**解説 図** 1.2.1 に示すような流れで実施する．なお，工法によらない補修・補強に関する標準的事項は，**構造物の補修・補強標準**を参照するものとし，この指針（案）では補強用 FRP を用いた補修・補強の標準的な方法について示す．

1章 総則

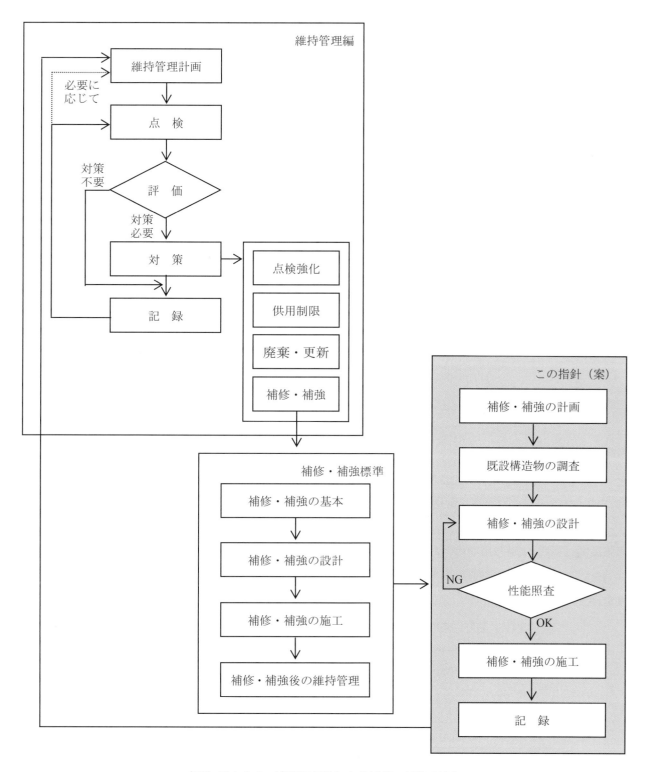

解説 図 1.2.1 補強用 FRP による補修・補強の流れ

1.3 用語の定義

この指針では，次のように用語を定義する．

補強用 FRP：既設部材と一体として挙動するように合成させる用途が想定された FRP のこと．FRP シート，FRP ストランドシート，FRP プレート等を含む．

FRP シート：連続繊維を平面で 1 方向あるいは 2 方向に配列して，布状あるいは織物状にしたもので，現場で既設部材の表面に含浸接着樹脂を含浸するとともに既設部材に貼り付け，樹脂の硬化後には板状の FRP として一体化した部材の補強材料として機能することを想定したもの．連続繊維シートを含む．

FRP ストランドシート：繊維束に工場で樹脂を含浸・硬化させた直径 1mm～2mm 程度の繊維ストランドを横糸で連結したもので，不陸修正材兼用のペースト状の接着剤で既設部材に貼り付けることを想定したもの．

FRP プレート：FRP 帯板材ともいう．繊維束に工場で樹脂を含浸・硬化させた帯板状の FRP 成形板で，通常はペースト状の接着剤で既設部材に貼り付け，樹脂の硬化後には板状の FRP として一体化した部材の補強材料として機能することを想定したもの．

接着用樹脂材料：補強用 FRP と部材を接着接合するための材料．一般に，要求される品質・性質を有する，プライマー，不陸修正材，接着剤，含浸接着樹脂，高伸度弾性樹脂をさす．

繊維目付け量：FRP シート 1 枚の 1m² 当たりの繊維の質量

定着部／長：既設部材の断面力の一部が接着用樹脂材料を介して補強用 FRP に伝達される部分，あるいはその長さ．定着部では，補強用 FRP と既設部材が完全に一体化した合成断面とはならない．

補強区間（範囲）：補強用 FRP により補修・補強された範囲のうち，定着長を除いた区間（範囲）．補強区間では，補強用 FRP と既設部材が完全に一体化した合成断面とみなしてよい．

接着接合（部）：補強用 FRP と既設部材の接着用樹脂材料による接合とその部位．接着接合部の厚さは，一般に，0.5～1mm であり，部材の寸法に対して極めて薄い特徴がある．

エネルギー解放率：接着用樹脂材料内部でのはく離破壊に際して失われるエネルギーを，進展した破壊面の面積で除して与えられる値．コンクリートと補強用 FRP の接合部に対しては，コンクリートの界面でのはく離破壊となるため，界面はく離破壊エネルギーとよぶ．

1.4 記　　号

この指針では，構造物の設計計算に用いる記号を次のように定める．

E_c　：コンクリートのヤング係数

E_s　：鋼材のヤング係数

E_f　：補強用 FRP のヤング係数

E_e　：接着用樹脂材料のヤング係数

G_e : 接着用樹脂材料のせん断弾性係数

A_s : 鋼部材または鉄筋の断面積

A_f : 補強用 FRP の断面積

I_s : 鋼部材の断面二次モーメント

I_f : 補強用 FRP の断面二次モーメント

V_f : FRP シート内の繊維体積比

G : エネルギー解放率または界面はく離破壊エネルギー

σ_c : コンクリートの応力（圧縮が正）

σ_s : 鋼部材の応力

σ_f : 補強用 FRP の応力

τ_e : 接着用樹脂材料のせん断応力，付着応力

σ_{ye} : 接着用樹脂材料の垂直応力，接着応力

σ_{pe} : 接着用樹脂材料の主応力

f'_{cd} : コンクリートの設計圧縮強度

f_{yd} : 鋼部材の設計降伏強度

f_{ftu} : 補強用 FRP の引張強度

f_{fcu} : 補強用 FRP の圧縮強度

μ_{fd} : 補強用 FRP により補修・補強されたコンクリート部材のじん性率

γ_m : 各部材の材料係数

γ_b : 部材係数

γ_i : 構造物係数

※添字の意味は，以下を原則とする．

c : コンクリート

s : 鋼

f : 補強用 FRP

e : 接着用樹脂材料

t : 引張

c : 圧縮

y : 降伏

u : 強度（終局）

2章 既設構造物の調査

2.1 一 般

　補強用 FRP を用いた補修・補強では，材料の力学特性や施工上の特殊性を考慮して，文書・記録の調査や現地状況の詳細調査を行わなければならない．

【解　説】　この指針（案）は，既設構造物の補修・補強工法として補強用 FRP を使用すると決定した後の，具体的な設計・施工における指針として使用されるものである．したがって，既設構造物の点検，性能評価，補修・補強工法の選定方法等についてはこの指針（案）の扱う範囲ではなく，それらは**複合構造標準示方書[維持管理編]**，**鋼・合成構造標準示方書[維持管理編]**および**コンクリート標準示方書[維持管理編]**に基づいて行うこととなる．

　ここでは，補強用 FRP を用いた補修・補強の設計や施工を行う際に，特に必要となる詳細調査項目について記述するものである．補強用 FRP は軽量であるが傷つきやすいことや，力学的には異方性材料であり，繊維方向の強度に比べて，繊維直角方向の強度は低く，一般にせん断強度も低いなどの特徴がある．また，接着用樹脂材料を用いた工法では施工の良否や接着面の状況が補修・補強後の性能に大きく影響を及ぼす．したがって，これらの特性を考慮しつつ，文書・記録や現地状況の詳細調査を行うことが必要となる．

2.2 詳細調査

（1）接着用樹脂材料の選定や品質管理計画のために，施工時期における現地の気象条件を文書，記録等で詳細に把握しておかなければならない．

（2）施工を円滑に行うために，現地の地理的条件や補修・補強部の周辺環境を文書，地形図等で詳細に把握しておかなければならない．

（3）設計および施工に必要な既設構造物に関する情報を収集するために，現地において以下の観点で詳細調査を行わなければならない．

　　(a) 性能低下の要因，劣化の種別と進行状況
　　(b) 既設構造物表面の劣化・損傷状況
　　(c) 既設構造物表面の不陸
　　(d) 現地の環境条件
　　(e) 外的作用の有無
　　(f) 補修・補強の履歴

【解　説】　（1）について　一般に，接着用樹脂材料は温度により粘性が大きく変化するため，適切な粘度の樹脂を使用することは，作業性や施工の確実性を確保するために重要である．また，樹脂の硬化時間は温度に依存し，より低温では硬化時間が長くなり，より高温では硬化時間が短くなるため，樹脂硬化後に行

われる施工作業の開始時期に影響を及ぼすことになる．特に低温の環境下では，硬化しない場合もある．以上の理由により，施工時期における現地の気象条件を把握しておく必要がある．

　（2）について　補強用 FRP を用いた補修・補強は，比較的狭隘な環境でも施工可能である．しかし，少なくとも最低限の施工空間は必要であり，現地の施工空間に関する制約条件を事前に把握しておく必要がある．

　（3）について　補修・補強の設計および施工を合理的に行うために，以下の観点で必要な情報を収集する必要がある．

　（a）性能低下の要因，劣化の種別と進行状況

　既設構造物の性能が低下する要因には，繰返し荷重や地震時荷重によるもの，材料の劣化によるもの等がある．補修・補強を合理的に実施するためには，性能低下の要因をできるだけ詳細に把握することが求められる．

　コンクリート構造物の劣化は，劣化要因の種別によりその進行状況が大きく異なり，また，建設時期や環境条件の違いにより，構造物毎に劣化の進行状況は大きく異なる．よって，補修・補強後の劣化の進行具合は構造物毎に大きく異なることになる．したがって，劣化した構造物を補修・補強する際には，劣化要因の種別および進行状況を把握しておく必要がある．特にアルカリシリカ反応等により損傷した構造物を補修・補強した場合，施工後にも体積膨張する可能性があり，補修・補強設計時に残存膨張量を考慮する必要がある．

　補強用 FRP による補修・補強が対象となる鋼構造物の劣化・損傷には，腐食，疲労き裂，変形等があるが，確実な補修・補強を設計・施工するためには，劣化・損傷の範囲や程度を正確に把握する必要がある．また，構造物のおかれた環境から劣化要因を推定し，排除が可能な場合は，補修・補強を実施する前に，可能な限り劣化要因を排除することが重要である．劣化要因が排除できない場合には，劣化要因の影響を低減するか，劣化の進行を遅延させるなどの対策を検討するのがよい．

　（b）既設構造物表面の劣化・損傷状況

　補強用 FRP を用いた補修・補強において，期待する効果を得るためには，補強用 FRP と既設構造物の一体化が重要である．確実な一体化のためには既設構造物表面の劣化や損傷の状況を事前に把握しておく必要があり，場合によっては内部の調査も行うのがよい．腐食した鋼部材のように，表面に凹凸が存在し，補強用 FRP と既設構造物の一体化が困難な場合は，必要に応じて不陸修正を行う必要がある．

　（c）既設構造物表面の不陸

　補強用 FRP を用いた補修・補強において，施工の確実性は既設構造物表面の不陸（段差や凹凸）により大きな影響を受ける．その段差は補強用 FRP と既設構造物表面の間に残留する気泡を誘発し，一体化や耐久性の低下につながる可能性がある．そのため，必要に応じて不陸修正を行う必要があり，既設構造物表面の不陸の状況を事前に把握しておく必要がある．

　（d）現地の環境条件

　接着用樹脂材料の硬化中の環境条件により発生する気泡や樹脂の白化現象は，補修・補強効果に悪影響を及ぼす可能性がある．また，日照により硬化後の接着用樹脂材料が劣化する可能性もある．これらの場合には，施工時の養生や接着用樹脂材料の表面保護をする必要がある．したがって，現地の温度や湿度の変化，風，日照等の環境条件を把握しておく必要がある．また，腐食した鋼部材の補修・補強において，腐食環境が改善できない場合は，腐食環境に応じた塗装等の表面保護および接着端部でのシーリング等を考慮する必

要がある．

(e) 外的作用の有無

補強用 FRP が流石，流木等による衝撃作用による損傷を受ける場合には，表面保護の実施を検討する必要がある．したがって，補強用 FRP がこれらの作用による損傷を受ける可能性，およびこれらの作用による既設構造物の損傷履歴を把握しておく必要がある．

(f) 補修・補強の履歴

過去に補修・補強が実施された構造物については，補修・補強の履歴について調査し，設計図書や施工記録等から実施時期，使用材料，適用した工法等について把握しておく．特に，補修・補強が行われた箇所では，補強用 FRP の一体性に影響を及ぼす場合があるため，その状態を確認しておくことが必要となる．また，補修・補強が繰り返される場合には，想定外の経路での水の供給の有無，鋼材表面における塩分の残留等，性能低下を引き起こす要因についても十分に調査しておくことが必要である．

2.3 記　　録

補強用 FRP を用いた補修・補強を効果的に行うために，実施した詳細調査に関する情報を適切な方法により記録・保存し，補修・補強計画に反映させなければならない．

【解　説】　文書・記録や現地状況の詳細調査の記録方法，記録項目，記録の保管期間，記録の公開と共有等については，**複合構造標準示方書 [維持管理編]**，**鋼・合成構造標準示方書 [維持管理編]** および**コンクリート標準示方書 [維持管理編]** に準じた方法で実施してよい．補強用 FRP を用いた補修・補強を効果的に行うためには，これらの方法により記録・保存した情報を補修・補強計画に適切に反映する必要がある．

3章 材 料

3.1 一 般

（1）既設構造物に使用されている材料の物性は，材料の種類に応じた適切な手法により確認するものとする.

（2）補修・補強に用いる補強用FRP，接着用樹脂材料等は，品質が確かめられたものでなければならない.

【解 説】 （1）について 既設構造物に使用されている材料の物性は，時間の経過や各種作用の働き等の影響により，構造物の完成直後に比べて変化していることが通常である. このような材料物性の時間による変化は，材料の種類によって様々であるので，材料の種類に応じた適切な手法により，確認することが必要である.

（2）について 補修・補強に用いる補強用FRP，およびプライマー，不陸修正材，含浸接着樹脂，接着剤等の接着用樹脂材料の材料物性は，材料の用途や種類に応じて様々である. このため，これらの材料の用途や種類，組合わせに応じた適切な方法によって，品質が確認されていることが必要である.

3.2 既設構造物中の材料

3.2.1 コンクリート

（1）既設構造物中のコンクリートの強度の特性値は，原則として，既設構造物より採取したコア供試体の試験結果を考慮して定めるものとする.

（2）既設構造物中のコンクリートの設計強度は，採取データの不足や偏り等を考慮した材料係数で強度の特性値を除した値とする.

（3）コア供試体を採取できない場合，コンクリートの設計圧縮強度は，圧縮強度の特性値を新設時の特性値とし，点検の結果明らかとなった変状の状態を材料係数により適切に考慮して，設計強度を定めるものとする.

【解 説】 この指針（案）による性能照査等において，この指針（案）で示されていないコンクリートに関する事項（材料特性，応力－ひずみ関係等）は，原則として**コンクリート標準示方書［設計編］**によるものとする. ただし，それに示されていない事項は，その他の規準を参考にしてよい. また，特殊なコンクリートが既設構造物で用いられている場合には，その特性を十分に考慮する必要がある.

（1）について コア供試体により圧縮強度を定める際には，非超過確率5%の強度値を圧縮強度の特性値とする. 試験結果が新設時の特性値を上回る場合は，新設時の特性値を採用することとするが，それにより設計で想定する破壊形態が変化してしまう場合もあるため注意が必要である. また，既設構造物の点検の

結果，コンクリートに劣化や変状が認められず，新設時に想定した品質が満足されていると判断できる場合には，コア供試体による強度試験を行わず，新設時の圧縮強度の特性値を用いてよい．

　（2）について　既設構造物からのコア供試体の採取については，一般に，採取本数や採取位置が限られるため，取得データの不足や偏りを考慮した材料係数によりその影響を考慮する．補修・補強設計時のコンクリートの標準的な材料係数は，安全性および復旧性の照査時は 1.3 または 1.5，使用性の照査時には 1.0 としてよい．しかし，コア供試体の採取本数を増やしたり，性能評価により適切な採取位置から採取したりすることにより，性能評価における材料強度の不確実性を低くできる場合は，材料係数を適切に小さく設定してもよい．

　（3）について　コア供試体を採取できない場合で，既設構造物の点検の結果，コンクリートが新設時に想定した以上に劣化している場合は，材料係数を新設時の値よりも大きくする必要がある．

3.2.2　鉄筋および PC 鋼材

　既設構造物中の鉄筋および PC 鋼材の強度の特性値および材料係数は，原則として新設時と同じ値を用いてよい．

【解　説】　この指針（案）による性能照査等において，この指針（案）で示されていない鉄筋，および PC 鋼材に関する事項（材料特性，応力－ひずみ関係等）は，原則として**コンクリート標準示方書 [設計編]** によるものとする．ただし，それに示されていない事項は，その他の規準を参考にしてよい．鉄筋あるいは PC 鋼材に断面欠損がある場合は，その影響を適切に考慮する必要がある．

3.2.3　構造用鋼材

　既設構造物中の構造用鋼材の強度の特性値および材料係数は，原則として新設時と同じ値を用いてよい．

【解　説】　この指針（案）による性能照査等において，この指針（案）で示されていない構造用鋼材に関する事項（材料特性，応力－ひずみ関係等）は，原則として**鋼・合成構造標準示方書 [設計編]** によるものとする．ただし，それに示されていない事項は，その他の規準を参考にしてよい．構造用鋼材に断面欠損がある場合は，その影響を適切に考慮する必要がある．

　腐食により断面欠損を生じた鋼材についても，ヤング係数や強度の特性値は新設時と同じ値を用いてよく，腐食の影響は，設計上の仮定が成立する範囲の腐食であれば，既設構造物の詳細調査において残存板厚を計測することにより，断面欠損として考慮する．

3.2.4 接合用鋼材

既設構造物中の接合用鋼材の強度の特性値および材料係数は，原則として新設時と同じ値を用いてよい．

【解　説】　この指針（案）による性能照査等において，この指針（案）で示されていない接合用鋼材に関する事項は，原則として**鋼・合成構造標準示方書［設計編］**によるものとする．ただし，それに示されていない事項は，その他の規準を参考にしてよい．接合用鋼材に断面欠損がある場合は，その影響を適切に考慮する必要がある．

3.2.5 構造用 FRP

（1）既設構造物中の構造用 FRP の強度の特性値は，原則として，既設構造物より採取した試験片による材料試験の結果に基づいて定めるものとする．

（2）既設構造物中の構造用 FRP の設計強度は，材料係数で強度の特性値を除した値とする．

（3）材料試験片を採取できない場合には，構造用 FRP の設計強度は，強度の特性値を新設時に用いた値とし，点検の結果，明らかとなった劣化の状態を材料係数により適切に考慮して定めるものとする．

【解　説】　この指針（案）による性能照査等において，この指針（案）で示されていない構造用 FRP に関する事項は，原則として**複合構造標準示方書［設計編］**によるものとする．ただし，それに示されていない事項は，その他の規準を参考にしてよい．

3.3 補修・補強に用いる材料

3.3.1 材料の品質

3.3.1.1 補強用 FRP

（1）補強用 FRP により補修・補強された構造物が所定の性能を有するよう，補修・補強に用いる材料は性能が確認されたものを用いなければならない．

（2）この指針（案）で扱う補強用 FRP に用いる繊維の種類は，炭素繊維とアラミド繊維とし，補強用 FRP の種類としては，FRP シート，FRP ストランドシートおよび FRP プレートとする．

【解　説】　（1）について　炭素繊維には PAN 系とピッチ系の 2 種類があり，ヤング係数の範囲に応じて高強度型，中弾性型，高弾性型に分類される．補強用途に用いられている炭素繊維は，概ね引張強度 $1,900$ 〜$3,400\text{N/mm}^2$，ヤング係数 2.45〜$6.40\times10^5\text{N/mm}^2$ の範囲のものである．アラミド繊維はメタ系とパラ系に大きく分類されるが，一般に補強用 FRP に使用されるアラミド繊維は比較的強度の高いパラ系であり，概ね引張強度 $2,060$〜$2,350\text{N/mm}^2$，ヤング係数 0.78〜$1.18\times10^5\text{N/mm}^2$ のものである．これらの繊維は強度やヤング

係数等，物理的特性が異なっているため，要求性能に応じて所要の品質を有する繊維を選択することとしている．

（2）について　この指針（案）で扱う FRP シートは，炭素繊維もしくはアラミド繊維を一方向もしくは二方向に配列したものであり，現場で液状の常温硬化型・含浸接着樹脂を含浸・硬化させることによって既設構造物と一体化をはかるものである．

　FRP ストランドシートは，繊維束に工場で樹脂を含浸・硬化させた直径 1mm 程度の繊維ストランドを横糸で連結したものである．FRP ストランドシートは施工現場では繊維への樹脂含浸工程が不要となり，不陸修正材兼用のペースト状の接着剤でコンクリート表面や鋼材表面に接着する．

　FRP プレートは，引抜き成形法と呼ばれる製法にて，炭素繊維を熱硬化型樹脂で含浸させて硬化させた帯板状の成形板であり，この FRP プレートもペースト状の接着剤でコンクリート表面や鋼材表面に接着するものである．

3.3.1.2　接着用樹脂材料

（1）補強用 FRP の接着接合に用いる接着用樹脂材料の種類は，プライマー，不陸修正材，接着剤，含浸接着樹脂，高伸度弾性樹脂がある．それらの接着用樹脂材料は，使用する補強用 FRP と既設部材との組合せや施工時の環境条件において，その性能が適切な試験方法で確認されたものを用いるものとする．

（2）プライマーは，補強用 FRP と既設部材において，所要の付着強度およびエネルギー解放率が得られるものでなければならない．

（3）不陸修正材は，既設部材表面の段差や小さな凹凸を平坦にするため，すりつけ作業に適切な性状とプライマーや含浸接着樹脂と十分な付着強度を持つものでなければならない．

（4）含浸接着樹脂は，FRP シートの結合材として作業に適し，かつ FRP シートに確実に含浸・硬化し，含浸・硬化した状態において，所要の品質が保証できる材料でなければならない．また，含浸接着樹脂は，含浸・硬化した FRP シートがプライマーや不陸修正材を介した既設部材との接着において十分な付着強度およびエネルギー解放率を持つものでなければならない．

（5）接着剤は，FRP ストランドシートや FRP プレートと既設部材もしくはプライマーを介した既設部材との接着において十分な付着強度およびエネルギー解放率を持つものでなければならない．なお，原則として FRP プレート同士の接着継手は設けないこととするが，継手を設ける場合には，所要の強度が確認されている継手構造でなければならない．

（6）高伸度弾性樹脂は，補強用 FRP のはく離防止を目的として使用されており，下地との付着強度が確かめられたものを用いなければならない．

【解　説】　（1）について　接着用樹脂材料の性能確認が必要な物性値には，付着強度，接着強度，継手強度，引張強度，曲げ強度，引張せん断接着強度，圧縮強度，ガラス転移温度，比重，粘度と可使時間等がある．それぞれの物性値は以下の方法により確認できる．

①付着強度
・コンクリートの場合：JSCE-E543「連続繊維シートとコンクリートとの付着試験方法（案）」

・鋼材の場合：付属資料2「鋼板と当て板の接着接合部における強度の評価方法（案）」

②接着強度
・コンクリートの場合：JSCE-E545「連続繊維シートとコンクリートとの接着試験方法（案）」
・鋼材の場合：付属資料1「補強用FRPの接着接合に用いる接着用樹脂材料と鋼材との接着試験方法（案）」

③継手強度：JSCE-E542「連続繊維シートの継手試験方法（案）」

④引張強度：JIS K 7161-1「プラスチック－引張特性の求め方－ 第1部：通則」

⑤曲げ強度：JIS K 7171「プラスチック－曲げ特性の求め方－」

⑥引張せん断接着強度：JIS K 6850「接着剤－剛性被着材の引張せん断接着強さ試験方法－」

⑦圧縮強度：JIS K 7181「プラスチック－圧縮特性の求め方－」

⑧ガラス転移温度：JIS K 7121「プラスチックの転移温度測定方法」

⑨比重：JIS K 7112「プラスチック－非発砲プラスチックの密度及び比重の測定方法－」

⑩粘度：JIS K 6833-1「接着剤－一般試験方法－第1部：基本特性の求め方」

⑪可使時間：JIS K 5600 2-6「塗料一般試験方法－第2部：塗料の性状・安定性－第6節：ポットライフ」

　接着用樹脂材料は，使用する補強用FRPや既設部材との組合せによってその物性値が変化するのでそれらとの組合せで適切なものを選択する必要がある．そのため，付着強度や接着強度の確認試験では，それらの組合せで確認する必要がある．鋼材の場合の接着試験では，補強用FRPの内部での凝集破壊となることがあり，本来の接着用樹脂材料の性能を正確に評価できない恐れがある．その場合，必要に応じて既設部材と接着用樹脂材料だけの組合せで評価する必要がある．また，使用する接着用樹脂材料の施工性に関係する粘度，可使時間や硬化時間は，施工時の温度に大きく影響を受けるため施工時の温度にあったものを選択する必要がある．なお，炭素繊維は導電性のある材料であるため，鋼材と炭素繊維の組合せとなる場合には電気的な絶縁を行う必要がある．

　（2）について　プライマーは，既設部材と補強用FRPを一体化するために，補強用FRPを接着する前に既設部材面に塗り，既設部材と補強用FRPとの間の付着強度の発現を促す材料である．すなわち，既設部材と不陸修正材，接着剤もしくは含浸接着樹脂との組合せで十分な付着強度が確認されている必要がある．

　また，既設部材がコンクリートの場合には，コンクリートの表層内部に浸透，硬化することで，表層内部を強化する役割も持つ材料である．既設部材が鋼材の場合には，鋼材の表面処理後の防錆，電気的な絶縁等の目的でも使用される材料である．

　（3）について　不陸修正材は，既設部材表面を平坦にすることを目的に塗る材料である．既設部材に段差等の凹凸部が存在する場合に補強用FRPを接着すると，突起部が大きい場合には補強用FRPが破断する恐れがある．したがって，大きな突起はグラインダー等で切削して平滑にする必要がある．また，コンクリート表面のブリージング痕等の小さな凹凸や鋼材表面の腐食による断面欠損は，気泡や樹脂溜まり等の施工不良の原因となる恐れがある．一方，軽微な段差や凹凸は不陸修正材をすり込むことによって平滑にするこ

とができる．この不陸修正作業を円滑にするために，施工時の温度に適した粘性や可使時間を有するものを選択することが重要である．

また，不陸修正材は，プライマーや含浸接着樹脂と十分な付着強度が確認されている必要がある．

（4）について　FRPシートは，含浸接着樹脂が繊維の間に確実に含浸・硬化することにより，繊維間が強固に結びついて十分な応力伝達が実現され，所要の強度やヤング係数等の品質を有する複合体となる．したがって，含浸接着樹脂は，FRPシートに確実に含浸することが前提であり，含浸に適した粘度であることが重要である．また，施工性を考慮すると，施工時の温度でFRPシートを保持するための適切な粘度を有し，作業時間に対して適切な可使時間を有していることも重要である．

FRPシートに含浸・硬化した含浸接着樹脂の品質は，含浸・硬化した状態で評価する必要がある．ここで，含浸接着樹脂の含浸状態が不十分であると，所要の強度やヤング係数が得られない可能性がある．したがって，FRPシートと含浸接着樹脂の適切な組合せを選定する必要がある．材料試験の方法は，**JSCE-E541「連続繊維シートの引張試験方法（案）」**を参照して材料試験を行い，適切な特性値を得るのが望ましい．

また，含浸接着樹脂が含浸・硬化したFRPシートは，プライマーや不陸修正材を介した既設部材と十分な付着強度が確認されている必要がある．

（5）について　接着剤は，既設部材表面もしくは既設部材に塗布されたプライマー面にFRPプレートやFRPストランドシートを接着する材料である．その施工では，施工現場でのFRPシートへの樹脂含浸工程のような作業が不要となる．FRPプレートもしくはFRPストランドシート側及びFRPプレートもしくはFRPストランドシートが接着される側に所定の厚さで塗布したのちに押し付けて接着するため，塗布作業時にダレ落ちることなく，かつ圧着時にFRPプレートもしくはFRPストランドシートと既設部材間に隙間無く圧着されて所要の接着剤厚さを確保できる粘度と可使時間を有するものを選択することが重要である．既設部材に凹凸がある場合には，接着剤は不陸修正材を兼ねることができる．

また，接着剤は，FRPプレートもしくはFRPストランドシートや既設部材もしくはプライマーと十分な付着強度が確認されている必要がある．なお，一般にFRPプレートはFRPシートやFRPストランドシートよりも厚く，単位幅あたりの引張耐力が大きい．そのため，継手長さを長くしても，FRPプレートの引張耐力よりも低い荷重で継手部のはく離破壊が生じる．このためFRPプレートを用いる場合には，接着継手を設けないのが一般的である．やむを得ず継手を設ける場合は，実験等により性能が評価され，かつ要求性能に応じた継手強度を発揮できる継手構造とする必要がある．

（6）について　高伸度弾性樹脂は，低弾性・高伸度な特性を有しており，補強用FRPのはく離防止を目的として使用される．そのため，ヤング係数が$55 \sim 75 N/mm^2$，伸びが$300 \sim 500\%$の範囲であることが確認されている必要がある．下地との付着を確保するための専用プライマーが必要であり，鋼材と補強用FRPの間もしくは，不陸修正後の不陸修正材と補強用FRPの間に塗布される．適度な粘性や可使時間を有するものが用いられ，鋼材，不陸修正材，含浸接着樹脂との組合せで付着強度が確認されている必要がある．

3.3.1.3　表面保護材

表面保護材は，供用期間中，補強用FRPを所要の品質に保つものでなければならない．

【解　説】　接着用樹脂材料を用いて補強用FRPを接着した既設部材が耐候性，耐火性，耐衝撃性，美観等

の要求性能を満たすよう，表面保護材を使用し，適切に仕上げなければならない．構造物に設置された補強用 FRP は，紫外線，乾湿繰り返し，外気温等の影響を受けて劣化する恐れがあるため，要求性能に応じて樹脂系塗装，複合塗装あるいはポリマーセメントモルタル等の表面保護層を原則として設ける必要がある．そのため，表面保護材は，補強用 FRP との付着性，保護性能，耐候性，施工性等の品質が要求される．また，火災や衝突等からの保護を目的にする場合には，目的に応じた適切な表面保護材を選択する必要がある．耐火を目的とする場合には，要求される火災に対する安全性のレベルにあった被覆材料，被覆厚さを選定する必要がある．

　表面保護材に求められる性能の物性値は，原則として適切な試験方法によって実施された試験の結果に基づいて定める必要がある．物性値を求める試験方法は，JIS K 5600「塗料一般試験方法」，JIS A 6909「建築用仕上塗材」等を参考に定めるのがよい．

3.3.1.4　その他の材料

（1）断面修復材は，既設コンクリートの損傷部分に対して十分な接着力と，既設コンクリートと同等以上の強度を有するものでなければならない．

（2）ひび割れ注入材は，ひび割れの深部まで浸透し，コンクリートを一体化するために必要な接着強度を有し，ひび割れから浸透する水分等を遮断する性能を有するものでなければならない．

【解　説】　（1）について　塩害やアルカリシリカ反応等を受けた既設コンクリートが，部分的に損傷している場合には，断面修復材による補修を行う必要がある．既設コンクリートと断面修復材との接着が不十分であると，補強用 FRP とその部分において，応力伝達に不具合が生じる恐れがある．

　断面修復材に求められる性能の物性値は，原則として適切な試験方法によって実施された試験の結果に基づいて定める必要がある．物性値を求める試験方法は，JSCE-K 561「コンクリート構造物用断面修復材の試験方法（案）」等を参考に定めるのがよい．

　（2）について　ひび割れ注入材としては，樹脂系のものやセメント系のもの等があるが，ひび割れの状態や漏水の状態に応じて，適切な材料を選択する必要がある．

　ひび割れ注入材に求められる性能の物性値は，原則として適切な試験方法によって定められた試験結果に基づいて定める必要がある．物性値を求める試験方法は，JSCE-K 541「コンクリート構造物補修用有機系ひび割れ注入材の試験方法（案）」，JSCE-K 542「コンクリート構造物補修用セメント系ひび割れ注入材の試験方法（案）」，または，JSCE-K 543「コンクリート構造物補修用ポリマーセメント系ひび割れ注入材の試験方法（案）」等を参考に定めるのがよい．

3.3.2　材料の特性値と設計用値

3.3.2.1　一　　般

補強用 FRP および接着用樹脂材料の特性値と設計用値の定め方は，以下のとおりとする．

（1）補強用 FRP の材料強度および破断ひずみの特性値は，試験値のばらつきを想定したうえで，大部分

の試験値がその値を下回らないことが保証される値とする．

（2）補強用FRPの設計材料強度および破断ひずみは，それぞれの特性値を材料係数で除した値とする．

（3）接着用樹脂材料のはく離時のエネルギー解放率の特性値は，試験値のばらつきを想定したうえで，大部分の試験値がその値を下回らないことが保証される値とする．

（4）接着用樹脂材料のはく離時の設計エネルギー解放率は，特性値を材料係数で除した値とする．

3.3.2.2 補強用FRP

（1）補強用FRPの引張強度とヤング係数の特性値は，原則として引張試験に基づいて定めるものとする．引張試験は，JSCE-E 541「連続繊維シートの引張試験方法（案）」やJIS K 7097「一方向炭素繊維強化プラスチック帯板材」による．

（2）補強用FRPの応力－ひずみの関係は，一般に線形に近く，設計上は線形としてよい．図3.3.1の応力－ひずみ関係を試験によって定めて用いてよい．

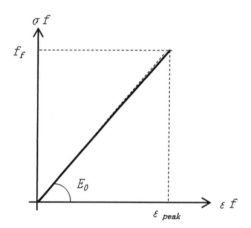

図3.3.1 FRPシートの応力－ひずみ関係

（3）補強用FRPの線膨張係数は，原則として，JIS K 7197「プラスチックの熱機械分析による線膨張率試験方法」により求めるものとする．

（4）補強用FRPの引張疲労強度の特性値は，原則として引張疲労試験に基づいて定めるものとする．引張疲労試験は，JSCE-E 546「連続繊維シートの引張疲労試験方法（案）」による．

（5）補強用FRPのポアソン比およびせん断弾性係数の特性値は，JIS K 7161-1「プラスチック－引張特性の求め方 第1部：通則」およびJIS K 7164「プラスチック－引張特性の試験方法 第4部：等方性および直交異方性繊維強化プラスチックの試験条件」またはJIS K 7165「プラスチック－引張特性の求め方 第5部：一方向繊維強化プラスチック複合材料の試験条件」によることを原則とする．

（6）補強用FRPのクリープ特性の試験方法は，JIS K 7115「プラスチック－クリープ特性の試験方法－第1部：引張クリープ」等を参考に定めるのがよい．

（7）耐水性の試験方法は，JSCE-E 549「連続繊維シートの耐水，耐酸，耐アルカリ試験方法（案）」によってよい．

（8）耐候性の試験方法は，JIS K 7097「一方向炭素繊維強化プラスチック帯板材」の付属書Bの試験方法を適用してよい．また，JIS Z 2381「大気暴露試験方法通則」を参考に試験を実施してもよい．

（9）補強用FRPの材料係数は，**複合構造標準示方書［設計編］標準編4.7**により定めるものとする．

【解　説】　（1）について　補強用FRPの強度は，同じ強化繊維を用いてもシートの形態，含浸接着樹脂との組合わせにより異なるため，FRPシートに含浸接着樹脂を含浸・硬化させた複合体の状態で測定する．補強用FRPの強度のばらつきは，一般に，鋼材に比べて大きいことが知られているが，その分布は，ほぼ正規分布に従うものと考えてよい．引張強度の特性値としては，一般に，平均強度（X）から標準偏差（σ_n）の3倍の値を減じたもの（$X-3\sigma_n$）を用いている．これは，引張強度の99.9%信頼限界値に相当する．補強用FRPの引張試験結果と信頼限界について検討した結果を，**資料集B「補強用FRPの信頼限界について」**に示す．ただし，材料製造者が，十分な試験結果に基づいて保証強度を定めている場合には，その値をFRPシートの引張強度の特性値とみなしてよい．また，ヤング係数は，一般に，試験によって得られた値の平均値を用いてよい．材料製造者が，十分な試験結果に基づいてヤング係数を定めている場合には，その値を用いてもよい．試験方法は本文中に示したJSCEやJISに規定された方法を基本とするが，ISO 10406-2の5に基づいてもよい．

　（3）について　補強用FRPの線膨張係数については，近年測定例が増加している．特にFRPシートにおいては，American Concrete Institute International の補強指針において繊維方向の線膨張係数は，炭素繊維によるFRPで-1〜0×10⁻⁶/℃,アラミド繊維によるFRPで-6〜-2×10⁻⁶/℃を使用することを推奨している．一方で，1方向繊維強化複合材料の線膨張係数は，式（解3.3.1）で推定できることが知られている．

$$\alpha_L = \frac{E_{ff} \cdot \alpha_f \cdot V_f + E_e \cdot \alpha_e \left(1-V_f\right)}{E_f \cdot V_f + E_e \left(1-V_f\right)}$$

（解 3.3.1）

　ここに，　α_L　　：FRPシートの繊維方向の線膨張係数

　　　　　　α_f　　：FRPシート内の繊維の線膨張係数

　　　　　　α_e　　：含浸接着樹脂あるいは接着剤の線膨張係数

　　　　　　E_{ff}　　：FRPシート内の繊維のヤング係数

　　　　　　E_e　　：含浸接着樹脂あるいは接着剤のヤング係数

　　　　　　V_f　　：FRPシート内の繊維の体積比

なお，線膨張係数の影響が無視できる場合には，0としてよい．

　（4）について　試験により疲労強度の特性値を定める場合，補強用FRPの種類，作用応力の大きさと作用頻度，環境条件等を考慮して行うのがよい．疲労試験を行う場合には，**JSCE-E 546「連続繊維シートの引張疲労試験方法（案）」**を参照するのがよい．

　（7）および（8）について　FRPシートの耐水性および耐候性の確認においては，含浸接着樹脂を含浸させて硬化させたものに対する試験により耐水性を確認するものとする．また，使用が予定される表面保護材を施した上での試験を原則とする．

　（9）について　一般に，補強繊維として炭素繊維またはアラミド繊維が使用され，適切な施工，保護が行われる場合には，補強用FRPの材料係数γ_mは，安全性および復旧性の照査においては1.2〜1.3，使用性の照査においては1.0としてよい．

3.3.2.3 接着用樹脂材料

（1）接着用樹脂材料のエネルギー解放率（コンクリート部材の場合，界面はく離破壊エネルギー）の特性値は，原則として適切な方法による付着試験に基づいて定めるものとする．

（2）FRPプレートと接着剤の組合せの有限要素解析を行う場合，接着剤の弾性係数が必要となる．そのため，接着用樹脂材料の弾性係数の特性値は，適切な試験方法によってその性能が確認された数値を特性値として用いる必要がある．

（3）接着用樹脂材料の材料係数は，**複合構造標準示方書［設計編］標準編4.7**により定めるものとする．

【**解　説**】　（1）について　接着用樹脂材料のエネルギー解放率は，既設部材に接着用樹脂材料を用いて補強用FRPを接合した複合構造の設計に用いる物性値である．原則として，既設部材，接着用樹脂材料，補強用FRPの組合せで確認する必要がある．コンクリートの場合，JSCE-E 543「**連続繊維シートとコンクリートとの付着試験方法（案）**」，鋼材の場合，**付属資料2「鋼板と当て板の接着接合部における強度の評価方法（案）**」によりエネルギー解放率の特性値を求めることができる．補強用FRPにより補修・補強された部材の接着接合部に破壊が生じる場合，エネルギー解放率は，接着用材料内部あるいはコンクリート表層の破壊に際して失われるエネルギーを，進展した破壊面の面積で除して与えられる値であり，その特性値は，それらの力学モデルを適切に考慮した試験により得るものとする．接着用樹脂材料のエネルギー解放率のばらつきの分布は，ほぼ正規分布に従うものと考えてよい．エネルギー解放率の特性値としては，一般に，95%信頼限界値としてよい．

　（2）について　弾性係数は，圧縮試験に基づいて定める圧縮弾性係数と引張試験に基づいて定める引張弾性係数とがある．圧縮弾性係数は，JIS K 7181「**プラスチック－圧縮特性の求め方－**」により確認することができる．引張弾性係数は，JIS K 7161-1「**プラスチック－引張特性の求め方－　第1部：通則**」により確認することができる．接着用樹脂材料の弾性係数は，一般に，圧縮試験によって得られた圧縮弾性係数の平均値を用いてよい．

　（3）について　一般に，接着用樹脂材料として適切なものが使用され，適切な施工，保護が行われる場合には，接着用樹脂材料の材料係数 γ_m は，安全性および復旧性の照査においては1.3，使用性の照査においては1.0としてよい．

4章　作　用

4.1　一　般

作用は，原則として**コンクリート標準示方書**および**複合構造標準示方書**に準じて考慮するものとする．

【解　説】　直接作用，間接作用および環境作用，およびこれらの種類や特性値は，**コンクリート標準示方書 [設計編]** および**複合構造標準示方書 [設計編]** に準じて考慮してよい．

作用は，構造物または部材に応力，変形の増加，材料特性に経時変化をもたらす働きとしている．設計作用は，作用の特性値に作用係数を乗じて定める．作用は，持続の程度，変動の程度および発生頻度によって，永続作用，変動作用，偶発作用に分類される．永続作用は，その変動が極めてまれか，平均値に比して無視できるほどに小さく，持続的に生じる作用であり，死荷重，土圧，水圧，プレストレス力，乾燥に伴うコンクリートの収縮の影響等がある．変動作用は，連続あるいは頻繁に生じ，平均値に比してその変動が無視できない作用であり，活荷重，温度変化の影響，風荷重，雪荷重等がある．偶発作用は，設計耐用期間中に生じる頻度が極めて小さいが，生じるとその影響が非常に大きい作用であり，地震の影響，衝突荷重，強風の影響等がある．

作用は，性能照査において扱う観点によって，直接作用，間接作用，環境作用に分類される．直接作用は，構造物に集中あるいは分散して作用する力学的な力の集合体である．具体的には，死荷重，活荷重，土圧，水圧，流体力，波力，プレストレス力，風荷重，雪荷重等である．間接作用は，構造物内に不静定力や構造物に慣性力を生じさせる原因となるもので，具体的には，コンクリートの膨張・収縮やクリープ等による体積変化等である．環境作用は，構造物中の材料に劣化や変質を生じさせる原因となる物理化学的作用である．具体的には，構造物周囲の温度と乾湿の変化をもたらす温度差や水分の供給，また塩化物イオンの侵入・付着・残留や化学物質による浸食等である．

4.2　補修・補強の設計における作用

（1）補強用 FRP により補修・補強された部材は，施工時および供用時に既設構造物と補修・補強部分に生じる作用を適切に考慮するものとする．

（2）補強用 FRP により補修・補強された部材においては，補強用 FRP，接着材料のクリープの影響を考慮するものとする．

（3）温度変化を受ける場合，補強用 FRP により補修・補強された部材は線膨張係数差により熱応力が生じるため，これを適切に考慮するものとする．

【解　説】　<u>（1）について</u>　既設構造物に補強用 FRP を接着接合する場合，施工前に，作用している死荷重等は，補強用 FRP では荷重を分担することはできず，活荷重，地震の影響等の後荷重に対してのみ有効である．ただし，補強用 FRP 接合後にポストテンションを与えた場合やプレテンションを与えた補強用 FRP

を接着し，硬化後に解放することで，圧縮のプレストレスを導入することが可能であり，この場合には，導入されるプレストレス量を見込んでもよい．

（2）について　FRPは，永続作用に対するクリープによる変形や破壊を設計で考慮することを原則とする．なお，補強用FRPを緊張し，プレストレスを導入して接着接合した場合には，補強用FRPだけでなく，接着接合部に対するクリープの影響を適切に評価する必要がある．

（3）について　FRPと被着体の線膨張係数差に伴う熱応力は，補修・補強の効果を低下させる要因になるだけでなく，接着用樹脂材料に生じる応力が増加して，想定よりも低い作用下ではく離することもあるため，それらの影響を適切に考慮する必要がある．また，樹脂の軟化が開始するガラス転移温度を考慮して，使用環境に応じた接着用樹脂材料を適切に選定する必要がある．

5章　補修・補強の設計

5.1　一　般

補強用 FRP による補修・補強の設計では，残存する設計耐用期間を通じて，補修・補強後の構造物が要求性能を満足するように合理的な構造計画を策定し，それに基づいた構造詳細を設定しなければならない．

【解　説】　補修・補強の設計では，補修・補強によって既設構造物の性能が必要とされるまで回復するとともに，補修・補強後の構造物が残存する設計耐用期間を通じて要求性能を満足するように，構造計画および構造詳細を設定する．高強度でありながら軽量な補強用 FRP を用いた補修・補強では，補修・補強後の部材重量の増大を抑制することが可能であるが，部材剛性の大幅な増加は困難である．構造計画では，既設構造物の調査結果に基づき，補修・補強の対象となる既設構造物の現況や，補修・補強の施工条件，および補修・補強後の維持管理の容易さなどを考慮して，適切な補修・補強工法を設定することが重要である．

構造詳細の設定では，補修・補強後の構造物が所定の要求性能を満足するために必要となる既設部と補強部の一体性が確保されるように，適切な補強材料の接着や定着の方法を設定する．また，補修・補強の対象となる部材の構造特性や補修・補強の施工方法等に応じて，補修・補強前後での既設部と補強部の荷重分担や応力再配分を明らかにし，補強部材の断面耐力や剛性の設定を行う．

5.2　構造計画

（1）構造計画では，補強用 FRP により補修・補強された構造物が要求性能を満たすように，構造特性，材料，施工方法，維持管理方法，経済性等を考慮して補修・補強工法を設定しなければならない．
（2）補強用 FRP により補修・補強された構造物が，設計耐用期間にわたり所要の安全性，使用性および復旧性を満足するように考慮しなければならない．
（3）構造計画では，施工に関する制約条件を考慮しなければならない．
（4）構造計画では，構造物の重要度，設計耐用期間，供用条件，環境条件および維持管理の難易度等を考慮し，補強用 FRP により補修・補強された構造物の維持管理が容易になるように考慮しなければならない．

【解　説】　（1）について　構造計画では，補修・補強の対象となる構造物の条件に応じて，補修・補強後の構造物が要求性能を確実に満足するように，補強材料の種類や補強材料の接合方法（接着・定着の方法）を設定する．

補強用 FRP は，形態で大別すると，樹脂が含浸されていないシート状のものと，樹脂が含浸して硬化した，板やロッド等の固形状のものがある．強化材には，炭素繊維，アラミド繊維が用いられ，繊維の種類と配向，それらの組合せによって機械的特性が変化する異方性を示すことから，設計の目的と補修・補強の効果に応

じて，適切に選択する必要がある．いずれも施工現場において，接着用樹脂材料を用いて接着・定着されるが，補強用 FRP の形態，繊維の種類，配向，施工方法によって，接着用樹脂材料に求められる要求性能も異なることから，適切に選択する必要がある．

接着・定着方法も補強用 FRP の形態と施工方法によってさまざまである．たとえば，FRP シートであれば，粘度の低い含浸接着樹脂が選択され，設計された積層数を現場で施工することになる．また，固形状の FRP プレートおよび FRP ストランドシートの場合，粘度の高いペースト状の接着剤が選択され，FRP プレート表面や既設部材表面に塗布され，既設部材に接着される．さらに，補強用 FRP にプレテンションを導入して，既設部材に接着する場合，補強用 FRP の端部には常時高い応力が作用することから，機械定着が併用されることがある．このように，接着・定着方法は，補強用 FRP と接着用樹脂材料の組合せにおいても，設計の目的と施工方法に応じて，適切に選択する必要がある．

（2）について　補修・補強後の構造物が残存する設計耐用期間にわたり所要の性能を満足するためには，環境作用による補強材料の劣化や変状が設計耐用期間中に生じないようにするか，あるいは劣化が生じたとしても構造物が性能の低下を生じない軽微な範囲にとどまるように設計するのが一般的である．特に，既設構造物の調査において把握した性能低下の要因に対して，適切に対処することが求められる．

補強用 FRP による補修・補強では，補強用 FRP やその接着・定着に用いる接着用樹脂材料の環境作用に対する経時変化の影響を適切に考慮して検討を行うことが重要である．補強用 FRP は，一般に，耐腐食性には優れるが，樹脂を含むため，紫外線等で劣化することがある．したがって，設計，施工では，耐候性に十分留意する必要がある．通常，塗装等の表面保護層を設けることで対応できるが，補強用 FRP と表面保護層の付着にも十分留意して，適切な材料を選択する必要がある．また，既設部の保護の観点から，水掛かりや塩分の浸入等にも注意が必要である．

（3）について　補修・補強後の構造物が必要とされる性能を発揮するためには，施工に関する制約条件を十分に考慮して構造計画を行うことが必要である．既設構造物の補修・補強では，供用条件等に伴い施工期間や施工空間等に厳しい制約が想定されるため，補強材料の搬入・設置や接合作業の実施において，必要な施工精度や品質が確保できるように検討することが重要である．

補強用 FRP を用いて補修・補強を実施する場合には，補強用 FRP が接着・定着される既設部材の表面の状態や，施工時の温度等の環境条件に配慮して，使用材料，施工の方法や手順等の検討を行う必要がある．既設部材の表面状態が悪いと，たとえば，補強用 FRP の接着面側からの漏水，腐食，ひび割れ，き裂が生じる恐れがあり，再劣化の要因となる．既設部材の表面状態は，補修・補強後の品質と耐久性に大きな影響を及ぼすことがあるため，施工の方法と手順を検討するとともに，施工後の表面状態が所定の水準を満足していることを検証するのがよい．また，接着用樹脂材料は，品質と材料特性を満たすためには，環境温度，可使時間の管理が重要である．

（4）について　補修・補強後の構造物に対して，点検や性能評価といった維持管理作業が効率的に実施できるように，また対策に要する費用を可能な限り抑えることがきるように，補修・補強工法や使用材料を検討することが重要である．特に補強用 FRP が接合された箇所では，既設部の状態を確認することが困難になる場合があるため，補修・補強後の構造物に生じる変状が適切に把握できるような工夫を検討することが望ましい．

5.3 構造詳細

（1）補強用 FRP により補修・補強された構造物が必要とされる一体性を確保できるように，補強材料の接合方法を適切に設定しなければならない.

（2）補強用 FRP により補修・補強された構造物が必要な耐荷力および剛性を保持するように，使用する補強材料の種類や補強部の構造特性を設定しなければならない.

【解　説】　（1）について　補修・補強後の構造物の使用性および安全性に関する照査では，既設部と補強部が一体となって外力に抵抗することを前提とすることが一般的である. 構造詳細の設定では，補修・補強後の構造物の一体性が十分に確保されるような接合方法を検討する必要がある.

補強用 FRP を鋼またはコンクリートに接合する場合には，接着用樹脂材料を使用することが一般的である. 接着した補強用 FRP が完全な合成断面として外力に抵抗するためには，補強材料の端部に十分な定着長を設定する必要がある. ボルト接合やアンカー接合等の機械式接合に比べて，接着用樹脂材料を用いた接合では，被着体から補強用 FRP への力の伝達は短い距離で達成されるため，接着接合では合成断面とされる範囲を長く確保できる利点がある.

定着部は，補強用 FRP に荷重を確実に伝達するために必要な区間であることから，定着部となる既設部材の表面状態は，断面欠損による凹凸や不陸等のない平滑面とすることを原則とする. また，定着部では，荷重は補強用 FRP に十分に伝わっていないため，補修・補強の効果を設計で考慮しないことが基本である. なお，凹凸や不陸のある面に定着しなければならない場合や，定着長が十分に確保できないに場合には，実験・解析等の適切な方法で，補修・補強の効果が確保されること，接着強度が十分にあることを確認するのがよい.

（2）について　補修・補強後の構造物に必要とされる耐荷力や剛性が確保できるように，既設部と補強部の耐荷力や剛性の差を考慮して補強材料の種類や補強部の構造特性を設定する必要がある. 既設部と補強部の剛性比が大きい場合には，接合方法によっては十分な補強効果が発揮されない場合があるので注意が必要である. 各荷重レベルにおいて，既設部，接合部，補強部のそれぞれをどのような機構で抵抗させるかについて，十分に検討しておくことが重要である.

補修・補強後の構造物では，既設構造物に作用していた永続作用（死荷重）は既設部のみで負担し，一体化後の構造物は補強部の重量と変動作用（活荷重）をさらに負担することになる. 既設部と補強部の剛性比を適切に設定し，荷重の分担割合や抵抗機構を制御することが重要である.

永続作用による応力によって補強材料や接着用樹脂材料に生じるクリープ等，補強材料や接着用樹脂材料の時間依存変形によって，既設部に損傷を生じたり一体性が損なわれたりしないように，間接作用に関する十分な検討が必要である.

補強用 FRP を用いた補修・補強では，必要とされる耐荷力および剛性を確保するため，補強用 FRP の種類，繊維目付け量，繊維の配向方向，使用枚数，接着範囲，接着用樹脂材料等を適切に設定する. また，既設部材の表面の処理や補強用 FRP の施工方法を考慮して構造詳細を設定する必要がある.

補強用 FRP の端部処理は，はく離が最も懸念される箇所であるため，構造詳細として最も重要である. 解説 図 5.3.1 に示すように，はく離強度を向上させるために，FRP プレートが厚い場合や FRP シートを多層

に接着する場合には，接着端部の補強用 FRP に段差やテーパを設けるなど，必要に応じて端部処理を行うのがよい．ただし，作用力が小さく，はく離に対する抵抗強度が十分に確保されている場合には，補強用 FRP の端部処理を行う必要はない．また，端部処理によって，接着端部の接着用樹脂材料に生じる主応力が十分に低減されることを，適切な実験，解析等で確認するものとし，応力低減の程度は，1 層の FRP プレートあるいは FRP シートに相当するまでを目安とするのがよい．なお，補強用 FRP に端部処理を施した範囲は，補修・補強の対象範囲や定着長には含めないことを原則とする．

(a) 段差　　　　　　　　　　　　　　　　　(b) テーパ

解説 図 5.3.1　補強用 FRP の端部処理の例

一方，補強用 FRP の端部処理には，段差やテーパのほか，FRP シートを追加で巻付けることもしばしば行われ，コンクリート部材では，定着部からの母材の破壊を防止する役割も果たしている．たとえば，**解説 図 5.3.2** に示すように，コンクリート部材では，T 桁に U 字形に巻きつけることや，柱に周方向に巻付けることが行われている．それらの効果は，適切な実験，解析等で確認するのがよい．

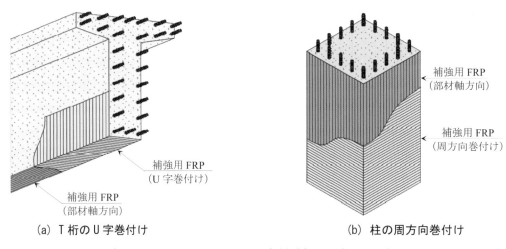

(a) T 桁の U 字巻付け　　　　　　　　　　　(b) 柱の周方向巻付け

解説 図 5.3.2　コンクリート部材端部への巻付けの例

補強用 FRP にプレテンションを導入する場合には，補強用 FRP や接着用樹脂材料のクリープ特性を考慮することが必要となる．補強用 FRP に用いる繊維，接着用樹脂材料の種類と持続荷重の大きさに応じて，クリープ特性が異なることから，設計ではそれらの影響を十分に検討する必要がある．

6章　構造解析および応答値の算定

6.1　一　　般

（1）補強用 FRP により補修・補強された部材の応答値の算定は，以下に示す事項を考慮しなければならない．

（2）作用の影響を適切に考慮できる部材のモデルと構造解析法を適用しなければならない．

（3）7.4 の照査の前提となる構造細目を満足する場合，定着部を除いて，補強用 FRP と既設部材は，両者が完全に一体となった部材としたモデルと構造解析法により応答値を算定してよい．

（4）補強用 FRP の異方性，コンクリートのひび割れおよび圧縮破壊，補強用 FRP とコンクリートのすべりやはく離，鋼材の降伏，補強用 FRP と鋼材の座屈，補強用 FRP と鋼部材のはく離等の非線形性を適切に考慮しなければならない．

（5）施工前に既設部材に生じる応力を適切に考慮しなければならない．

【解　説】　（2）について　補強用 FRP により補修・補強された部材のモデル化では，線材モデルまたは有限要素モデルを利用することができる．作用の影響や，照査の目的に応じて，適切に構造物をモデル化する必要がある．構造解析に用いる補強用 FRP および接着用樹脂材料の材料特性は，3章　材料に基づいて決定する．既設部材の材料特性は，2章　既設構造物の調査で得られた情報に基づき設定する．

解説 図 6.1.1 に示すような鋼とコンクリート部材等の異種部材接合部の補修・補強にも，補強用 FRP は適用可能であるが，一般に接合部は，複数の要素から構成されており，生じる断面力や応力の伝達は単一材料の部材に比べ複雑である．異種部材接合部に補強用 FRP により補修・補強された構造物の応答値を算定する場合には，接合部の力学挙動が再現されるよう，構造解析手法の選定や部材のモデル化等については，十分な検討が必要である．

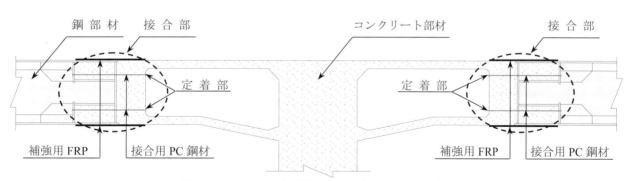

解説 図 6.1.1　異種部材接合部への補強用 FRP の適用例

（3）について　補強用 FRP により補修・補強された部材において，定着部は，部材の断面力の一部が接着用樹脂材料を介して補強用 FRP に伝達される領域である．したがって，定着部では，補強用 FRP に十分に断面力が伝達していないため，平面保持が成立する補強区間は，定着部を除いた区間とする．補強区間では，補強用 FRP と部材が完全に一体化された合成断面であると考え，応答値を算定してよい．

（4）について　補強用 FRP が接着または巻き立てられた部材では，補強用 FRP と部材のはく離が生じない場合には補強用 FRP と部材が一体化しているものとして応答値を算定してよい．補強用 FRP と部材のすべりやはく離の影響が無視できない場合にはその影響を適切に考慮した非線形モデルを用いる必要がある．

（5）について　既設部材に補強用 FRP を接着接合する場合，施工前に，部材（被着体）には死荷重等が作用していることから，設計ではそれらの荷重についても適切に考慮する必要がある．

6.2　部材のモデル化

6.2.1　一　般

（1）補強用 FRP により補修・補強された部材は，定着部を除いて，一体化された棒部材または面部材としてモデル化してよい．

（2）棒部材は一般に線材にモデル化するものとし，面部材は作用の方向とその挙動を表現できるようにモデル化することとする．

（3）鋼部材の接着接合部は，補強用 FRP と鋼部材が断面力を担い，接着用樹脂材料にはせん断応力と垂直応力のみが生じると仮定してモデル化してよい．

（4）補強用 FRP により補修・補強された鋼部材を有限要素でモデル化する場合は，6.2.3 による．

【解　説】　（1）について　補強用 FRP により補修・補強された部材の定着部では，補強用 FRP と既設部材が合成された断面とならないが，定着部を除く補強区間では，補強用 FRP と既設部材が一体化された合成断面となる．したがって，補強区間においては，補強用 FRP と既設部材の合成断面を考慮して，棒部材または面部材としてモデル化してよい．補強用 FRP の異方性については軸方向弾性係数のみを考慮してモデル化してもよい．

（2）について　定着部を除く補強範囲では，FRP により補強された鋼部材を線材モデルで評価する場合は，補強用 FRP と鋼部材が一体化された合成断面となる棒部材または面部材に対する断面定数を用いる．補強用 FRP の異方性については軸方向弾性係数のみを考慮して断面定数を算出してよい．

（3）について　補強用 FRP により補修・補強された鋼部材に対して，補強用 FRP と鋼部材が断面力を担う線材モデルとし，接着用樹脂材料がせん断応力と垂直応力のみを伝達するようにモデル化することにより，補強用 FRP，鋼部材および接着用樹脂材料に生じる応力，断面力が精度よく求められることが明らかにされている [1]~[4]．ただし，補強用 FRP の繊維含有率が低い場合は，FRP を構成するマトリックス樹脂のせん断変形の影響を大きく受けるので，文献 5) を参考に，その影響を適切に考慮する必要がある．

6.2.2　線材モデル

（1）線材モデルは，材料特性，断面諸元，部材の形状，作用の状態や大きさ等を考慮して，適切に曲げ剛性，せん断剛性，ねじり剛性および軸剛性を設定するものとする．

（2）補強用 FRP により補修・補強された部材の変位・変形は，補強用 FRP については弾性体，コンクリートおよび鋼材については弾塑性体と考えて算定してよい．

（3）補強用 FRP により補修・補強された部材は，定着部を除く補強区間では，補強用 FRP と部材が完全に一体化した合成断面とみなし，線材としてモデル化してよい．定着部は既設部材のみとしてモデル化してよい．

（4）補強用 FRP により補修・補強されたコンクリート部材を線材としてモデル化する場合には，補強用 FRP とコンクリートの付着状態を考慮してモデル化するものとする．

（5）補強用 FRP により補修・補強された鋼部材の定着長を算定する場合，補強用 FRP と鋼部材をそれぞれ線材でモデル化し，鋼部材から補強用 FRP へ断面力が伝達できるように，接着用樹脂材料をモデル化する．ただし，補強用 FRP の図心と鋼部材の図心のずれを適切に評価できるモデルとしなければならない．

【解　説】　（1）および（2）について　静定部材を線形解析する場合には，力の釣合い条件から断面力を算定できる．一方，不静定部材を対象とする場合には，変形の適合条件が必要となるため，等価軸剛性および等価曲げ剛性を考慮したモデル化が必要となる．

補強用 FRP により補修・補強された部材のうち，鋼材およびコンクリートについては，それぞれの応力－ひずみ関係を，3章　材料にしたがってモデル化して算定するものとする．

（3）について　補強区間は，解説 図 6.2.1 に示すように，補強用 FRP と部材が完全に一体化した合成断面を有する線材としてモデル化してよい．定着部は，既設部材の断面力の一部が接着用樹脂材料を介して補強用 FRP に伝達される区間であるため，接着用樹脂材料による力の伝達を考慮しない場合は既設部材のみをモデル化してよい．定着長の算定や補強用 FRP のはく離の評価を行う場合には，鋼部材と補強用 FRP を線材としてモデル化する必要がある．ただし，補強用 FRP の繊維含有率が低い場合は，補強用 FRP を構成するマトリックス樹脂のせん断変形の影響を大きく受けることが明らかにされているので，その影響を適切に考慮する必要がある[5]．

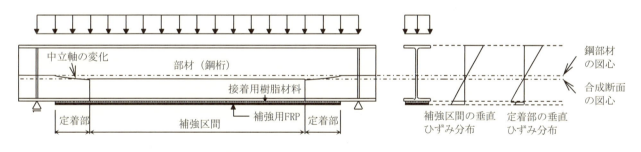

解説 図 6.2.1　補強用 FRP が接着された部材（鋼桁）の一例

（4）について　補強用 FRP により補修・補強されたコンクリート部材を線材としてモデル化する場合には，補強用 FRP とコンクリートの付着状態を考慮してモデル化するものとする．

（5）について　定着部の鋼部材と補強用 FRP を線材としてモデル化する場合は，接着用樹脂材料のせん断応力によって鋼部材の断面力が補強用 FRP へ伝達されるため，接着用樹脂材料をモデル化する必要がある．一般に，鋼部材と補強用 FRP の断面力の伝達を考慮するために，接着用樹脂材料にはせん断応力と垂直応力のみが生じると仮定してモデル化してよい．これは，接着用樹脂材料のヤング係数が鋼や FRP と比べて 1/100 程度であること，接着用樹脂材料の厚さが鋼や FRP と比べて非常に薄く，接着用樹脂材料が担う断面力が非常に小さいことによる．また，接着用樹脂材料をせん断ばね（単位長さ当たりのばね定数 $k=b_f G_a/h$，b_f：接

着分担幅，G_e：接着用樹脂材料のせん断弾性係数，h：接着厚さ）と垂直ばね（単位長さ当たりのばね定数 $k_\sigma = b_f E_e/h$，E_e：接着用樹脂材料の圧縮弾性係数）と仮定してモデル化してもよい．接着用樹脂材料の垂直応力は，鋼部材の断面力を補強用 FRP へ伝達する際の影響が小さいため，定着長の算出では，接着用樹脂材料のせん断応力あるいはせん断ばねを考慮したモデルを用いてもよい．

6.2.3　有限要素モデル

（1）補強用 FRP により補修・補強された部材を，2次元の平面要素あるいは3次元の立体要素でモデル化する場合には，解析の目的に応じて，接合面に接触，はく離，すべり等の力学特性を適切にモデル化しなければならない．ただし，補強用 FRP と部材の接着界面のすべりやはく離が無視できる場合には，補強用 FRP と部材が一体化されているとしてモデル化してよい．

（2）補強用 FRP と部材との付着効果の力学モデルは，補強用 FRP と部材との付着の影響，およびひび割れの影響を含むコンクリートの引張領域での応力－ひずみ関係を考慮しなければならない．

（3）2次元の平面要素あるいは3次元の立体要素を用いて，補強用 FRP により補修・補強された鋼部材の定着長を算定する場合には，補強用 FRP，鋼部材および接着用樹脂材料を適切にモデル化しなければならない．

【解　説】　（1）について　補強用 FRP により補修・補強された部材においては，補強用 FRP の力学特性だけでなく，接合面のはく離の有無が部材としての力学特性に大きく影響することが知られている．このような部材を有する構造物の性能を正しく評価するためには，部材と補強用 FRP 間の接合面の力学特性を適切にモデル化することが必要である．しかし，接合面の破壊形式には，接着用樹脂材料の凝集破壊，接着用樹脂材料と母材あるいは補強用 FRP 界面のはく離，あるいは補強用 FRP がコンクリート部材表面を伴ってはく離する場合等が考えられる．また，接着用樹脂材料の厚さにより，これらの破壊形式や破壊強度も異なることが知られている．しかしながら，現段階ではこれらの多様な破壊形式を有限要素解析で適切に考慮することは困難であることから，接合面に配置するばね要素あるいはジョイント要素の特性は線形弾性を仮定し，用いる接着用樹脂材料の仕様あるいは予備実験等によって得られた強度を上限値としてモデル化してもよい．接合面の破壊を明確に定めることが難しい場合には，安全側の評価となるように十分な配慮が必要である．

　補強用 FRP と部材の接着界面のすべりやはく離が無視できる場合，補強用 FRP により補修・補強された部材を，2次元の平面要素あるいは3次元の立体要素でモデル化する場合には，定着部を除く補強区間は，接着用樹脂材料をモデル化せず，補強用 FRP と部材が接する要素の節点を共有して一体化したモデルを用いてよい．また，定着部は部材のみとしてモデル化してよい．

　（2）について　補強用 FRP とコンクリートの付着構成則，および補強用 FRP と鋼材の接着接合部における凝集破壊のモデル化は，6.3 による．

　（3）について　補強用 FRP により補修・補強された部材のモデル化においては，材料特性と要素寸法のオーダーが大きく異なるため適切な配慮が必要である．平面応力要素，平面ひずみ要素および立体要素を用いて接着用樹脂材料をモデル化する場合，接着用樹脂材料は鋼部材や補強用 FRP と比べて非常に薄いため，アスペクト比を考慮して厚さ方向に複数層となるように分割する必要がある．また，接着端部やひび割れ等は応力の特異点となるため，必要に応じてその影響を考慮するのがよい．

6.3 構造解析

（1）構造解析には，部材の非線形性の影響を考慮することを原則とする．

（2）補強用 FRP とコンクリートの付着構成則には，非線形性を考慮した適切なモデルを用いることとする．

（3）鋼材と補強用 FRP の接着接合部の凝集破壊の評価に用いるエネルギー解放率は，線形解析によって適切にモデル化することとする．

【解　説】　（1）について　鋼およびコンクリートは弾塑性材料として，また，FRP は破壊まで線形材料として，モデル化し，構造解析では，それらを適切に考慮した非線形解析とする．

（2）について　補強用 FRP とコンクリート界面のすべりやはく離が無視できない場合には，補強用 FRP とコンクリートの付着界面を考慮したモデル化が必要となる．付着界面のすべりやはく離をモデル化する場合には，付着界面の構成則が必要となるが，一般には，付着応力τ－すべりδ関係が用いられる．付着応力τ－すべりδ関係は，補強用 FRP とコンクリートの付着試験（JSCE-E 543「**連続繊維シートとコンクリートとの付着試験方法（案）**」）において補強用 FRP のひずみ分布を測定することで求めることが可能であり，**解説図 6.3.1**に示すように実測により得られたτ－δ関係をバイリニアモデルとするかバイリニアモデルと破壊エネルギーが等価で付着応力の最大値が 2 倍の cut-off 型モデルとすることが多い．

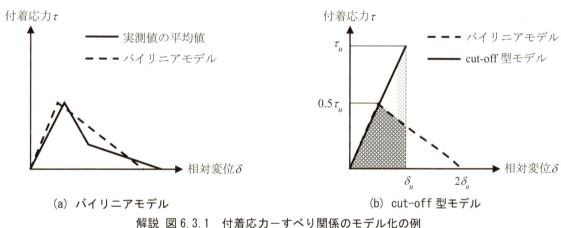

解説 図 6.3.1　付着応力－すべり関係のモデル化の例

（3）について　凝集破壊を評価するためのエネルギー解放率Gは，補強用 FRP と部材が完全に合成されている場合のひずみエネルギーに対して，はく離が微小面積だけ増加するときの補強用 FRP と部材とのひずみエネルギーの変化量として求められる．ひずみエネルギーは線形範囲の構造力学によって求まる理論式が利用できる．有限要素モデルを用いてエネルギー解放率を算出する場合は，微小降伏理論として線形解析結果を利用できる．有限要素モデルでは，接着層の中央にき裂を設け，接合端から適切な長さのき裂をモデル化する．これは，モデル化したき裂が短い場合は，エネルギー解放率が小さく評価されるためである[2), 3)]．

6.4 設計応答値の算定

6.4.1 一　　般

（1）設計応答値は，構造解析で得られた応答値を適切な方法で照査指標に変換して算定するものとする.
（2）材料の設計応力度，部材の変位・変形等の設計応答値は，一般には構造解析で得られた断面力等を用いてこの節に示す方法で算定するものとする.

【解　説】　（2）について　6.3に示した構造解析により得られる断面力等から，設計断面力，設計応力度，部材の変位・変形等を求める標準的な方法を示した.

6.4.2 断　面　力

（1）線材モデルを用いて解析を行った場合には，一般に解析で得られた断面力を設計断面力としてよい.
（2）有限要素モデルで2次元の平面要素あるいは3次元の立体要素を用いて解析を行った場合の部材に作用する軸力，せん断力，曲げモーメントは，対象断面を設定したうえで，それに直交する直応力およびせん断応力をその断面内で積分して求めるものとする.

【解　説】　（2）について　有限要素モデルで解析を行った場合，6.4.3（3）の応力度を設計応力度として用いることができるが，断面が変化する箇所等の応力集中が生じている箇所では，対象断面内で積分して設計断面力を算出するのがよい.

6.4.3 応　力　度

（1）補強用FRPにより補修・補強されたコンクリート部材の応力度は，補強用FRPとコンクリートが一体化しているとみなせる場合には，**複合構造標準示方書［設計編］標準編7.4.3**によって算定してよい. 通常の使用時における各構成材料の応力度は，補強前から作用している永続作用および変動作用については既設断面を用いて応力度を算出し，補強後に増加する永続作用および変動作用については既設断面と補強断面との合成断面を用いて生じる応力度を算出し，それぞれを合計して求めるものとする.
（2）補強用FRPにより補修・補強された鋼部材の応力度は，定着部を除く補強区間では，補強用FRPと鋼材が一体化しているため，平面保持を仮定して算定してよい. 鋼材の塑性化や鋼部材の座屈は，補強用FRPによる効果を考慮して，適切な方法により算定するものとする.
（3）有限要素モデルを用いて解析を行った場合には，一般に解析で得られた応力度を設計応力度としてよい.

【解　説】　（1）について　通常の使用状態における，補強用FRPが接着または巻き立てられたコンクリート部材のコンクリート，鉄筋および補強用FRPの応力度は，設計断面力が作用する場合の断面内の変位の適合条件に基づいて算定してよい. 一般に鉄筋および補強用FRPとコンクリートの付着があり，平面保持の

仮定が成立しているとみなせる場合，軸方向力と曲げモーメントによる応力度は以下の仮定に基づいて算定してよい．

①縁ひずみは，部材断面の中立軸からの距離に比例する．

②各構成材料は，一般に弾性体とする．

③コンクリートの引張応力は，一般に無視する．

④各構成材料のヤング係数は，**3章　材料**による．

補強用 FRP とコンクリート間の接着界面のせん断変形やはく離の影響が無視できない場合には，平面保持の仮定が成立しないため，それらの影響を適切に考慮して各応力度を算定する必要がある．

（2）について　補強用 FRP により補修・補強された鋼部材の応力度は，鋼部材が弾性範囲にあり，鋼部材と補強用 FRP が完全に一体化された場合，**解説 表**6.4.1 によって算定してよい．また，鋼部材の塑性化や座屈が生じても，補強用 FRP と鋼部材が一体化している場合，応力度は，弾性体である補強用 FRP と弾塑性体である鋼部材の材料特性をファイバーモデルによって適切に評価し，応力度を算定することができる．

（3）について　有限要素モデルを用いて解析を行った場合，解析で得られた既設部材および補強用 FRP の応力度を設計応力度として用いてよい．ただし，断面が変化する箇所等の応力集中を含む応力度を用いてはならない．接着用樹脂材料に生じるせん断応力度と垂直応力度は，接着層の厚さの中央の応力度を設計応力度として用いるものとする．

解説 表 6.4.1　**鋼部材と補強用 FRP が完全に一体化された場合の応力度の計算式**

作用	軸力を受ける部材	曲げモーメントを受ける部材
軸力または曲げモーメント	$\sigma_s = \dfrac{P}{A_v}$, $\sigma_f = \dfrac{P}{nA_v}$	$\sigma_s = \dfrac{M}{I_v}y_v$, $\sigma_f = \dfrac{M}{nI_v}y_v$
温度変化	$\sigma_s = -\dfrac{2}{A_v}E_fA_f\Delta\varepsilon_T$, $\sigma_f = -\dfrac{A_s}{2A_f}\sigma_s$	$\sigma_s = -\left(\dfrac{M_v}{I_v}y_v + \dfrac{P_v}{A_v}\right)$, $\sigma_f = -\dfrac{1}{n}\left(\dfrac{M_v}{I_v}y_v + \dfrac{P_v}{A_v}\right) + \dfrac{P_v}{A_f}$, $M_v = P_vd_v$, $P_v = E_fA_f\Delta\varepsilon_T$
プレテンションの解放によるプレストレス	$\sigma_s = -\dfrac{2}{A_v}E_fA_f\varepsilon_{pre}$, $\sigma_f = -\dfrac{A_s}{2A_f}\sigma_s$	$\sigma_s = -\left(\dfrac{M_{pre}}{I_v}y_v + \dfrac{P_{pre}}{A_v}\right)$, $\sigma_f = -\dfrac{1}{n}\left(\dfrac{M_{pre}}{I_v}y_v + \dfrac{P_{pre}}{A_v}\right) + \dfrac{P_{pre}}{A_f}$, $M_{pre} = P_{pre}d_v$, $P_{pre} = E_fA_f\varepsilon_{pre}$

P：作用軸力，M：作用曲げモーメント，A_v：鋼部材と補強用 FRP の鋼換算合成断面積，I_v：鋼部材と補強用 FRP の鋼換算断面二次モーメント，A_s：鋼部材の断面積，A_f：補強用 FRP の断面積（軸力を受ける場合は，鋼板の片面の補強用 FRP の断面積），d_v：合成断面の図心から補強用 FRP の図心までの距離，y_v：合成断面の図心から応力を算出する位置までの距離（鉛直下向きを正），E_s：鋼材のヤング係数，E_f：補強用 FRP のヤング係数，$n = E_s/E_f$，$\Delta\varepsilon_T = (\alpha_s - \alpha_f)\Delta T$，$\alpha_s$：鋼部材の線膨張係数，$\alpha_f$：補強用 FRP の線膨張係数，$\Delta T$：温度変化量（温度上昇が正），$\varepsilon_{pre}$：補強用 FRP のプレテンションひずみ（引張が正）

ここで，鋼換算合成断面積および鋼換算断面二次モーメントは，それぞれに鋼材のヤング係数を乗じて合成断面の伸び剛性および曲げ剛性となるように，鋼材のヤング係数を基準として算出される値である．

6.4.4 ひび割れ幅

補強用 FRP により補修・補強されたコンクリート部材のひび割れ幅は，補強用 FRP の影響を考慮して算定するものとする．

【解　説】　補強用 FRP を接着したコンクリート部材の曲げひび割れ間隔が鉄筋コンクリート部材と同等であれば，補強用 FRP の影響を考慮して求めた鉄筋の応力度を用いて**コンクリート標準示方書［設計編］**に準じて安全側に評価できる．補強用 FRP として，FRP シートを用いる場合には一般に部材のひび割れは分散し，それに伴いひび割れ幅も減少する．FRP シートを接着したコンクリート部材の曲げひび割れ幅は，9.3.2 に準じて算定してよい．

　補強用 FRP の端部はひび割れ発生限界を下回る応力範囲の部材位置に定着することが前提であるが，部材形状や付帯物等によりやむを得ず補強用 FRP を引張応力の高い位置に途中定着する場合，特に剛性の高い FRP プレートを接着する場合は，補強用 FRP 端部からコンクリートにひび割れが発生し，ひび割れ幅が大きくなることがあるため，補強用 FRP 端部の影響を適切に評価する必要がある．

　せん断ひび割れに関しては，その発生および進展のメカニズムが曲げひび割れと異なるため，別途適切な方法で確認する必要がある．

6.4.5 変位・変形

補強用 FRP により補修・補強された部材の変位・変形は，補強区間の補強用 FRP と部材の合成断面を用いて算定してよい．

【解　説】　補強用 FRP により補修・補強された部材の変位・変形の算定では，定着部は，補強用 FRP と部材が完全に一体化した合成断面とならないため，補強用 FRP の剛性は考慮しないものとした．定着部の剛性，補強用 FRP と部材間の接着界面のせん断変形，あるいは定着部からのはく離や破壊の影響が無視できない場合には，それらの影響を適切に考慮して変位・変形を算定する必要がある．

7章 性能照査における前提

7.1 一 般

この章は，8〜10章により性能照査を行う前提となる条件，細目等を定める．

【解　説】　この章では，8〜10章により性能照査を行う際の，前提となる以下の項目について定めた．

(a) 耐久性に関する検討（7.2）

(b) クリープに対する検討（7.3）

(c) 構造細目（7.4）

(d) 施工に関する検討（7.5）

性能照査の前提に該当しない事項については，適切な方法により照査を行わなければならない．

7.2 耐久性に関する検討

（1）補強用 FRP により補修・補強された構造物の性能照査では，環境作用による補強用 FRP の劣化，補強用 FRP の継手，接合部の経時変化が生じない，あるいは生じても軽微な範囲に留めることを確認するものとする．

（2）補強用 FRP により補修・補強された構造物については，構造物の特性，接合部の材料構成，異種材料の相互作用，環境条件等を考慮して，十分な抵抗性を有することを確認する必要があるとともに，適切な劣化対策を講じなければならない．

【解　説】　（1）について　この指針では，環境作用に起因した構造物の経時劣化による性能低下の影響を直接考慮できる手法を用いて照査することを原則としている．ただし，**複合構造標準示方書［設計編］**によれば，適切な表面保護層を用いた場合には FRP の環境作用による経時変化に対する条件は満足するとしてよい．適切な表面保護層には，①環境作用の遮蔽性能（FRP の劣化に影響を与える環境作用について），②FRP との付着性能（FRP との一体性を持つこと）を保有するとともに，適切な耐久性（経時変化による遮蔽性能と付着性能の低下に対する抵抗性が確認されていること）を保有することが，試験等によって確認されている必要がある．特に湧水等，構造物の背面側からの環境作用については留意が必要である．

（2）について　補強用 FRP が鋼部材に接着されている場合には，鋼部材部分の環境作用と補強用 FRP の環境作用の両方を考慮し，それぞれから材料が受ける環境作用を的確に考慮して，接合部の性能が維持されることを確認する必要がある．また，炭素繊維を用いた FRP の場合には，炭素繊維と鋼部材の絶縁が考慮されていることを確認する必要がある．一般に，鋼部材と炭素繊維の間に，ガラス繊維や所定の厚さの接着用樹脂材料がある場合には，絶縁されていると見なしてよい．

補強用 FRP がコンクリート構造物に接着されている場合には，接合部の劣化に対する環境作用として，コンクリートの含水を考慮する必要がある．コンクリート部材への水の供給が定常的に継続される環境条件に

おいては，コンクリートと補強用 FRP との間に滞水が生じると接着剤の加水分解や酸化分解などにより付着耐久性を大きく損ねる可能性がある．そのため，そのような恐れがある場合には，防水，止水，排水の処置を適切に講じるものとする．

7.3 クリープに対する検討

（1）補強用 FRP は，永続作用による応力度を，クリープ破壊が生じない応力度としなければならない．これを満足できない場合には，クリープ破壊に対する照査を行わなければならない．

（2）補強用 FRP にプレテンションを導入して部材に接着接合する場合，永続作用による接着用樹脂材料の応力度を，クリープ破壊が生じない応力度，あるいはクリープ変形が生じない応力度としなければならない．

【解　説】　（1）について　FRP の種類にもよるが，引張強度の 60％程度以下の応力度であれば 10,000 時間程度までにクリープ破壊は生じないことがこれまでの研究で示されている[1]．より長期の期間についても，荷重とクリープ破壊までの時間関係を的確に検討することによって，クリープ破壊を生じないように設計することが可能である．

　（2）について　補強用 FRP にプレテンションを導入して部材に接着接合する場合，接着用樹脂材料，補強用 FRP および部材（被着体）には永続的に応力が作用することから，クリープに対する配慮が必要である．一般に，接着用樹脂材料の応力度をクリープ破壊が生じない応力度，あるいはクリープ変形が生じない応力度とした上で，プレテンションが作用しない十分な長さの定着長を 7.4.2 に示すように設けるか，7.4.5 に示す機械的定着とするのがよい．

7.4 構造細目

7.4.1 一　　般

（1）補強用 FRP の定着部は，はく離の防止および十分な荷重伝達のために，必要な長さを確保することを前提とし，一般に 7.4.2 による．

（2）補強用 FRP は，隅角部で強度低下しないことを前提とし，一般に 7.4.3 による．

（3）補強用 FRP は，継手部で強度低下しないことを前提とし，一般に 7.4.4 による．

（4）補強用 FRP に機械的定着を設ける場合は，定着部が所要の定着強度を有することを前提とし，一般に 7.4.5 による．

【解　説】　（1）～（4）について　補強用 FRP により補修・補強された構造物の照査では，補強用 FRP が既設部材の表面に接着され一体化していることが前提である．あるいは，補強用 FRP が既設部材の表面に接着，または巻き立てられ，構造物の表面ではく離することなく，適切に荷重が伝達されなければならない．さらに，補強用 FRP の継手部や隅角部で十分な強度を有していることが必要である．

7.4.2 補強用 FRP の定着長

（1）コンクリート部材における補強用 FRP の定着長（定着位置と定着方法）は，部材の種類，作用力，表面の状態および補強用 FRP の積層数等を考慮して，適切に決定しなければならない．

（2）鋼部材に補強用 FRP を接着する場合，FRP に十分な荷重伝達を行うために，必要な定着長を設けなければならない．

【解　説】　（1）について　一般に，曲げ補強を行う部材においてコンクリート部材の発生応力が十分に小さい位置で定着することを原則とする．桁等の単純支持の部材の場合は，最低1層は補強面全面に補強用 FRP を接着し，ひび割れ発生限界を下回る応力範囲の桁の位置で各層を順次定着するとよい．床版上面等の固定端支持の場合は，部材表面の圧縮応力発生位置まで接着するとよい．

床版下面を補強する場合，補強用 FRP をハンチ手前で定着した輪荷重走行試験において補強用 FRP 端部から押抜きせん断破壊した例があり[2]，床版に補強用 FRP を接着する場合は，ハンチ部を含め全面に接着するものとする．鋼桁まで接着すると補強用 FRP のはく離と鋼材腐食を起こす可能性があり，鋼桁には接着してはならない．

柱の段落し部の曲げ補強の基部側の定着は，引張応力の高い位置に定着することになるため，適切に定着長を決定するものとし，軸方向に配置した補強用 FRP の外側に，FRP シートを柱周方向に最低1層巻きつけて接着するものとする．桁の曲げ補強においても，はく離を防止する目的で，軸方向に配置した補強用 FRP の外側に，最低1層は周方向に側面上端まで接着することが望ましい．

T 桁のせん断補強や付帯物の影響でやむなく部材表面の発生応力の高い位置に補強用 FRP 端部を接着する場合は，アンカーや機械的定着等を併用し，はく離および補強用 FRP の端部からのひび割れを防止する必要がある．機械的な端部定着については **7.4.5 補強用 FRP の機械的定着** による．

定着長の算出は，適切な方法で定めることとし，試験により求めてよいものとする．試験方法は，JSCE-E 543 **「連続繊維シートとコンクリートとの付着試験方法（案）」** を参考にするとよい．また，定着長は，試験で得られる有効付着長に余長を加えたものとする．

（2）について　解説 **図 6.2.1** に示したように，補強用 FRP と鋼部材が完全に一体化された補強区間を確保するために，適切な定着長を設けるものとする．これは，**解説 図 7.4.1** に示すように，FRP 端部では，補強用 FRP にひずみ（断面力）が伝達されないためである．定着長は，鋼部材・FRP の剛性，接着用樹脂材料の厚さ・せん断弾性係数，および作用力により変化するため，それらの影響を適切に考慮して設計する必要がある．

1層の補強用 FRP が接着される場合，軸力を受ける鋼部材では式（解 7.4.1）～式（解 7.4.3）に，また，曲げモーメントを受ける部材では式（解 7.4.4）～式（解 7.4.5）によって算定してよい．

$$l_n \geq \frac{1}{c} \cosh^{-1}\left(\frac{2}{\eta - 1} \cdot \frac{E_f A_f}{E_s A_s} \right) \tag{解 7.4.1}$$

$$c = \sqrt{ \frac{b_f G_e}{h} \cdot \frac{2}{1 - \xi_0} \cdot \frac{1}{E_s A_s} } \tag{解 7.4.2}$$

$$\xi_0 = \frac{1}{1 + \left(2 E_f A_f\right) / \left(E_s A_s\right)} \tag{解 7.4.3}$$

$$l_b \geq \frac{1}{c_b}\cosh^{-1}\left(\frac{1}{1-\eta_N}\right) \quad \text{(解 7.4.4)}$$

$$c_b = \sqrt{\frac{b_f G_e}{h}\left(\frac{1}{E_s A_s}+\frac{1}{E_f A_f}+\frac{a^2}{E_s I_s + E_f I_f}\right)} \quad \text{(解 7.4.5)}$$

ここに，l_n, l_b ：それぞれ，軸力を受ける部材および曲げモーメントを受ける部材の定着長（mm）

η ：軸力を受ける部材における鋼部材の発生応力に対する収束の度合い．$\eta > 1$ で，1.01 としてよい

η_N ：曲げモーメントを受ける部材における鋼部材の軸力に対する収束の度合い．$\eta_N < 1$ で，0.99 としてよい

E_s, E_f ：それぞれ，鋼材のヤング係数（N/mm²）および補強用 FRP のヤング係数（N/mm²）

G_e ：接着用樹脂材料のせん断弾性係数（N/mm²）

A_s, A_f ：それぞれ，鋼部材および補強用 FRP の断面積（軸力を受ける場合は，鋼部材に対して片面の補強用 FRP の断面積）（mm²）

b_f, h ：補強用 FRP の幅（mm）および接着用樹脂材料の厚さ（mm）

I_s, I_f ：それぞれ，鋼部材および補強用 FRP の断面二次モーメント（mm⁴）

a ：鋼部材の図心から補強用 FRP の図心までの距離（mm）

なお，これらの式には補強用 FRP 内の樹脂のせん断変形が考慮されていない．厚い FRP 積層板等，補強用 FRP 内の樹脂のせん断変形が無視できない場合には，その影響を考慮するのがよい[3]．一般には，FRP 積層板のせん断弾性係数を実験的に求め，2 次元の平面要素あるいは 3 次元の立体要素でモデル化した有限要素解析を行うことで，せん断変形を考慮することができ，必要な定着長を求めることができる．

また，き裂を跨いで補強用 FRP が接着される場合，き裂近傍においても，鋼部材と補強用 FRP の間で，接合端部と同様な力の伝達が行われるため，必要定着長を 2 倍として与える必要がある．

軸力を受ける部材の片側に補強用 FRP が接着される場合の定着長は，部材と補強用 FRP に軸力と曲げモ

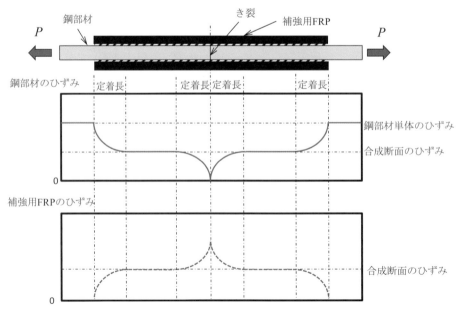

解説 図 7.4.1 引張荷重が作用した場合の鋼部材，補強用 FRP のひずみ分布

ーメントが作用するため，曲げモーメントを受ける部材に対する定着長の式を用いて算出してよい．

一方，多層に補強用 FRP が接着される場合には，接着層のせん断変形が多層で生じるため，これらの式で示される定着長よりもさらに長くなる．必要な定着長は，実験，解析等によって算定することを原則とする．なお，多層に補強用 FRP が接着される場合の必要定着長は，多層の補強用 FRP を 1 層に置き換え，接着層の合計厚さを鋼部材との接合面に考慮してモデル化する [4), 5)] ことで，簡便に求めることができる．ただし，このモデル化は，定着長を求める時のみに有効である．

さらに，鋼部材と接着層の間に高伸度弾性樹脂を用いる場合には，樹脂のヤング係数が小さいため，鋼部材から補強用 FRP への応力の伝達が遅れることを考慮する必要がある．

7.4.3 部材の隅角部

補強用 FRP を構造物に接着，または巻き立てるための隅角部は，補強用 FRP が所要の強度を確保できる曲率半径を有していなければならない．

【解 説】 補強用 FRP として FRP シートを使用する場合，隅角部の曲げ内半径が小さいと引張応力の集中と面外せん断力の影響により FRP シートの引張強度が見かけ上，低下する．そのため，面取りを施して応力集中を低減する．一般には，面取り半径を 10mm〜50mm 程度にするとよい．必要な面取り半径には，連続繊維の種類やシートの厚さの影響が大きい．試験により必要な面取り半径を決める場合には，これらの条件を考慮した実験を行う．試験方法としては，**コンクリートライブラリー101「連続繊維シートの曲げ引張試験方法（案）」**（資料集 E に掲載）を参考にするのがよい．

7.4.4 補強用 FRP の継手

補強用 FRP を接着継手で接続する場合には，所要の継手強度を有する継手構造，継手長さとしなければならない．

【解 説】 一般に，FRP 接着による補修・補強は，人力によって施工することが多い．たとえば，FRP シートの場合は 2 人もしくは 3 人でシートを所定の位置に配置すること，接着用樹脂材料の可使時間内に接着を完了することが求められる．施工品質を確保するため，計画的に継手を設け，補強用 FRP の割付けを決定する必要がある．

補強用 FRP の継手は，荷重の伝達方向である繊維方向に設ける．繊維直角方向には荷重を伝達しないので，原則として重ね継手を設ける必要はない．継手の位置は，発生応力の大きい位置を避けて配置し，多層積層する場合と平面に複数列配置する場合は各層，各列の継手の位置を同一箇所に設けず，継手を分散して配置することが望ましい．

補強用 FRP の継手強度，必要な継手長さの確認は試験により行うことを原則とする．FRP シートの継手強度の確認は，JSCE-E542「連続繊維シートの継手試験方法（案）」に基づくものとする．現在，一般的に用いられている FRP シートの継手長さは 100mm，あるいは 200mm である．前者は，発生応力度の小さい部材の補強で使用性の確保を目的にしている．後者は，せん断耐力やじん性の向上を目的とした補強である場合が

多い．しかし，必要継手長さは繊維目付量に依存することが知られており，試験により確認することとした．

補強用 FRP として FRP プレートを用いる場合，一般に FRP プレートは FRP シートよりも厚く，単位幅あたりの引張耐力が大きい．そのため，接着継手の継手長さを長くしても，FRP プレートの引張耐力よりも低い荷重で継手部のはく離破壊が生じる．このため FRP プレートを用いる場合には，接着継手を設けないのが一般的である．やむを得ず継手を設ける場合は，継手強度を適切な試験によって確認し，設計上配慮する必要がある．

7.4.5 補強用 FRP の機械的定着

定着鋼板とアンカーボルト等による機械的な定着の照査は，定着破壊を起こさず，所要の強度を有していることを確認することにより行う．

【解　説】 橋脚基部等の隅角部の補強では，補強用 FRP を柱基部でフーチング面に折り曲げて接着することだけで必要とされる定着を確保できない．そのため，定着鋼板とアンカーボルト等により機械的定着を行う必要がある．また，桁部材等で，部材の側面に補強用 FRP を接着してせん断補強を行う場合において，完全な定着を期待する場合や FRP プレートを緊張材として使用しプレストレスを導入して補強する場合がある．この場合にも同様に，機械的定着を行う必要がある．このような機械的定着では，補強用 FRP に作用する引張力は，補強用 FRP と定着鋼板の接着層を介して伝達され，アンカーボルト等により既設部材に定着される．設計荷重時に，補強用 FRP と定着鋼板の接着部ではく離破壊が生じないこと，ならびにアンカーボルト等の破壊やアンカー埋込み部でコンクリート破壊が生じないことを確認する必要がある．

7.5 施工に関する検討

補強用 FRP による補修・補強の施工は，それらに関する十分な知識を有する技術者によって行われることを原則とする．

【解　説】 補強用 FRP による補修・補強では，主に接着用樹脂材料を用いて，部材の表面に補強用 FRP を接着することにより効果が発揮される．したがって，これらの状態を満足するように適切な工法・材料の選択，施工・施工管理を行う必要がある．さらに，補修・補強後に所要の性能を維持するために，適切な方法で維持管理を行う必要がある．また，屋外での接着を伴う施工であることから，現場特有の作業環境条件のもとで，現場の状況に応じた判断が必要になる．そのため，施工を担当する工事監理者や作業員の技量に大きく影響を受ける．このようなことから，補強用 FRP を用いた施工では，管理者や作業員の選定に際して，技能の有無や経験年数を考慮することが重要である．

8章 安全性に関する照査

8.1 一　般

（1）安全性に関する照査は，設計応答値が，補強用 FRP により補修・補強された部材の力学特性を考慮した限界状態に対応した設計限界値に対して，式（8.1.1）を満足することを確認しなければならない.

$$\gamma_i \cdot {}_tS_d / {}_tR_d \leq 1 \tag{8.1.1}$$

ここに，${}_tS_d$：時間 t における設計応答値，ただし，**7.2 耐久性に関する検討**を満足する場合には，環境作用による経時的な材料劣化は生じないものとして算定してよい.

${}_tR_d$：時間 t における設計限界値．ただし，**7.2 耐久性に関する検討**を満足する場合には，環境作用による経時的な材料劣化は生じないものとして算定してよい.

γ_i：構造物係数で，**複合構造標準示方書［設計編］標準編 3.6** による.

（2）安全性に関する照査は，一般に，断面破壊および疲労破壊に対する限界状態を設定して行うものとする.

【解　説】　構造物の安全性に関する，補強用 FRP により補修・補強された部材の照査は，一般に，断面破壊および疲労破壊に対して，**複合構造標準示方書［設計編］標準編**の式（3.4.1）により行うこととした.

なお，要求性能は，補強用 FRP により補修・補強された部材に対して設定されるものである．この章では，補修・補強された部材の安全性を満足するように，構成する部材または部位ごとに設計限界値が設定された場合の照査の方法を示している．したがって，補強用 FRP により補修・補強された部材の要求性能が，構造物の構成部材や部位ごとに設定されず，構造物の全体としてある設計限界値が設定される場合は，この章による部材や部位の照査は省略してよい.

8.2 断面破壊に対する照査

8.2.1 一　般

（1）断面破壊に対する照査は，一般に，軸方向力，曲げモーメント，せん断力，ねじりに対して行うものとする.

（2）補強用 FRP により補修・補強された部材の破壊，および補強用 FRP と部材の接着接合部の破壊を適切に照査しなければならない.

（3）補強用 FRP により補修・補強された部材の破壊形式は，被着体の材料，作用，補修・補強の方法と効果に応じて適切に考慮する.

（4）接着接合部の耐力・強度は，作用に応じた破壊形式を考慮して適切に算定しなければならない.

（5）定着長が確保された接着接合部の耐力・強度は，エネルギー解放率を用いて算定してよい.

【解　説】　　(1)について　補強用 FRP により補修・補強された部材の断面破壊としては，引張破壊，圧

縮破壊，座屈破壊，曲げ破壊，せん断破壊，ねじり破壊等がある．これらの断面破壊の限界状態に対する照査は，作用として，軸方向力，曲げモーメント，せん断力，ねじり，またはこれらの組合せを対象として，部材の挙動を考慮した設計断面耐力を限界値として行うものとする．ただし，補修・補強により，部材の破壊形式が変化することがあるので，設計で十分に留意する必要がある．

（2）について　補強用 FRP と部材の接着接合部あるいは定着部の安全性の照査は，それぞれの破壊形式を考慮して適切に照査するものとする．

補強用 FRP により補修・補強された鋼部材では，降伏耐力あるいは座屈耐力に達すると接着接合部からはく離や破壊が生じることが知られている．したがって，座屈を含む，断面破壊の耐力以下あるいは想定される作用による部材の設計断面力以下では，定着部からのはく離が生じないことを照査することになる．接着接合部の照査では，定着部における接着用樹脂材料の限界値は，その凝集破壊時や弾性限度時のエネルギー解放率等を指標とするのがよい．

曲げモーメントを受ける部材では，設計断面力の小さい部材端部に，補強用 FRP を定着することで，定着部からはく離が先行することを防止することができる．定着部からはく離が先行して生じないことを，曲げモーメントを受ける部材として適切にモデル化した実験，解析等によって検証するのがよい．

一方，軸方向力を受ける部材では，断面力が，全長にわたって一様に作用するため，部材端部に補強用 FRP を定着しても，はく離や破壊が端部から発生する．したがって，軸方向力が支配的な部材では，想定される作用による部材の設計断面力以下では，はく離や破壊が生じないことを，軸力を受ける部材としてモデル化されるクーポン試験片を用いた実験等によって確認するのがよい．

（3）について　補強用 FRP により補修・補強された部材の破壊形式は，①FRP と部材が一体となった断面（部位）の破壊，②接着接合部あるいは定着部の破壊，③FRP が接着されていない断面（部位）の破壊の3つに分けられる．それらの破壊形式は，材料，作用，補修・補強の方法と効果に応じて様々な形式となるため，それらを適切に考慮するものとした．

補強用 FRP により補修・補強された部材の力学挙動は，被着体の材料が弾性範囲内であれば，FRP と部材が完全に一体となった合成断面としてふるまうが，断面破壊，疲労破壊，地震作用に対する限界状態では，被着体の材料非線形，接着接合部の抵抗強度の影響を強く受けることが知られている．①FRP と部材が一体となった断面（部位）の破壊は，被着体の材料非線形の影響により，線形挙動を示す FRP への作用力が増えることで，FRP がぜい性的に破壊する場合がある．②接着接合部あるいは定着部の破壊は，作用，接着用樹脂材料の種類，接着方法等により，幾つかの破壊形式がみられ，それらが組み合わさった複雑な破壊形式となる場合がある．③FRP が接着されていない断面（部位）の破壊は，補修・補強により，断面性能としての弱部が変化・移動することによって生じることが多い．したがって，補修・補強で要求される性能を照査するためには，想定される破壊形式を把握するとともに，十分な耐力が発揮できない破壊形式を避けることも必要である．以下では，コンクリート部材，鋼部材に分けて，典型的な破壊形式を示す．

(a) コンクリート部材の破壊形式

補強用 FRP により補修・補強されたコンクリート部材が曲げおよび軸方向力を受ける場合の破壊形式は，以下の①〜③に分類される．補強用 FRP により補修・補強された，多くのコンクリート部材では，FRP の破断もしくは FRP とコンクリートの界面のはく離により，補強していない部材の耐力までぜい性的に低下する．そのため，FRP 破断と界面はく離を破壊形式として挙げた．

①コンクリートの圧壊

②FRP の破断

③FRP の界面はく離

　部材軸方向のみに接着して曲げ補強を行った場合は，FRP 破断時の部材耐力に比べて，界面はく離時の部材耐力の方が小さいケースが多い．そのため，界面はく離を防止するために，部材直交方向に FRP を接着し直交する面まで接着して定着する方法が採用される．一般に，界面はく離を防止するのがよい．

　界面はく離の破壊形式は接着用樹脂材料の凝集破壊とコンクリートの表層破壊に分けられる．界面はく離については，（4）に示す．

　せん断力を受ける場合は，補強用 FRP がせん断補強鉄筋に比べ引張強度が高く，コンクリートにせん断ひび割れ発生後，せん断補強鉄筋が降伏し，最終的に FRP の破断もしくは界面はく離により，コンクリートがせん断破壊する．補強用 FRP の破断，はく離に先行してコンクリートの圧壊を生じる場合もある．詳細については **8.2.4.2　せん断力に対する照査**に示す．

（b）鋼部材の破壊形式

　補強用 FRP により補修・補強された鋼部材が軸方向力，曲げモーメントあるいはせん断力を受ける場合の破壊形式は，以下の①～③に分類される．

　①鋼部材の降伏・座屈

　②FRP の破断

　③定着部の破壊

　補強用 FRP により補修・補強された鋼部材では，定着部において FRP がはく離する破壊が多い．定着部の破壊形式は，鋼部材の界面はく離，FRP の界面はく離および接着用樹脂材料の凝集破壊に分けられる．定着部の耐力は，他の破壊形式と比べて，一般に小さいため，定着部の破壊を防止するのが望ましい．曲げモーメントを受ける場合，曲げモーメントが小さくなる桁の端部に定着することで破壊を防止できるが，軸方向力あるいはせん断を受ける場合には，そのような対応ができないため，設計で想定する作用に対して安全性を照査する．定着部の破壊形式については，（4）に示す．鋼部材の降伏・座屈は，軸方向力，曲げモーメントあるいはせん断力を受ける場合にみられ，補修・補強範囲の内外において，一部あるいは全体に渡って生じる場合がある．特に，支点や，著しい断面欠損部等，局部的に応力集中が生じる箇所では，部分的に降伏状態に達しやすく，圧縮力の場合，降伏後に局部座屈が伴うこともある．補強用 FRP の破断は，曲げモーメントを受ける部材で，引張側に接着した場合，鋼部材が降伏に達した後に，FRP に作用力の負担が増えることで生じる場合が多い．

　<u>（4）について</u>　補強用 FRP により補修・補強された部材では，部材に作用する断面力の一部が接着用樹脂材料を介して FRP へ伝達され，その接着接合の端部の接着用樹脂材料に応力が集中することから，前述したように，破壊は接着接合部あるいは定着部で生じる場合がある．補強用 FRP により補修・補強された部材において，接着接合部あるいは定着部の破壊形式は，一般に，**解説 図 8.2.1** に示すような 8 つの破壊形式に分類される．以下に，被着体の材料，作用における破壊形式の特徴を示す．

（a）破壊形式 1　部材と接着用樹脂材料の界面はく離

　部材と接着用樹脂材料の界面からはく離が生じる現象で，部材の接着面の状態の影響が大きい．補強用 FRP により補修・補強された鋼部材の引張試験や曲げ試験において，補強用 FRP の端部のはく離として最も多く報告されている破壊である．コンクリート部材では生じにくい破壊であるが，高強度コンクリート部材では生じる可能性がある．

(b) 破壊形式2　接着用樹脂材料と補強用FRPの界面はく離

接着用樹脂材料と補強用FRPの界面からはく離が生じる現象で，補強用FRPの接着面の状態の影響が大きい．

(c) 破壊形式3　接着用樹脂材料の凝集破壊

接着用樹脂材料の内部で破壊が生じる現象で，接着用樹脂材料の強度や接着端部の形状の影響が大きい．

(d) 破壊形式4　補強用FRPの層間破壊

補強用FRP内部の繊維間の樹脂や強化繊維の層間の界面が破壊する現象で，補強用FRPのマトリックス樹脂の材料の影響が大きい．

(e) 破壊形式5　部材の降伏

補強用FRPが接着されている範囲の鋼部材が降伏する現象である．鋼部材が降伏に達すると他の破断形式が誘発されることが多い．

(f) 破壊形式6　補強用FRPの引張破壊

補強用FRPが引張破壊する現象で，繊維の破断強度（破断ひずみ）に依存する．一般に，補強用FRPの破断ひずみは数千×10^{-6}〜数万×10^{-6}程度であり，炭素繊維の場合，高弾性になるほど破断ひずみは小さくなる傾向にある．

(g) 破壊形式7　補強用FRPの圧縮破壊

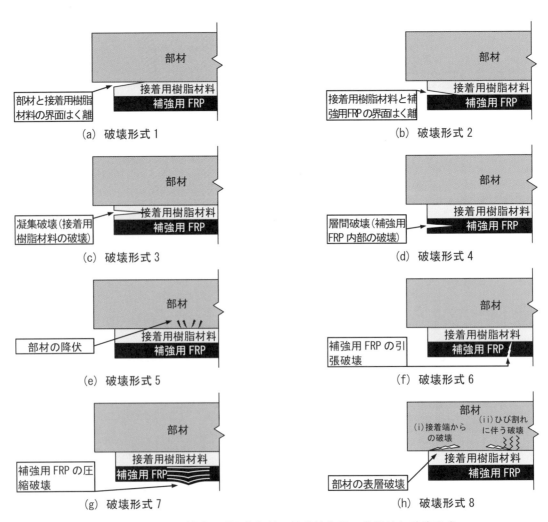

解説 図 8.2.1　補強用FRPと部材の接着接合部の典型的な破壊形式

補強用 FRP が圧縮破壊する現象で，繊維の圧縮強度に依存するが，マイクロバックリングとよばれる繊維の座屈によっても生じることがある．一般に，圧縮強度は，引張強度よりも小さく，高弾性になるほど圧縮強度が小さくなる傾向にある．

(h) 破壊形式 8　部材の表層破壊

部材の表層が破壊する現象で，部材表層の材料強度が接着強度よりも小さい場合に生じる．コンクリート部材で最も多くみられる破壊形式であり，(ⅰ)接着端からの破壊，(ⅱ)ひび割れに伴う破壊がある．コンクリートの骨材がはく離した補強用 FRP の表面に付着する（**解説 図 8.2.2 (b)**）．

一般に，補強用 FRP の端部（定着部）からのはく離では，破壊形式 1～4 の破壊がはく離の起点となるが，**解説 図 8.2.2 (a)** に示すように，補強用 FRP の端部以外の範囲では，はく離の起点となった破壊形式のみではなく，破壊形式 1～4 の破壊形式が複合して発生していることが多い．

解説 図 8.2.1 に示した 8 つの破壊形式以外にも，補強用 FRP により補修・補強された鋼部材の全体座屈，補強用 FRP が接着されていない範囲の鋼部材の局部座屈や降伏，コンクリートに接着した補強用 FRP 端部からのはく離等がある．したがって，作用に応じた破壊形式を考慮して，耐力・強度を適切に算定しなければならない．

　(5) について　破壊形式を大別すると，接着接合に関わる破壊（破壊形式 1～4），部材の材料に関わる破壊（破壊形式 5～8）に分けられる．

前者のうち，破壊形式 4 で，補強用 FRP の中の接着用樹脂材料に近い層間で破壊が生じる場合は，破壊形式 1～3 の接着用樹脂材料に生じる応力状態に近いため接着用樹脂材料に生じる応力が関係していると考えられている．特に，補強用 FRP の端の位置や鋼部材が不連続になっている位置では，接着用樹脂材料に生じる応力が大きくなるため，破壊形式 1～4 の破壊が生じやすい．したがって，破壊形式 1～3 の破壊形式と，破壊形式 4 の破壊形式で接着用樹脂材料に近い層間ではく離が生じる場合，部材から補強用 FRP がはく離するときのひずみエネルギーの変化から求められるエネルギー解放率 G を用い，はく離を破壊力学に基づいて，耐力・強度を算定することができる．接着接合部のエネルギー解放率の特性値（抵抗強度）は，接着用樹脂材料の種類，厚さによって異なり，部材・補強用 FRP の剛性，作用とその速度の影響等を受けることから，適切な算定条件を設定して実験によって評価することを原則とする．**付属資料 2「鋼板と当て板の接着接合部における強度の評価方法（案）」** に基づいた試験方法より算定することができる．

一方，後者の部材の材料に関わる破壊について，破壊形式 5 の部材の降伏耐力は，鋼部材の材料非線形を

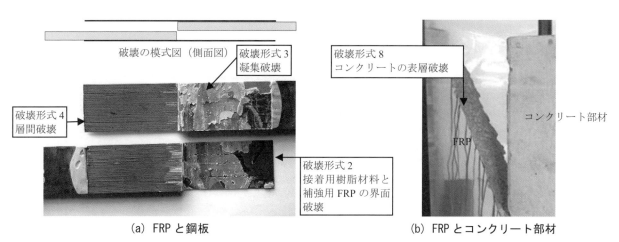

解説 図 8.2.2　補強用 FRP と部材の接着接合部におけるはく離破壊の一例

考慮した弾塑性解析により評価することができる.

破壊形式 6 の補強用 FRP の引張破壊は，補強用 FRP が部材の引張力を分担することによって補強用 FRP に大きな引張力が作用して，破壊する形式である．したがって，補強用 FRP の引張破壊は，補強用 FRP の端部の位置に曲げモーメントがほとんど作用しない場合や，補強用 FRP の端部にはく離防止用の機械的定着が設けられている場合のように補強用 FRP がはく離しない状態において，部材の断面力が十分に補強用 FRP に伝達された範囲，部材が不連続になっている範囲，ならびに部材が降伏した破壊形式 5，あるいはひび割れた破壊形式 8 の破壊の範囲で生じることが多い．破壊形式 6 の耐力は補強用 FRP の引張強度の特性値を用いて評価することができる.

破壊形式 7 の補強用 FRP の圧縮破壊は，補強用 FRP が部材の圧縮力を分担することにより，補強用 FRP に大きな圧縮力が作用して，破壊する形式である．破壊形式 7 の耐力は，破壊形式 6 の補強用 FRP の引張破壊と同様に，補強用 FRP の圧縮強度の特性値を用いて評価することができる．なお，鋼部材の断面欠損を樹脂パテ等の不陸修正材で充填して，補強用 FRP を接着した場合，断面欠損部の寸法によっては，補強用 FRP の座屈が生じる場合があるので，軸圧縮力を受ける場合の照査では留意する必要がある.

破壊形式 8 の部材の表層破壊は，被着体の材料強度が小さい，コンクリート部材の典型的な破壊である．破壊形式 8（i）は，FRP プレート等，FRP シートに比べて，剛性の高い補強用 FRP を接着した場合に生じやすく，その耐力の予測は困難であることから，実験等で評価するのがよい．破壊形式 8（ii）は，コンクリートの曲げひび割れ後に発生することが多く，その耐力は，コンクリートの表層破壊をエネルギー解放率（以下，界面はく離破壊エネルギーとよぶ）で評価することで算定することができる．コンクリートのひび割れからのはく離の照査方法は，**8.2.5 曲げモーメントと軸方向力の組合せに対する照査**に示す．コンクリートの界面はく離破壊エネルギーは，JSCE-E 543「連続繊維シートとコンクリートとの付着試験方法（案）」により評価することができる.

8.2.2　軸方向力に対する照査

8.2.2.1　一　　般

補強用 FRP により補修・補強された部材の軸方向力に対する耐力は，補修・補強の効果と軸方向力による破壊形式を適切に評価することができるモデルあるいは試験体を用いて，解析または実験により算定し，設計軸方向力に対する安全性を確認しなければならない.

【解　説】　軸方向力には，引張力，圧縮力があり，部材への作用力として，性質が大きく異なるだけでなく，部材あるいは定着部の破壊形式も異なるため，補強用 FRP により補修・補強された部材の耐力は，引張力，圧縮力の作用に応じて，適切なモデル化と方法により算定する必要がある.

なお，補強用 FRP を部分的に接着する補修で，軸方向力が支配的とみなせる場合，たとえば，鋼桁のフランジのような部位では，この項で照査を行ってよい.

8.2.2.2　コンクリート部材の照査

　コンクリート部材は，一般的に軸方向力のみに対する安全性の照査を行わず，8.2.5 に示す曲げモーメントおよび軸方向力に対する安全性の照査を行う．軸方向力のみの照査を行う場合は，8.2.5 によってよい．

8.2.2.3　鋼部材の照査

（１）軸方向力に対する安全性の照査は，断面破壊の状態を適切に考慮して行う．
（２）軸方向引張力を受ける部材においては，補修・補強の効果，および部材，定着部の破壊形式を考慮して，設計引張耐力を算定し，照査するものとする．
（３）軸方向圧縮力を受ける部材においては，補修・補強の効果，および部材，定着部の破壊形式を考慮して，設計圧縮耐力を算定し，照査するものとする．

【解　説】　（２）について　軸方向引張力を受ける鋼部材の破壊形式には以下がある．
　①定着部の破壊
　②鋼部材の降伏
　③鋼部材の降伏後の補強用 FRP の引張破壊
これらの破壊形式を適切に考慮して設計引張耐力を求める必要がある．

　軸方向引張力を受ける場合，鋼部材には全長にわたり一様な断面力が作用するため，一般に，補強用 FRP が接着されていない端部で鋼部材が降伏する．この時の破壊形式は，①定着部の破壊，②鋼部材の降伏となる．したがって，軸方向引張力を受ける部材では，8.2.1 で示したように，定着部の破壊は，想定される作用による設計断面力以下では生じないように照査する必要がある．

　①軸方向引張力を受ける場合，定着部の破壊に対しては，8.2.1 に示したように，エネルギー解放率を用いた照査あるいは接着層の主応力を用いた照査を行い，安全性を確保する必要がある．鋼部材の両面に対称に補強用 FRP が接着されている場合，定着部の安全性を確保する場合の設計引張耐力 N_{ud} は，式(解 8.2.1)によって算定してよい．

$$N_{ud} = \sqrt{4bE_s A_s G_{ud}/(1-\xi_0)}/\gamma_b \qquad\qquad (\text{解 } 8.2.1)$$

ここに，　A_s　　：鋼部材の断面積（mm²）

　　　　　E_s　　：鋼材のヤング係数（N/mm²）

　　　　　b　　　：補強用 FRP の接着幅（mm）

　　　　　ξ_0　　：鋼部材と補強用 FRP の剛性比，$\xi_0 = E_s A_s/(E_s A_s + 2E_f A_f)$

　　　　　A_f　　：鋼部材に対して片面の補強用 FRP の断面積（mm²）

　　　　　E_f　　：補強用 FRP のヤング係数（N/mm²）

　　　　　G_{ud}　：軸引張力を受ける場合の補強用 FRP のはく離強度に対するエネルギー解放率（N/mm）

　　　　　γ_b　　：部材係数，引張による破壊は急激に進展することから，一般に 1.30 としてよい

鋼部材の両面に補強用 FRP が接着されていない場合は，設計引張耐力を適切に評価する必要がある．

③鋼部材の降伏後に補強用 FRP が引張破壊する場合，鋼部材の両面に補強用 FRP が対称に接着され完全に一体化した合成断面における設計引張耐力 N_{ud} は，式（解 8.2.2）によって算定してよい．

$$N_{ud} = \left(A_s \sigma\left(\varepsilon_{ftu}\right) + 2A_f E_f \varepsilon_{ftu}\right)/\gamma_b \qquad \text{（解 8.2.2）}$$

ここに，　　A_s　　：鋼部材の断面積（mm²）

$\sigma(\varepsilon_{ftu})$　：鋼部材の応力（N/mm²）

A_f　　：鋼部材に対して片面の補強用 FRP の断面積（mm²）

E_f　　：補強用 FRP のヤング係数（N/mm²）

ε_{ftu}　　：補強用 FRP の引張破断ひずみの設計用値

γ_b　　：部材係数，引張による破壊は急激に進展することから，一般に 1.30 としてよい

ただし，補強用 FRP の引張破断ひずみは一般に小さいため，鋼部材の応力 σ は設計降伏強度 f_{yd} としてよい．

　（3）について　　軸方向圧縮力を受ける部材の圧縮破壊形式には以下がある．

①定着部の破壊

②鋼部材の降伏

③鋼部材の全体あるいは局部座屈

④補強用 FRP の圧縮破壊

これらの破壊形式を適切に考慮して軸方向圧縮耐力を求める必要がある．

軸方向圧縮力を受ける場合，軸方向引張力と同様に，部材には全長にわたり一様な断面力が作用するため，一般に，補強用 FRP が接着されていない端部で鋼部材が降伏する．したがって，軸方向圧縮力を受ける部材では，8.2.1 で示したように，定着部の破壊は，想定される作用による設計断面力以下では生じないように照査する必要がある．

①軸方向圧縮力を受ける場合は，軸方向引張力を受ける場合と同様に，定着部の破壊に対しては，8.2.1 に示したように，エネルギー解放率を用いた照査を行い，安全性を確認する必要がある．ただし，高伸度弾性樹脂を用いる場合は，定着部の破壊を考慮しなくてよい．

③補強用 FRP により補修・補強された鋼部材の全体座屈あるいは局部座屈に対する耐力は，補強用 FRP の効果を適切に評価できる解析法によって算定するものとする．全体座屈については，FRP と鋼部材の合成断面における軸剛性，曲げ剛性を考慮した線材モデルの線形座屈固有値解析によって，軸方向圧縮耐力を算定してよい．一方，局部座屈については，FRP の直交異方性を考慮したシェル要素でモデル化し，有限要素解析により，軸方向圧縮耐力を算定するのがよい．

④補強用 FRP が圧縮破壊する場合，鋼部材の両面に補強用 FRP が対称に接着され完全に一体化した合成断面における設計圧縮耐力 N_{ud} は，式（解 8.2.3）によって算定してよい．

$$N_{ud} = \left(A_s \sigma\left(\varepsilon_{fcu}\right) + 2A_f E_f \varepsilon_{fcu}\right)/\gamma_b \qquad \text{（解 8.2.3）}$$

ここに，　　A_s　　：鋼部材の断面積（mm²）

$\sigma(\varepsilon_{fcu})$　：鋼部材の応力（N/mm²）

A_f　　：鋼部材に対して片面の補強用 FRP の断面積（mm²）

E_f　　：補強用 FRP のヤング係数（N/mm²）

ε_{fcu}　　：補強用 FRP の圧縮破断ひずみの設計用値

γ_b　　：部材係数，圧縮による破壊は急激に進展することから，一般に 1.30 としてよい

ただし，補強用 FRP の圧縮破断ひずみは，引張破断ひずみに比べて小さいが，軸方向圧縮力によって補強用 FRP の層間破壊が先行する場合には，限界ひずみはさらに小さくなる．補強用 FRP の層間破壊を考慮した限界ひずみは，実験等，適切な方法により確認するのがよい．

8.2.3　曲げモーメントに対する照査

8.2.3.1　一　　般

補強用 FRP により補修・補強された部材の曲げ耐力は，補修・補強の効果と曲げモーメントによる破壊形式を適切に評価することができるモデルあるいは試験体を用いて，解析または実験により算定し，設計曲げモーメントに対する安全性を確認しなければならない．

【解　説】　曲げモーメントの作用が支配的な部材の断面破壊は，一般に，断面の上縁あるいは下縁で発生するため，補強用 FRP により補修・補強された部材の曲げ耐力は，それらの破壊形式を，適切なモデル化と方法により算定する必要がある．

なお，曲げモーメントの作用時にはせん断力が同時に作用する場合が多いこと，補修・補強によって最弱の破壊形式とその部位が変化する場合もあることから，せん断力等，その他の断面力の組み合せによる照査にも留意する必要がある．

8.2.3.2　コンクリート部材の照査

コンクリート部材は，一般的に曲げモーメントのみに対する安全性の照査を行わず，8.2.5 に示す曲げモーメントおよび軸方向力に対する安全性の照査を行う．曲げモーメントのみの照査を行う場合は，8.2.5 によってよい．

8.2.3.3　鋼部材の照査

曲げモーメントを受ける部材は，接着接合部の破壊，断面破壊および座屈が部材の設計曲げ耐力に及ぼす影響を考慮した限界状態に対して照査するものとする．

【解　説】　曲げモーメントを受ける部材の破壊形式には以下がある．
　①定着部の破壊
　②鋼部材の降伏後の補強用 FRP の引張破壊
　③補強用 FRP の圧縮破壊
　④部材の局部座屈
これらの破壊形式を適切に考慮して設計曲げ耐力を求める必要がある．

曲げモーメントを受ける部材では，8.2.1 で示したように，曲げモーメントの影響が小さい，鋼部材の桁端に補強用 FRP を定着することで，定着部の破壊を防止するのがよい．

①曲げモーメントを受ける場合，定着部の破壊に対しては，8.2.1 に示したように，エネルギー解放率を用いた照査を行い，安全性を確認する必要がある．鋼部材の曲げの引張側の縁に補強用 FRP が接着されている場合，定着部の曲げ耐力 M_{ud} は，式（解 8.2.4）によって算定してよい．ただし，高伸度弾性樹脂を用いる場合は，定着部の破壊を考慮しなくてよい．

$$M_{ud} = \sqrt{2bE_sG_{ud}\bigg/\left(\frac{1}{I_s}-\frac{1}{I_v}\right)}/\gamma_b \qquad\qquad (\text{解 } 8.2.4)$$

ここに，　I_s 　　：鋼部材の断面二次モーメント（mm⁴）

I_v 　　：鋼部材と補強用 FRP の合成断面に対する断面二次モーメント（mm⁴）

E_s 　　：鋼材のヤング係数（N/mm²）

G_{ud} 　：曲げモーメントを受ける場合の補強用 FRP のはく離強度に対するエネルギー解放率（N /mm）

γ_b 　　：部材係数，曲げモーメントによる破壊は急激に進展することから，一般に 1.30 としてよい

鋼部材の曲げの引張側の縁に補強用 FRP が接着されていない場合は，設計曲げ耐力を適切に評価する必要がある．

②鋼部材の降伏後の補強用 FRP の引張破壊，および③補強用 FRP の圧縮破壊に対する設計曲げ耐力は，補強用 FRP と鋼部材が完全に一体となった合成断面とみなし，平面保持の仮定が成立するものとして，鋼部材の塑性化の影響を考慮できる線材モデルによって算定してよい．なお，この破壊形式では，部材の局部座屈に対する抵抗能力は，**複合構造標準示方書［設計編］I. 合成はり編 4.2.3** のコンパクト断面によるものとし，一般に幅厚比によって断面区分される．また，圧縮側に FRP が接着される場合には，FRP の効果を考慮してよい．ただし，③補強用 FRP の圧縮破壊において，層間破壊が先行する場合，破断ひずみは，実験等，適切な方法により確認するのがよい．

④部材の局部座屈について，その抵抗能力は，**複合構造標準示方書［設計編］I. 合成はり編 4.2.3** のノンコンパクト断面，あるいはスレンダー断面によるものとし，一般に幅厚比によって断面区分される．補強用 FRP の効果を考慮し，適切な解析方法により局部座屈耐力を算定するものとする．

8.2.4　せん断力に対する照査

8.2.4.1　一　　般

補強用 FRP により補修・補強された部材のせん断耐力は，補修・補強の効果とせん断力による破壊形式を適切に評価することができるモデルあるいは試験体を用いて，解析または実験により算定し，設計せん断力に対する安全性を確認しなければならない．

【**解　説**】　せん断力の作用が支配的な部材の断面破壊は，一般に，せん断力が支配的な桁端近傍のウェブ面で発生するため，補強用 FRP により補修・補強された部材のせん断耐力は，それらの破壊形式を，適切なモデル化と方法により算定する必要がある．

なお，せん断力の作用時には曲げモーメントが同時に作用する場合が多くあること，補修・補強によって

最弱の破壊形式とその部位が変化する場合もあることから，曲げモーメント等，その他の断面力の組み合せによる照査にも留意する必要がある．

8.2.4.2 コンクリート部材の照査

（1）せん断力を受ける部材は，補強用 FRP のはく離破壊および破壊形式が部材の設計せん断耐力に及ぼす影響を考慮した限界状態に対して照査するものとする．

（2）補強用 FRP により補修・補強された棒部材の設計せん断耐力 V_{fyd} は，式（8.2.1）により求めてよい．

$$V_{fyd} = V_{cd} + V_{sd} + V_{fd} \tag{8.2.1}$$

ここに，　V_{cd} ：せん断補強鋼材および補強用 FRP を用いない棒部材の設計せん断耐力（N）で，式（8.2.2）による．

$$V_{cd} = \beta_d \cdot \beta_p \cdot \beta_n \cdot f_{vcd} \cdot b_w \cdot d / \gamma_b \tag{8.2.2}$$

$f_{vcd} = 0.20 \sqrt[3]{f'_{cd}}$ （N/mm²），ただし，$f_{vcd} \leq 0.72$ （N/mm²） $\tag{8.2.3}$

$\beta_d = \sqrt[4]{1/d}$ （d :（m）），ただし，$\beta_d > 1.5$ となる場合は 1.5 とする．

$\beta_p = \sqrt[3]{100 p_w}$ ，ただし，$\beta_p > 1.5$ となる場合は 1.5 とする．

$\beta_n = 1 + M_0 / M_d$ （$N'_d \geq 0$ の場合），ただし，$\beta_n > 2$ となる場合は 2 とする．

$\quad = 1 + 2M_0 / M_d$ （$N'_d < 0$ の場合），ただし，$\beta_n < 0$ となる場合は 0 とする．

N'_d ：設計軸方向圧縮力（N）

M_d ：設計曲げモーメント（N・mm）

M_0 ：設計曲げモーメント M_d に対する引張り縁において，軸方向力によって発生する応力を打ち消すのに必要なモーメント（N・mm）

b_w ：腹部の幅（mm）

d ：有効高さ（mm）

$p_w = A_s / (b_w \cdot d)$

A_s ：引張側鋼材の断面積（mm²）

f'_{cd} ：コンクリートの設計圧縮強度（N/mm²）

γ_b ：部材係数で，一般に 1.3 としてよい．

V_{sd} ：せん断補強鋼材により受け持たれる設計せん断耐力（N）で，式（8.2.4）による．

$$V_{sd} = \left\{ A_w \cdot f_{wyd} \left(\sin \alpha_s + \cos \alpha_s \right) / s_s \right\} \cdot z / \gamma_b \tag{8.2.4}$$

A_w ：区間 s_s におけるせん断補強鉄筋の総断面積（mm²）

f_{wyd} ：せん断補強鉄筋の設計引張降伏強度（N/mm²）で，400N/mm² 以下とする．

α_s ：せん断補強鉄筋が部材軸となす角度

s_s ：せん断補強鉄筋の配置間隔（mm）

z ：圧縮応力の合力の作用位置から引張鋼材の図心までの距離（mm）で，一般に $d/1.15$ としてよい．

γ_b ：部材係数で，一般に 1.15 としてよい．

V_{fd} ：補強用 FRP により受け持たれる設計せん断耐力（N）で（ⅰ）もしくは（ⅱ）によ

る.

（ⅰ）補強用 FRP のせん断補強効率を表す係数を用いて，せん断破壊時における補強用 FRP の平均応力
を評価し，補強用 FRP により受け持たれるせん断力を評価する方法

$$V_{fd} = K \cdot \left\{ A_f \cdot f_{fud} \left(\sin\alpha_f + \cos\alpha_f \right) / s_f \right\} \cdot z / \gamma_b \qquad (8.2.5)$$

K ：補強用 FRP のせん断補強効率で，式（8.2.6）による.

$$K = 1.68 - 0.67R，ただし，0.4 \leq K \leq 0.8 \qquad (8.2.6)$$

$$R = \left(p_f \cdot E_f \right)^{1/4} \left(\frac{f_{fud}}{E_f} \right)^{2/3} \left(\frac{1}{f'_{cd}} \right)^{1/3}，ただし，0.5 \leq R \leq 2.0$$

$$p_f = A_f / \left(b_w \cdot s_f \right)$$

A_f ：区間 s_f における補強用 FRP の総断面積（mm²）

s_f ：補強用 FRP の配置間隔（mm）

f_{fud} ：補強用 FRP の設計引張強度（N/mm²）

E_f ：補強用 FRP のヤング係数（kN/mm²）

α_f ：補強用 FRP が部材軸となす角度

γ_b ：部材係数で，一般に 1.25 としてよい.

（ⅱ）補強用 FRP の付着構成則に基づき補強用 FRP の応力分布を評価し，補強用 FRP により受け持た
れるせん断力を評価する方法

この方法は，以下の仮定に基づく数値計算によって，補修・補強された部材中の補強用 FRP の
応力分布を評価し，補強用 FRP により受け持たれるせん断耐力を評価する方法である.

(a) せん断ひび割れは部材軸と 35°をなす.

(b) せん断ひび割れ発生以降の部材の変形は，せん断ひび割れの先端を回転中心とした剛体回転によ
り表す.

(c) せん断ひび割れを横断する補強用 FRP のはく離過程は，コンクリートを剛体，補強用 FRP を弾性
体，補強用 FRP とコンクリートとの間の相対変位と付着応力の関係（付着構成則）を線形と仮定
した応力解析により評価する.

(d) 圧縮部コンクリートのひずみは，剛体回転を仮定した部材の回転角の関数として表す.

この方法における部材係数は，一般に 1.25 としてよい.

【解　説】　（2）について　補強用 FRP で補修・補強した棒部材の設計補強せん断耐力 V_{fyd} は，式（8.2.1）
に示すように，コンクリートの分担分 V_{cd}，せん断補強筋の分担分 V_{sd}，補強用 FRP の分担分 V_{fd} の和で表す
ことにした．式（8.2.1）は炭素繊維シート，炭素繊維ストランドシートおよびアラミド繊維シートを用いて
補強した部材に対して適用できることが確認されているもので，これ以外の種類の補強用 FRP を用いる場合
は，実験等により確認することが望ましい.

補強用 FRP で補修・補強した棒部材がせん断破壊する場合の一般的な破壊形式には，①補強用 FRP がは
く離後に破断する場合，②補強用 FRP の破断と圧縮部のコンクリートの圧縮破壊がほぼ同時に起こる場合，
③圧縮部のコンクリートが圧縮破壊する場合がある．また，補強用 FRP の補強割合が著しく少ない場合，④
はく離が生じる以前に補強用 FRP が破断する場合もある.

　（2）（ⅰ）について　式（8.2.6）は，①，②，③の破壊形式を有する実験結果を回帰することにより得

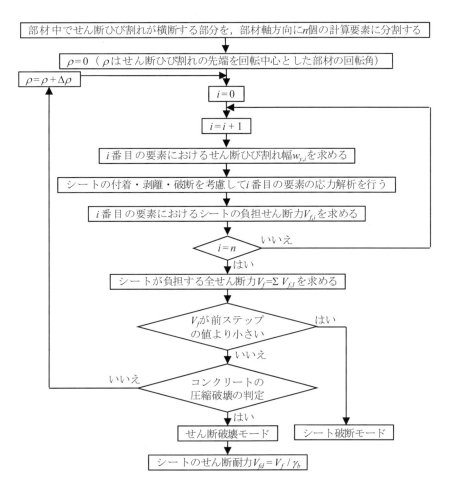

解説 図 8.2.3 補強用 FRP の付着構成則に基づくせん断耐力算定フロー

られたものである．

(2)(ii)について　この方法は，解説 図 8.2.3 のフローに従う数値計算によって，部材中の補強用 FRP の応力分布を評価し，補強用 FRP により受け持たれるせん断耐力を評価する方法である．この方法は，プログラミングを行い，計算機を用いて計算を行うことを前提としている．

この方法の適用範囲は以下のようである．

- 部材のせん断破壊形式が「補強用 FRP 破断形式①②④」であっても「コンクリートのせん断圧縮破壊形式②③」であっても適用することができる．
- 補強用 FRP を部材全周に巻き立てる場合，および完全な定着効果が期待できる機械的な定着により端部を定着する場合に適用することができる．
- 補強用 FRP の力学特性値，補強用 FRP とコンクリートの間の付着・はく離に関する力学特性値を与えれば，補強用 FRP の種類によらず適用することができる．
- 1 本または少数のせん断ひび割れが卓越する破壊形態となる場合に適用することができる．

フローの各手順における計算は，以下のようにして行う．

せん断ひび割れのモデル化

解説 図 8.2.4 に示すように，斜めせん断ひび割れの角度 θ は 35°，せん断ひび割れの先端から上縁までの距離比 y_e は $0.1d$（d は有効高さ）とそれぞれ仮定する．

要素分割

計算対象部材の要素分割は，部材中の斜めせん断ひび割れが横断している区間を等分割して行う．分割数 n は 10 以上が推奨される．

せん断ひび割れ発生後の部材の変形のモデル化

せん断ひび割れ発生後の部材の変形は，せん断ひび割れ先端を回転中心とする剛体回転としてモデル化する．i 番目の要素におけるひび割れ幅の鉛直成分 $w_{y,i}$ は以下のように表される．

$$w_{y,i} = \rho L_{x,i} \tag{解 8.2.5}$$

ここに，$L_{x,i}$ は回転中心から i 番目の要素の中心までの水平距離である．

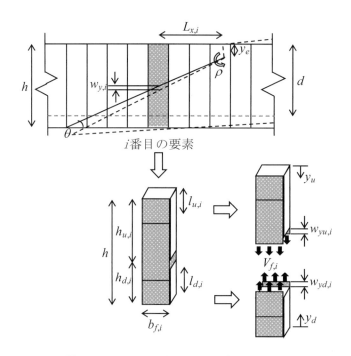

解説 図 8.2.4　補強用 FRP の付着構成則に基づくせん断耐力算定法の概念

また，上縁からひび割れまでの距離 $h_{u,i}$，下縁からひび割れまでの距離 $h_{d,i}$ はそれぞれ以下のように表される．

$$h_{u,i} = y_e + \rho L_{x,i} \tan\theta \tag{解 8.2.6}$$

$$h_{d,i} = h - h_{u,i} \tag{解 8.2.7}$$

各要素の応力解析

各要素の応力解析を行い，要素のひび割れ幅が $w_{y,i}$ になるときの，補強用 FRP の引張力 $V_{f,i}$ を求める（**解説 図 8.2.4**）．応力解析は以下の仮定に基づいて行ってよい．

・コンクリートを剛体と仮定する．

・補強用 FRP を弾性体と仮定する．補強用 FRP のヤング係数，引張強度（または破断ひずみ）は，材料試験に基づき与える．

・補強用 FRP とコンクリートの間の付着構成則（相対変位 δ と付着応力 τ の関係）は，**解説 図 8.2.5** に示す cut-off（弾性－はく離）型モデルを用いてよい．付着構成モデルの材料定数は，JSCE-E 543「連続繊維シートとコンクリートとの付着試験方法（案）」の解説に示した方法により求めることができる．なお，

一般的な接着樹脂を用い，標準的な施工を行う場合，補強用 FRP の種類によらず τ_u=7.5N/mm², δ_u=0.2mm 程度の値となることが知られている．

支配方程式と境界条件は，以下のようになる．

解説 図 8.2.4 において，各分割要素において，せん断ひび割れの上側部分，下側部分の補強用 FRP の変位をそれぞれ $u_{fu}(y_u)$，$u_{fd}(y_d)$ とする．支配方程式は，以下のようになる．まず，せん断ひび割れの上側の定着領域に対して，

$$E_f t_f \frac{du_{fu}(y_u)}{dy_u} - \frac{\tau_u}{\delta_u} u_{fu}(y_u) = 0 \qquad (0 \leq y_u \leq l_{u,i}) \tag{解 8.2.8}$$

ここに，E_f は補強用 FRP のヤング係数，t_f は補強用 FRP の厚さである．一方，せん断ひび割れの下側の定着領域では，

$$E_f t_f \frac{du_{fd}(y_d)}{dy_d} - \frac{\tau_u}{\delta_u} u_{fd}(y_d) = 0 \qquad (0 \leq y_d \leq l_{d,i}) \tag{解 8.2.9}$$

境界条件については，以下のようになる．まず，せん断ひび割れの上側の定着領域に対して，

$$u_{fu}(0) = 0 \tag{解 8.2.10}$$

$$E_f \left. \frac{du_{fu}(y_u)}{dy_u} \right|_{y_u = l_{u,i}} = \frac{1}{2} \frac{V_{f,i}}{b_{f,i} t_f} \tag{解 8.2.11}$$

ここに，$b_{f,i}$ は i 番目の要素における補強用 FRP の幅である．一方，せん断ひび割れの下側の定着領域では，

$$u_{fd}(0) = 0 \tag{解 8.2.12}$$

$$E_f \left. \frac{du_{fd}(y_d)}{dy_d} \right|_{y_d = l_{d,i}} = \frac{1}{2} \frac{V_{f,i}}{b_{f,i} t_f} \tag{解 8.2.13}$$

要素のせん断ひび割れ幅に関して，以下の適合条件が満たされる．

$$w_{y,i} = \frac{1}{2} \frac{V_{f,i}}{E_f b_{f,i} t_f} (h - l_{u,i} - l_{d,i}) + u_{fu}(l_{u,i}) + u_{fd}(l_{d,i}) \tag{解 8.2.14}$$

解説 図 8.2.6 は，要素のひび割れ幅 $w_{y,i}$ と引張力 $V_{f,i}$ の関係を示したものである．ひび割れの開口に伴い，以下の段階を経て補強用 FRP のはく離が進展する．

第 I 段階（$0 < w_{y,i} < w_1$）　　：補強用 FRP が未はく離の状態
第 II 段階（$w_1 < w_{y,i} < w_2$）　：ひび割れの上下のうち，初期定着長さの長い側の補強用 FRP がはく離する状態
第 III 段階（$w_2 < w_{y,i}$）　　　：ひび割れの上下両側の補強用 FRP がはく離する状態

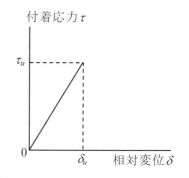 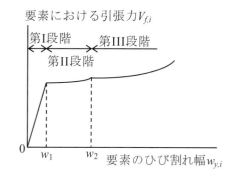

解説 図 8.2.5　補強用 FRP－コンクリート間の付着構成則　　解説 図 8.2.6　要素のひび割れ幅 $w_{y,i}$ と引張力 $V_{f,i}$ の関係

定着領域の長さ $l_{u,i}$, $l_{d,i}$ は，各段階で以下の条件を満たすように定める．

・第 I 段階：

$$\begin{cases} l_{u,i} = h_{u,i} \\ l_{d,i} = h_{d,i} \end{cases}$$ (解 8.2.15)

・第 II 段階：

$$\begin{cases} u_{fu}(l_{u,i}) = \delta_u, l_{d,i} = h_{d,i} & (h_{u,i} \geq h_{d,i}) \\ u_{fd}(l_{d,i}) = \delta_u, l_{d,i} = h_{d,i} & (h_{u,i} \leq h_{d,i}) \end{cases}$$ (解 8.2.16)

・第 III 段階：

$$\begin{cases} u_{fu}(l_{u,i}) = \delta_u \\ u_{fd}(l_{d,i}) = \delta_u \end{cases}$$ (解 8.2.17)

以上の境界条件のもとで支配方程式を解くと，以下の解析解が得られる．つぎに示す解析解では，ひび割れの上下（$h_{u,i}$ と $h_{d,i}$）のうち，長い方を h_1（$=\max(h_{u,i}, h_{d,i})$），短い方を h_2（$=\min(h_{u,i}, h_{d,i})$）と書く．また，$k=\tau_u/(E_f t_f \delta_u)$ とおく．

解説 図 8.2.6 における，はく離状態の変化するひび割れ幅 w_1 と w_2 はそれぞれ，式（**解** 8.2.18），（**解** 8.2.19）となる．

$$w_1 = \delta_u \left\{ 1 + \frac{\tanh\left(h_2\sqrt{k}\right)}{\tanh\left(h_1\sqrt{k}\right)} \right\}$$ (解 8.2.18)

$$w_2 = \delta_u \left\{ 2 + \frac{\left(h_1 - h_2\right)\sqrt{k}}{\tanh\left(h_2\sqrt{k}\right)} \right\}$$ (解 8.2.19)

各段階におけるひび割れ幅 $w_{y,i}$ と引張力 $V_{f,i}$ の関係は以下のようになる．

・第 I 段階（$0 < w_{y,i} < w_1$）：

$$V_{f,i} = \frac{2 w_{y,i} E_f t_f b_{f,i} \sqrt{k}}{\tanh\left(h_1\sqrt{k}\right) + \tanh\left(h_2\sqrt{k}\right)}$$ (解 8.2.20)

・第 II 段階（$w_1 < w_{y,i} < w_2$），第 III 段階（$w_2 < w_{y,i}$）：

$$V_{f,i} = \frac{2 \delta_u E_f t_f b_{f,i} \sqrt{k}}{\tanh\left(l\sqrt{k}\right)}$$ (解 8.2.21)

ここに，l ははく離が進展している側の定着長さであり，第 II 段階，第 III 段階において，それぞれ式（解 8.2.22），（解 8.2.23）を満たす．これらの式では，長さ l は陽な形式で表されていないが，ひび割れ幅 $w_{y,i}$ が与えられれば，繰返し計算によって値を求めることができる．

・第 II 段階：

$$w_{y,i} = \delta_u \left\{ 1 + \frac{\left(h_1 - l\right)\sqrt{k} + \tanh\left(h_2\sqrt{k}\right)}{\tanh\left(l\sqrt{k}\right)} \right\}$$ (解 8.2.22)

・第 III 段階：

$$w_{y,i} = \delta_u \left\{ 2 + \frac{\left(h - 2l\right)\sqrt{k}}{\tanh\left(l\sqrt{k}\right)} \right\}$$ (解 8.2.23)

なお，以上の手順により求めた $V_{f,i}$ が $V_{f,i} \geq 2 b_f t_f E_f \varepsilon_{fu}$（$\varepsilon_{fu}$ は補強用 FRP の破断ひずみ）となる場合は，その要素において補強用 FRP が破断したことになるため，$V_{f,i} = 0$ とする．

部材の破壊モードの判定と破壊時における補強用 FRP により受け持たれるせん断耐力

部材の変形が進み，ある要素において補強用 FRP の破断が生じると，補強用 FRP により受け持たれる全せん断力 V_f が減少しはじめる．この場合，部材の破壊モードは補強用 FRP の破断モードであると判定される．この場合，**解説 図 8.2.7**(a)に示すように，V_f の最大値を補強用 FRP により受け持たれるせん断耐力とする．

一方，**解説 図 8.2.7**(b)のように，補強用 FRP が破断しないで，部材の変形が進んだ場合，破壊モードはコンクリートのせん断圧縮破壊モードとなる．次式によりコンクリートの圧縮縁ひずみ ε'_b を算定してよい．

$$\varepsilon'_b = \rho\sqrt{y_e/d} \tag{解 8.2.24}$$

圧縮破壊が生じるときのコンクリートの圧縮ひずみは $\varepsilon'_b = 0.0025$ としてよい．コンクリートが圧縮破壊したときの V_f を補強用 FRP により受け持たれるせん断耐力とする．

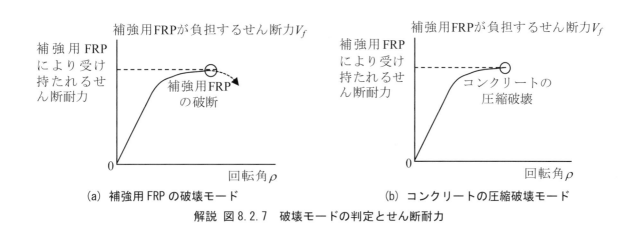

(a) 補強用 FRP の破壊モード　　　　　　(b) コンクリートの圧縮破壊モード

解説 図 8.2.7　破壊モードの判定とせん断耐力

この方法によって算定される補強用 FRP により受け持たれるせん断力 V_f の精度は，実験結果におけるコンクリートの負担するせん断力 V_c およびせん断補強筋の負担するせん断力 V_s の評価にも依存することから，それらを総合的に判断して部材係数 γ_b を 1.25 とした．

8.2.4.3　鋼部材の照査

せん断力を受ける部材は，断面破壊の状態を適切に考慮して，設計断面耐力を算定し，照査を行うものとする．

【**解　説**】　せん断力を受ける部材では，部材の幅厚比や補剛の程度によって，座屈等のせん断破壊が降伏した後に生じる場合と，降伏に至る前に生じる場合とがある．せん断力を受ける部材の例として，鋼桁の腹板がある．一般に，鋼桁の腹板は，せん断力により降伏に至るより前に弾性座屈が生じないように腹板の板厚が制限されている．この場合，せん断力を受ける腹板は，荷重の増加に対し，せん断降伏に達した後，腹板の対角線方向に斜張力場を形成しながら変形が進行し，最終的にはせん断座屈によって耐力の低下に至る．このため，補強用 FRP の繊維の配向は，腹板の主応力方向である斜張力場の方向とするのが，せん断力に対する補修・補強として最も有効と考えられる．しかし，腹板のアスペクト比は，設計条件に応じて様々であり，施工の合理性から，桁端部腹板等では，補強用 FRP の繊維の配向は，アスペクト 1.5 以下では，下フランジに対して ±45°方向とすることも可能である[1]．ただし，諸条件から，補強用 FRP を鋼桁腹板に ±45°方

向以外で接着しなければならない場面も想定され，この場合は，実験や解析を通じて，その補修・補強効果を予め十分に確認する必要がある.

また，座屈による大変形が生じる部材では，補強用 FRP がはく離しないで，その補修・補強の効果を発揮する必要がある. これについては，鋼材と補強用 FRP の間に，柔らかく伸び量が大きい高伸度弾性樹脂を挿入することが有効であることが確認されている [2]. ただし，高伸度弾性樹脂を挿入することで，鋼材から補強用 FRP への応力伝達が，高伸度弾性樹脂がない場合と比較して緩やかになることから，鋼材の応力低減の観点では，この影響を十分に考慮する必要がある.

腐食に伴って断面欠損が生じた腹板のせん断力に対する補修設計では，補強用 FRP を接着する前後の荷重状態を考慮した応力度照査や耐荷力の評価は行わず，最大欠損板厚の軸剛性に相当する補強用 FRP を接着すればよい. これは，断面欠損が生じた部材のせん断応力度やせん断耐力の評価が一般に煩雑になることもあるが，桁端部腹板のせん断応力は設計応力度に対して一般に十分余裕があることや，腹板下端の断面欠損に伴うせん断耐力の低下率はそれ程大きくないことを考慮したためである. このような特性は，断面減少が進行するにつれて応力増加や強度低下が生じる軸方向力を受ける部材等と大きく異なる. このため，最大欠損板厚の軸剛性に相当する積層数の補強用 FRP で補修することにより，せん断力に対する安全性が確保できる. このときの補強用 FRP の定着長や積層方法の具体的な例については，文献 3)，文献 4)を参照されたい.

8.2.5　曲げモーメントと軸方向力の組合せに対する照査

8.2.5.1　一　般

曲げモーメントと軸方向力を受ける場合，補強用 FRP により補修・補強された部材の耐力は，補修・補強の効果とそれらの作用による破壊形式を適切に評価することができるモデルあるいは試験体を用いて，解析または実験により算定し，曲げモーメントと軸方向力の組合せた設計断面力に対する安全性を確認しなければならない.

【解　説】　曲げモーメントと軸方向力が作用する場合，一般には，それぞれが単独で作用する場合の累加で設計断面耐力を算定し，照査することができるが，部材あるいは定着部の破壊形式は複雑になるため，補強用 FRP により補修・補強された部材の断面耐力は，適切なモデル化と方法により算定する必要がある.

なお，軸方向力あるいは曲げモーメントを受けるコンクリート部材の照査については，それぞれを単独で作用するものとして，この項で照査を行うことができる.

8.2.5.2　コンクリート部材の照査

（1）曲げモーメントと軸方向力を受ける部材は，補強用 FRP のはく離破壊および破壊形式が部材の設計断面耐力に及ぼす影響を考慮した限界状態に対して照査するものとする.

（2）補強用 FRP のはく離破壊は，式（8.2.7）により判定してよい. すなわち，部材中の最大曲げモーメントによる曲げひび割れ位置での補強用 FRP の引張応力σ_fが式（8.2.7）を満足するとき，補強用 FRP のはく離は生じないとしてよい.

$$\sigma_f \leq \sqrt{\frac{2G_f E_f}{n_f t_f}} \qquad (8.2.7)$$

ここに, n_f : 補強用 FRP の積層数

E_f : 補強用 FRP のヤング係数 （N/mm²）

t_f : 補強用 FRP の 1 枚当たりの厚さ （mm）

G_f : 補強用 FRP とコンクリートの界面はく離破壊エネルギー （N/mm）

（ⅰ）補強用 FRP のはく離破壊が生じない場合，部材の設計曲げおよび軸方向耐力は，鉄筋コンクリート部材と同様の方法により求めてよい．すなわち，補強用 FRP の維ひずみが断面の中立軸からの距離に比例すると仮定し，**コンクリート標準示方書［設計編］**に示された方法により求めてよい．なお，このときの部材係数γ_bは一般に 1.15 としてよい．

（ⅱ）補強用 FRP のはく離破壊が生じる場合，以下の①および②の破壊形式を想定してそれぞれの場合の耐力を算定し，小さい方の値を部材の設計曲げおよび軸方向耐力としてよい．なお，このときの部材係数γ_bは一般に 1.15 としてよい．

①補強用 FRP の局部的なはく離が生じるものの，部材の破壊形式が補強用 FRP のはく離破壊ではない場合の部材の曲げおよび軸方向耐力は，（ⅰ）の方法により算定された耐力に低減係数 0.90 を乗じた値としてよい．

②部材破壊が，曲げひび割れやせん断ひび割れの端部を起点とした界面はく離の進展による補強用 FRP のはく離破壊である場合の部材の曲げおよび軸方向耐力は，補強用 FRP に生じる引張応力の差の最大値$\Delta\sigma_f$が式（8.2.8）を満足するときの耐力としてよい．

$$\Delta\sigma_f \leq \sqrt{\frac{2G_f E_f}{n_f t_f}} \qquad (8.2.8)$$

ここに, $\Delta\sigma_f$: 最大曲げモーメントによる曲げひび割れ位置と周辺ひび割れ位置の補強用 FRP に作用する引張応力の差の最大値 （N/mm²）

【解 説】 （2）について 補強用 FRP を引張応力が生じる面に接着した部材の曲げ破壊形式として以下がある.

・鉄筋降伏後の補強用 FRP の破断

・鉄筋降伏後のコンクリートの圧縮破壊

・コンクリートの圧縮破壊

・補強用 FRP の定着部の破壊

・曲げひび割れやせん断ひび割れの進展による補強用 FRP とコンクリートの界面はく離破壊

これらの破壊形式を適切に考慮して曲げおよび軸方向耐力を求める必要がある.

曲げおよび軸方向力を受ける部材では，はく離破壊が生じる場合の曲げおよび軸方向耐力を適切に評価できる場合を除き，一般にはく離破壊を防ぐようにするのがよい.

補強用 FRP のはく離の判定基準については，継続的に研究が進められている．補強用 FRP に作用する引張応力度の最大値が式（8.2.1）を満足する場合，はく離が生じないと判定する．この方法に用いる界面はく離破壊エネルギーG_fの値は，補強用 FRP とコンクリートの付着試験（JSCE-E 543「**連続繊維シートとコンクリートとの付着試験方法（案)**」）を行って，式（解 8.2.25）により求めることができる.

$$G_f = \frac{P_{\max}^2}{8b_f^2 E_f t_f n} \quad (= \frac{\varepsilon_f^2 E_f t_f n}{8})$$

(解 8.2.25)

ここに，　　$P_{\max}$　：最大荷重（N）

b_f　：補強用 FRP の付着幅（mm）

E_f　：補強用 FRP のヤング係数（N/mm²）

t_f　：補強用 FRP の設計厚さ（mm）

n　：補強用 FRP の積層数

ε_f　：補強用 FRP の破断ひずみ

　試験によらない場合，安全側の値として G_f=0.5N/mm を用いてよい．界面はく離破壊エネルギーG_fは，コンクリートの表面強度や界面の接着状況に関係する物性値であり，FRP シートの種類や積層数，および接着界面の定着補強等によって変化することもある．したがって，これらの影響を詳細に考慮する必要がある場合や，より現実的な値を用いる場合には，試験により求めるのがよい．

　（2）（i）について　補強用 FRP のはく離破壊が生じない場合，曲げおよび軸方向耐力は，従来の鉄筋コンクリート部材の曲げ理論に基づき求めることができる．

　（2）（ii）①について　補強用 FRP の局部的なはく離破壊が生じる場合には，平面保持の仮定が成り立たないため，曲げ耐力は通常の鉄筋コンクリート部材の曲げ理論に基づき求めた値よりも低下する．近年の研究によれば，その低下率は 10%程度であることから，低減係数を 0.90 とした．

　（2）（ii）②について　はく離破壊耐力の算定方法は，式（8.2.8）によることとした．最大曲げモーメントによる曲げひび割れ発生位置とその周辺に生じる曲げひび割れとの間隔は，**コンクリート標準示方書[設計編]**において，「ひび割れ間隔は多くの要因の影響を受けるが，これまでの研究によると，鋼材の種類，かぶり，コンクリートの有効断面積，鋼材径，鋼材比，鋼材の段数，鋼材の表面形状，コンクリートの品質等がその主要な要因として挙げられる．ひび割れ間隔は鋼材に作用する応力が大きくなるほど徐々に小さくなり，それ以上ひび割れが入らなくなる安定した状態になったときに最も小さくなる．」との記述があり，対象構造物および補強量に応じて適切に評価する必要がある．各曲げひび割れ位置における補強用 FRP の引張応力は，補強用 FRP の維ひずみが断面の中立軸からの距離に比例すると仮定し，従来の鉄筋コンクリートの曲げ理論に基づき求めてよい．

8.2.5.3　鋼部材に対する照査

　曲げモーメントと軸方向力を受ける場合，断面破壊の状態を適切に考慮して，設計断面耐力を算定し，照査を行うものとする．

【解　説】　曲げモーメントと軸方向力が作用する場合，コンクリート部材と同様に，一般に，破壊に至るまで平面保持が仮定できるコンパクト断面では，それぞれが単独で作用する場合の累加で設計断面耐力を算定し，照査することができると考えられる．ただし，鋼部材は薄肉断面構造であるため，それらの組合せが，鋼部材の座屈・降伏あるいは定着部の破壊形式に及ぼす影響を十分に検討する必要があり，補強用 FRP により補修・補強された部材の断面耐力は，適切なモデル化と方法により算定するものとする．

8.2.6 その他の断面力の組合せに対する照査
8.2.6.1 一般

断面力の組合せに対する設計断面耐力は，補強用FRPによる補修・補強の効果とその作用による破壊形式を適切に評価することができるモデルあるいは試験体を用いて，解析または実験により算定し，設計断面力の組合せに対する安全性を確認しなければならない．

【解　説】　複数の断面力が組み合わさって作用する場合，一般には，それぞれが単独で作用する場合の累加で設計断面耐力を算定し，照査することができるが，部材あるいは定着部の破壊形式は複雑になるため，補強用FRPにより補修・補強された部材の断面耐力は，適切なモデル化と方法により算定する必要がある．

8.2.6.2 コンクリート部材の照査

内ケーブル方式のプレストレストコンクリートの補強にFRPプレートを用いた部材の設計曲げ耐力は，以下の（ⅰ）〜（ⅴ）の仮定に基づいて求めてよい．

（ⅰ）繊ひずみは，断面の中立軸からの距離に比例する．
（ⅱ）コンクリートの引張応力は無視する．
（ⅲ）コンクリートの応力－ひずみ曲線は，**コンクリート標準示方書［設計編：標準］3編2.4.2.1（3）**によるものを原則とする．
（ⅳ）鋼材の応力－ひずみ曲線は，**コンクリート標準示方書［設計編：標準］3編2.4.2.1（4）**によるものを原則とする．
（ⅴ）FRPプレートの応力－ひずみ曲線は，3.3.2.2（2）によるものを原則とする．

【解　説】　FRPプレートにプレストレスを導入して接着された部材の曲げ耐力 M_u は**解説 図8.2.8**に基づいて，次の1)〜4)に示す方法により算定してよい．ただし，中立軸が部材断面内にある場合とする．また，側方鉄筋がある場合については，その影響を別途考慮するものとする．

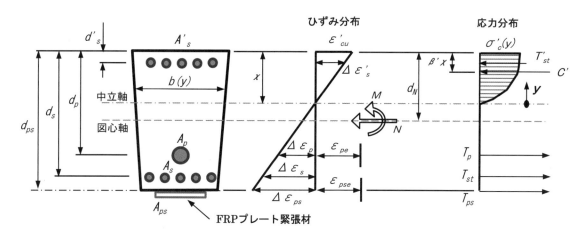

解説 図8.2.8　FRPプレートにプレストレスを導入して接着された部材の曲げ耐力 M_u の算定方法

1) 中立軸の位置を仮定するとともに，圧縮縁のコンクリートのひずみをコンクリートの終局圧縮ひずみε'_{cu}として，（ⅰ）の仮定により部材断面のひずみ分布を求める．

2) 部材断面のひずみ分布に基づいて，（ⅲ）の仮定によりコンクリートの圧縮応力度の合力 C'を式（解8.2.26）により求める．同様に，$\Delta\varepsilon'_s$，$\Delta\varepsilon_p + \varepsilon_p$，$\Delta\varepsilon_s$および$\Delta\varepsilon_{ps} + \varepsilon_{ps}$を算定し，（ⅳ）および（ⅴ）の仮定により圧縮鉄筋圧縮合力 T'_{st}，内ケーブルの引張合力 T_p，引張鉄筋の引張合力 T_{st}および補強用FRPの引張合力 T_{sp}を式（解8.2.27）～（解8.2.30）によりそれぞれ求める．ただし，ε_pは内ケーブルの有効プレストレスによるひずみ，ε_{ps}はFRPプレートの有効プレストレスによるひずみである．

$$C' = \int_0^\chi \sigma'(y) \cdot b(y) \cdot dy \tag{解 8.2.26}$$

$$T'_{st} = A'_s \cdot \sigma'_s \tag{解 8.2.27}$$

$$T_p = A_p \cdot \sigma_p \tag{解 8.2.28}$$

$$T_{st} = A_s \cdot \sigma_s \tag{解 8.2.29}$$

$$T_{ps} = A_{ps} \cdot \sigma_{ps} \tag{解 8.2.30}$$

ここに，　A'_s　　：圧縮鉄筋の断面積（mm²）

A_p　　：内ケーブルの断面積（mm²）

A_s　　：引張鉄筋の断面積（mm²）

A_{ps}　　：FRPプレートの断面積（mm²）

σ'_s　　：圧縮鋼材の応力（N/mm²）

σ_p　　：PC鋼材の応力（N/mm²）

σ_s　　：引張鋼材の応力（N/mm²）

σ_{ps}　　：FRPプレートの応力（N/mm²）

3) 部材断面内の力の釣合い条件式（解8.2.31）が得られる．この式は，一般に中立軸の位置χを未知数とした2次方程式となるが，これを解いて中立軸の位置を求める．

$$N'_d = C' + T'_{st} - T_p - T_{st} - T_{ps} \tag{解 8.2.31}$$

ここに，　N'_d　　：設計軸方向圧縮力

4) 中立軸の位置 χ が定まれば C'，T'_{st}，T_p，T_{st}および T_{ps}をそれぞれ求めることができる．また，コンクリートの圧縮応力度の合力 C'の作用位置$\beta' \cdot \chi$が式（解8.2.32）により定まるため，部材断面の曲げ耐力を式（解8.2.33）により算定する．

$$\beta' \cdot \chi = \chi - \frac{\int_0^\chi \sigma'_c(y) \cdot b(y) \cdot y \cdot dy}{C'} \tag{解 8.2.32}$$

$$M_u = C'(d_N - \beta' \cdot \chi) + T'_{st}(d_N - d'_s) + T_p(d_p - d_N) + T_{st}(d_s - d_N) + T_{ps}(d_{ps} - d_N) \tag{解 8.2.33}$$

構造解析における曲げモーメントは断面図心に関して求められるのが一般的であり，曲げ耐力は曲げモーメントと同一の軸に対して求める必要があるため，式（解8.2.32）では断面図心に関して曲げ耐力を求めている．なお，部材断面のひずみがすべて圧縮となる場合以外は，**コンクリート標準示方書［設計編］標準 3編2.4**にしたがってコンクリートの圧縮応力度の合力 C'を等価応力ブロックの仮定に基づいて算定してよい．これにより C'を比較的簡単に求めることができ，長方形断面の部材（$b(y)=b$：断面幅が一定）で$f'_{ck} \leqq 50$N/mm²の場合は，$\beta' \cdot \chi = \beta \cdot \chi/2 = 0.4\chi$および$C' = 0.68 f'_{ck} \cdot b \cdot \chi$となる．

定着部の破壊の照査については，FRPプレートは機械的定着を前提としており，定着からの破壊は生じないものとしてよい．

8章　安全性に関する照査

8.2.6.3　鋼部材の照査

　断面力の組合せについては，断面破壊の状態を適切に考慮して，設計断面耐力を算定し，照査を行うものとする．

【解　説】　断面力の組合せに対する設計断面耐力の算定方法については，十分な知見が得られていないため，実験，解析等，適切な方法によって評価するのがよい．特に，定着部の破壊については，断面力の組合せが設計耐力に及ぼす影響を十分に検討する必要がある．

8.3　疲労破壊に対する照査

8.3.1　一　　般

　（1）補強用 FRP により補修・補強された部材の疲労破壊に対する照査は，一般に，変動作用を受ける部材または部材を構成する材料の疲労破壊の限界値に基づいて行ってよい．

　（2）補強用 FRP により補修・補強された部材のうち，補強用 FRP の疲労破壊に対しては，変動作用による補強用 FRP の変動応力度が補強用 FRP の疲労強度以下であることを照査するものとする．

　（3）補強用 FRP と部材との接着接合部の疲労破壊に対する照査は，適切な実験等により行うことを原則とする．

【解　説】　（1）について　　構造物の疲労破壊と，部材または材料の疲労破壊は，必ずしも等価とはならないが，一般に，部材レベルまたは材料レベルで疲労破壊に至らなければ構造物としての安全性は確保されることから，部材の疲労破壊または材料の疲労破壊に関する照査を構造物の疲労破壊に代えてよいこととする．部材レベルの疲労破壊に対する照査は，補強用 FRP による補修・補強の効果と疲労破壊の限界値を適切に考慮して行うものとする．材料レベルの疲労破壊に対する照査は，補強用 FRP，接着用樹脂材料，コンクリートおよび鋼材の疲労破壊の限界値に基づいて行うものとする．

　（2）について　補強用 FRP の疲労破壊に対する照査は，一般に，式（解 8.3.1）を満足することを確かめることで行ってよい．ただし，応力度が疲労限以下である場合には，照査を満足するものとしてよい．

$$\gamma_i \, \sigma_{rd} / \left(f_{rd} / \gamma_b \right) \leq 1.0 \qquad\qquad (\text{解 } 8.3.1)$$

ここに，　σ_{rd}　：設計変動応力度（N/mm²）

　　　　　f_{rd}　：設計疲労強度（N/mm²）

　　　　　γ_i　：構造物係数

　　　　　γ_b　：部材係数

ここで，設計疲労強度 f_{rd} は，材料の疲労強度の特性値 f_{rk} を材料係数 γ_m で除した値とする．

　（3）について　作用力が接合面で伝達されるため，接着接合部の発生応力は小さくなり，一般に，他の接合方法と比べて疲労耐久性は高いとされている．しかしながら，補強用 FRP の接着端部や部材の切断縁の接合部の接着用樹脂材料には応力集中が生じ，疲労破壊する場合がある．接着接合部の疲労耐久性は，適切な実験等を行うにより評価できるため，実験に基づくことを原則とした．接着用樹脂材料の疲労強度は，変動作用による主応力範囲の特性値を指標とするのがよい．

8.3.2　コンクリート部材の照査

（1）補強用 FRP により補修・補強されたコンクリートはり部材の照査は，一般に曲げおよびせん断に対して行うものとする．設計疲労耐力は，既設部の疲労特性，補強用 FRP の疲労特性および補強用 FRP とコンクリートの界面のはく離疲労破壊に関する特性を適切に考慮して算定しなければならない．

（2）補強用 FRP により補修・補強されたコンクリート面部材の照査は，一般にはり部材に準じて照査を行うとともに，押抜きせん断に対して行うものとする．設計押抜きせん断疲労耐力は，既設部材の押抜きせん断疲労特性のほかに，補強用 FRP の疲労破断および補強用 FRP とコンクリートの界面のはく離疲労破壊に関する特性を適切に考慮して算定しなければならない．

（3）補強用 FRP により補修・補強されたコンクリート部材を構成する材料のうち，既設部のコンクリートおよび鋼材の疲労破壊に対する照査は，**コンクリート標準示方書［設計編］**により行ってよい．

（4）補強用 FRP により補修・補強されたコンクリート部材を構成する材料のうち，補強用 FRP の疲労破壊に対しては，変動作用による補強用 FRP の変動応力度が補強用 FRP の疲労強度以下であることを照査するものとする．

（5）補強用 FRP により補修・補強されたコンクリート部材の，補強用 FRP とコンクリート界面のはく離に対する疲労破壊の照査は，適切な実験等によることを原則とする．

【解　説】　　（1）について　補強用 FRP により補修・補強されたコンクリートはり部材の疲労耐力を精度よく算定する方法は確立されていないので，検討する必要がある場合には，信頼できる実験データに基づくか，新たに実験を行い検討することが望ましい．機械的な定着を施している場合には，この部分の疲労に関しても検討する必要がある．部材係数は，部材耐力の計算上の不確実性を十分考慮して定める必要がある．

　（2）について　補強用 FRP により補修・補強されたコンクリート面部材の押抜きせん断疲労耐力を精度よく算定する方法は確立されていないので，検討する必要がある場合には，信頼できる実験データに基づくか，新たに実験を行い検討することが望ましい．機械的な定着を施している場合には，この部分の疲労に関しても検討する必要がある．部材係数は，部材耐力の計算上の不確実性を十分考慮して定める必要がある．

　道路橋床版などの面部材では，繰返し荷重が作用し，2 方向のひび割れが発生・進展し，最終的には押抜きせん断破壊に至る疲労損傷が確認されている．このような破壊形態は，繰返し移動荷重を受ける鉄筋コンクリート床版に特有な現象で，1 方向ひび割れの発生，2 方向ひび割れへの進展，ひび割れの貫通，配力筋方向の床版の連続性の低下（はり状化），押抜きせん断破壊という複雑な機構で破壊に至る．定点で繰返し載荷しても 2 方向ひび割れは発生せず，荷重の大きさが同じであれば破壊までの載荷回数は移動荷重によるものの方が顕著に少ない．また，床版上面から水分の浸透がある場合，床版の疲労寿命が著しく低下する．

　このような損傷を受ける鉄筋コンクリート床版の下面（引張面）に補強用 FRP を接着すると，面部材の疲労寿命が長くなることが既往の研究により確認されている [5), 6), 7)]．これは，補強用 FRP により曲げモーメントによるコンクリートのひび割れの開閉が拘束されて，ひび割れの床版厚さ方向への進展が抑制されること，曲げによるたわみや鉄筋の応力度が低減され，結果として面部材が最終的に押抜きせん断破壊に至るまでの寿命を延ばしていると考えられる．

　補強用 FRP により補強された面部材の押抜きせん断疲労破壊の照査は，輪荷重走行試験など上述のような面部材の疲労損傷メカニズムを再現可能な試験方法により，補強された面部材が荷重作用・環境作用下で押

抜きせん断破壊しないことを確認するのがよい．補強用 FRP により補強された面部材の押抜きせん断疲労破壊の照査においては，面部材のコンクリートの疲労破壊特性のほかに，補強用 FRP の疲労破断や補強用 FRP とコンクリートのはく離疲労破壊を適切に考慮する必要がある．

また，その補強効果は，主として補強用 FRP の引張剛性（補強用 FRP のヤング係数と断面積の積）に依存するので，補強用 FRP の種類や積層数を考慮して照査する．床版の下面には，2 方向のひび割れが生じることが多く，2 方向に補強用 FRP を接着するのが一般的である．補強前の面部材の損傷状態が補強後の押抜きせん断疲労耐力に大きな影響を及ぼすことから，補強前の損傷状態を考慮して，補強用 FRP 接着工法の適用の可否，補強後の押抜きせん断疲労耐力を検討する．文献 8)には，道路橋の鉄筋コンクリート床版に対して輪荷重走行試験による研究成果をもとに，既設床版の損傷度と炭素繊維シート工法の適用の可否，標準的な FRP シートの補強量の目安が示されている．また，道路橋 RC 床版の支間中央部に補強用 FRP を下面に接着補強する工法について，補強用 FRP の物理特性を用いた力学的なモデルにより，既往の輪荷重走行試験結果に対して比較的精度よく疲労耐久性を評価する手法が近年の研究で提案されている [9),10),11)]．

（3）について　補強用 FRP を接着したコンクリート部材を構成する材料のうち，コンクリートおよび鋼材の照査に用いるコンクリートおよび鋼材の応力度は，母材と補強用 FRP が一体化しているとみなせる場合には，補強用 FRP とコンクリートおよび鋼材の合成断面として算出してよい．ただし，補強用 FRP と母材の間に付着力が働かないと考えられる場合には，別途適切な方法を用いて応力度を算定しなければならない．

なお，スレーキング等により断面が減少している場合や，鉄筋が腐食し断面が欠損している場合，鉄筋とコンクリート間の付着強度が低下している等の場合は，その影響を適切に考慮して照査に用いる応力度を算定する必要がある．

（4）について　補強用 FRP により補修・補強されたコンクリート部材を構成する材料のうち，補強用 FRP の疲労破壊に対する照査は，一般に，式（解 8.3.1）を満足することを確かめることで行ってよい．ただし，応力度が疲労限以下である場合には，照査を満足するものとしてよい．

（5）について　補強用 FRP として FRP シートを用いて補強した部材の，最大曲げモーメントによる曲げひび割れ発生位置における FRP シートとコンクリート界面のはく離疲労破壊に対する安全性は，疲労限に基づいて，FRP シートに作用する引張応力度の最大値σ_fが，式（解 8.3.2）を満足することにより確認してもよい．

$$\gamma_i \sigma_f / (\mu \sqrt{2 G_f E_f / n_f t_f} / \gamma_b) \leq 1.0 \tag{解 8.3.2}$$

ここに，σ_f　：FRP シートに作用する引張応力度の最大値

　　　　μ　：疲労荷重による FRP シートとコンクリートの付着に関する低減係数

　　　　G_f　：FRP シートとコンクリートの界面はく離破壊エネルギー

　　　　E_f　：FRP シートのヤング係数

　　　　n_f　：FRP シートの積層数

　　　　t_f　：FRP シートの 1 層当りの厚さ

　　　　γ_i　：構造物係数

　　　　γ_b　：部材係数

ここで，疲労荷重による FRP シートとコンクリートの付着に関する低減係数μは，特別な検討を行わない場合，既往の研究結果 [12),13)]を参考に一般に 0.3〜0.5 としてよい．

8.3.3 鋼部材の照査

（1）補強用 FRP により補修・補強された鋼部材の疲労破壊に対する照査は，一般に補強用 FRP と鋼部材が完全に一体化した合成断面とみなせる場合，合成断面として算出した応力度を用いて，構成する材料の疲労破壊の限界値に基づいて行ってよい．設計疲強度は，既設部の鋼材の疲労特性，補強用 FRP の疲労特性および補強用 FRP と鋼部材の接着接合部のはく離疲労破壊に関する特性を適切に考慮して算定しなければならない．既設部の鋼材の疲労破壊に対する照査は，**鋼・合成構造標準示方書 [設計編]** により行ってよい．

（2）補強用 FRP による補修・補強の対象が溶接継手やき裂が生じた鋼部材である場合，疲労破壊に対する照査は，継手形状やき裂長さ等，構造詳細を考慮した部材レベルの適切な実験等によることを原則とする．ストップホールを設けるなど断面が著しく欠損している場合は，その影響も適切に考慮しなければならない．

（3）補強用 FRP により補修・補強された鋼部材を構成する材料のうち，補強用 FRP の疲労破壊に対しては，変動作用による補強用 FRP の変動応力度が補強用 FRP の疲労強度以下であることを照査するものとする．

（4）補強用 FRP と鋼部材の接着接合部のはく離に対する疲労破壊の照査は，適切な実験等によることを原則とする．

【解　説】　（1）について　補強用 FRP と鋼部材が完全に一体化した合成断面とみなせる場合には，合成断面として算出した応力度を用いて，それぞれの構成材料（既設部の鋼材，補強用 FRP，接着用樹脂材料）の疲労破壊の限界値に基づいて照査してよいとした．ただし，補強用 FRP と母材の間に付着力が働かないと考えられる場合には，別途適切な方法を用いて応力度を算定する必要がある．

　（2）について　溶接継手や疲労損傷を受けた鋼部材の疲労対策として補強用 FRP の適用が検討された研究事例は多くあるものの，実構造物への施工例は，期間が限定された試験施工のみであり，実績が極めて少ない．溶接継手や疲労損傷を受けた鋼部材の疲労対策に補強用 FRP を適用するにあたっては，照査対象のディテールを考慮した疲労耐久性を部材レベルで検証する必要があるため，疲労破壊に対する照査は適切な実験によることを原則とした．照査の方法は，溶接継手の形状やき裂長さ等，照査対象の構造詳細を適切にモデル化した試験体による疲労試験を行うのがよい．き裂発生後に補強用 FRP を接着して補修する場合，疲労試験により鋼部材の疲労耐久性を把握するとともに，き裂進展解析を行って疲労耐久性を検証するのがよい．補強用 FRP により補修・補強された鋼部材の疲労破壊は，設計で想定する供用期間において，疲労破壊しないことを照査するのがよい．疲労き裂が比較的長い場合やき裂先端にストップホールが設けられている場合は，断面欠損が大きくなるので，断面欠損を考慮して疲労破壊に対する照査に用いる応力度を算出する必要がある．

　（3）について　補強用 FRP により補修・補強された鋼部材を構成する材料のうち，補強用 FRP の疲労破壊に対する照査は，一般に，式（解 8.3.1）を満足することを確かめることで行ってよい．ただし，応力度が疲労限以下である場合には，照査を満足するものとしてよい．

　（4）について　補強用 FRP と鋼部材の接着接合部のはく離に対する疲労破壊は，凝集破壊が支配的であるとして，設計で想定する供用期間では，接着用樹脂材料に生じる主応力範囲が設計で想定する疲労強度以

下，あるいは疲労限以下であることを照査するのがよい．接着用樹脂材料の疲労強度あるいは疲労限は，適切な実験等により求めることを原則とした．

8.4 地震作用に対する照査

8.4.1 一 般
（1）地震作用に対する照査は，偶発作用を受ける部材に対して行うものとする．

（2）照査の目的に合致した地震動を考慮し，補強用 FRP により補修・補強された部材の曲げ耐力，せん断耐力，座屈耐力，じん性を適切に算定して，要求される耐震性能を満足するように照査しなければならない．

（3）コンクリート部材の地震作用に対する照査は，**コンクリート標準示方書［設計編］**により行ってよい．

（4）鋼部材の地震作用に対する照査は，**鋼・合成構造標準示方書［設計編］**により行ってよい．

【解 説】 （2）について 地震の影響に対する構造物の性能照査では，地震動の強さと頻度，および構造物の限界状態に応じて地震動レベルが設定されることが多いため，補修・補強の要求性能に応じて，地震動を設定するものとした．また，補強用 FRP の接着または巻き立てにより，部材の曲げ耐力，せん断耐力，座屈耐力，じん性が向上し，耐震性能を高めることができるため，その応答値を実験または解析等，適切な方法で算定して，照査を行うものとした．

（3）および（4）について 限界状態の地震動レベルによって，部材の断面破壊，補強用 FRP の破断やはく離が複合して生じることから，それらの影響を適切に考慮できる方法で照査する必要がある．

8.4.2 コンクリート部材の照査
（1）補強用 FRP により補修・補強されたコンクリート部材の地震作用に対する照査は，一般に，その部材のじん性率を照査指標とするのがよい．

（2）補強用 FRP により補修・補強されたコンクリート部材のじん性率は，式（8.4.1）を満足することを照査しなければならない．

$$\gamma_i \cdot \frac{\mu_{rd}}{\mu_{fd}} \leq 1.0 \tag{8.4.1}$$

ここに，μ_{rd} ：コンクリート部材の設計塑性率

μ_{fd} ：補強用 FRP により補修・補強されたコンクリート部材の設計じん性率

γ_i ：構造物係数で，一般に 1.0 としてよい．

補強用 FRP により補修・補強されたコンクリート部材のじん性率 μ_{fd} は，式（8.4.2）により求めてよい．

$$\mu_{fd} = \left[1.16 \cdot \frac{(0.5 \cdot V_c + V_s)}{V_{mu}} \cdot \left\{ 1 + \alpha_0 \cdot \frac{\varepsilon_{fu} \cdot \rho_f}{\frac{V_{mu}}{B \cdot z}} \right\} + 3.58 \right] \Big/ \gamma_{bf} \leq 10 \tag{8.4.2}$$

ここに，μ_{fd} ：補強用 FRP により補修・補強されたコンクリート部材のじん性率

V_c ：せん断補強部材を用いない棒部材のせん断耐力で，「**8.2.4 せん断力に対する照査**」式（8.2.2）において，材料係数および部材係数をともに 1.0 として算定する．

V_s ：せん断補強部材により受け持たれる棒部材のせん断耐力で，「**8.2.4 せん断力に対する照査**」式（8.2.4）において，材料係数および部材係数をともに 1.0 として算定する．

V_{mu} ：部材が現有曲げ耐力 M_u に達するときの最大せん断力

この場合，鉄筋やコンクリートに用いる材料係数や材料修正係数および部材係数を 1.0 として算定する．

γ_{bf} ：μ_{fd} 算出に用いる部材係数で，一般に 1.3 としてよい．

ε_{fu} ：補強用 FRP の破断ひずみで補強用 FRP の設計引張強度を弾性係数の特性値で除した値

$$\varepsilon_{fu} = f_{fud}/E_f = \left(f_{fuk}/\gamma_{mf}\right)/E_f \tag{8.4.3}$$

$\quad f_{fud}$ ：補強用 FRP の設計引張強度（N/mm²）

$\quad f_{fuk}$ ：補強用 FRP の引張強度の特性値（N/mm²）

$\quad E_f$ ：補強用 FRP のヤング係数（N/mm²）

$\quad \gamma_{mf}$ ：補強用 FRP の材料係数で，一般に 1.2 としてよい．

ρ_f ：補強用 FRP のせん断補強量比

$$\rho_f = A_f/\left(S_f \cdot B\right) = 2 \cdot n_f \cdot t_f \cdot S_f'/\left(S_f \cdot B\right) \tag{8.4.4}$$

$\quad S_f$ ：補強用 FRP の配置間隔（mm）

t_f ：補強用 FRP1 枚の厚さ（mm）

$\quad n_f$ ：補強用 FRP の枚数

$\quad S_f'$ ：補強用 FRP のシート幅（mm）

α_0 ：部材のじん性率の算出に用いる係数で，帯鉄筋によりせん断補強されている柱に対しては α_0 として帯鉄筋の弾性係数 E_s を用いてよい．

$\quad \alpha_0 = E_s$

B ：部材の幅（mm）

z ：圧縮応力の合力の作用位置から引張鋼材図心位置までの距離で，一般に d/1.15 としてよい．

d ：有効高さ（mm）

【**解 説**】 （**2**）について 既往の帯鉄筋によりせん断補強されている部材の正負交番載荷試験から得られた結果 [14]~[20]を用いて，補強用 FRP により補修・補強されたコンクリート部材のじん性率 μ_{fd} と $\left(0.5 \cdot V_c + V_s\right)/V_{mu} \cdot \left\{1 + \alpha_0 \cdot \varepsilon_{fu} \cdot \rho_f / \left(V_{mu}/\left(B \cdot z\right)\right)\right\}$ の関係に着目して整理した結果を，**解説 図 8.4.1** に示す．

各供試体のせん断耐力および部材が現有曲げ耐力に達するときの最大せん断力は，補強用 FRP，コンクリートおよび鋼材の材料強度に材料試験結果の平均値を用い，材料係数と部材係数をすべて 1.0 として計算したものである．また，補修・補強された部材のじん性率 μ_{fd} は，正負交番載荷試験による荷重-頂部変位の履歴曲線（P-δ 曲線）の包絡線より求めており，降伏点の耐力 P_y（供試体の軸方向引張鉄筋が降伏したときの水平荷重）を保持できる限界変位 δ_{limit} を降伏変位 δ_y（供試体の軸方向引張鉄筋が降伏したときの頂部水平変位）で除したものとした．ただし，図中のじん性率 μ_{fd} は正方向載荷と負方向載荷の平均値とした．

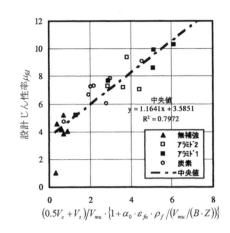

解説 図8.4.1 FRPシートにより補強された
部材のじん性率（実験値）[21]

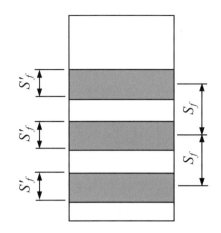

解説 図8.4.2 FRPシートの配置間隔（S_f）
とシート幅（S'_f）

解説 図8.4.1より，炭素繊維シートおよびアラミド繊維シートで補強された部材のじん性率を$(0.5 \cdot V_c + V_s)/V_{mu} \cdot \{1 + \alpha_0 \cdot \varepsilon_{fu} \cdot \rho_f /(V_{mu}/(B \cdot z))\}$との関係を整理することにより，両者を統合して直線関係で評価できることがわかる．

ただ，同図の横軸を見てわかるように，じん性率を評価する関数は種々の試行の下で相対的に精度のよいものとして提案したものである．したがって，関数の中のせん断耐力や曲げ耐力の算定に材料係数や部材係数を用いても，所要の安全性を有するじん性率を必ずしも算定することにはならない．そこで，この指針（案）では，実験結果の回帰線を基に部材係数を導入して算定式（8.4.2）を提案することとした．

なお，既往の実験で使用された補強用FRPのヤング係数E_fとせん断補強量比ρ_fは，それぞれ80～235kN/mm^{2}と0～2.54×10^{-3}の範囲であるので式（8.4.2）も，この範囲でのみ適用できることに注意する必要がある．また，FRPシートのせん断補強量比ρ_fの算定に用いる補強用FRPの配置間隔（S_f）とシート幅（S'_f）は，解説 図8.4.2に示した．

式（8.4.2）は，代表的な矩形の鉄筋コンクリート柱の諸元において炭素繊維シートおよびアラミド繊維シート補強によりじん性能を確保することができることを確認し，補修・補強された部材のじん性率を算定する式として採用した．したがって，矩形の鉄筋コンクリート柱と著しく条件が異なる場合には別途安全性を検討する必要がある．

8.4.3 鋼部材の照査

（1）補強用FRPにより補修・補強された鋼部材の地震作用に対する照査は，一般に，その部材の応力度，座屈耐力，じん性率を照査指標とするのがよい．

（2）補強用FRPにより補修・補強された鋼部材は，断面剛性の増加に伴う固有振動特性，局部座屈や塑性ヒンジの発生箇所の移動が考えられるため，それらの影響も十分留意しなければならない．

【解　説】　（1）について　補強用FRPの接着または巻き立てにより期待される効果として，①発生応力度の低減，②局部座屈耐力の向上，③じん性の向上が挙げられる．①と②については，補強用FRPと鋼部材が一体化した合成断面を考慮して，設計することができる．③については，部材全体の耐力を評価して，じ

ん性率を算定する必要がある．コンクリート部材は充実断面であることが多いため，補強用 FRP の巻き立てによる拘束効果により，じん性率を高めることができるが，鋼部材は充実断面ではないため，拘束効果が十分に得られない場合があること，その算定が困難であることに留意する必要がある．一般には，補強用 FRP と鋼部材の合成化による断面補強が基本となる．

補強用 FRP は異方性材料であるため，補強の目的と効果を十分検討して，補強用 FRP の繊維方向を決定しなければならない．軸方向力および曲げモーメントによる発生応力度の低減を目的とする場合，繊維方向は，それぞれの部材力の作用方向に一致させるのが原則である．一方，板の面外変形を抑制することを目的とする場合，一般に，板の曲げ変形による曲げ応力が発生する面の応力方向に繊維方向を一致させて接着するとよい．圧縮・引張どちらにも有効であるが，引張側の方が，補強用 FRP の繊維の引張抵抗力を有効に利用することができる．ただし，効果の持続性の点では，はく離に対して十分な検討が必要である．

さらに，板の局部座屈の抑制を目的とする場合の繊維方向の決定は，補強用 FRP による合成化の効果が圧縮応力度と曲げ応力度の低減と板の面外変形に対する抵抗性の向上との両者の効果として得られるものであるため，十分検討して照査することが望ましい．

（２）について　補強用 FRP が接着または巻き立てられることにより，その部位の断面剛性が高くなることから，部材あるいは構造物には，

① 断面剛性の増加に伴う応力度分布の変化および固有周期と固有振動モードの変化，

② フランジとウェブの板厚変化部の局部座屈の抑制に伴う，局部座屈の発生箇所の移動，

③ 橋脚基部のじん性の向上とぜい性破壊の抑制に伴う塑性ヒンジ発生箇所の移動，

などの影響も考えられ，構造物の耐震性能の評価および照査に十分留意する必要がある．

主に鋼製橋脚等の鋼部材の耐震補強には，以上のように留意すべき点が多いため，補強用 FRP が用いられた実績は非常に少ないのが現状である．補強用 FRP を鋼部材の耐震補強に適用するにあたっては，その効果を十分に検討する必要がある．

9章　使用性に関する照査

9.1　一　　般

　使用性に対する照査は，構造物の要求性能を満足するように設定された補強用 FRP により補修・補強された部材の力学特性を考慮した設計限界値を用いて，8.1 の式（8.1.1）を満足することを照査しなければならない．

【解　説】　この章では，構造物の使用性に関する補強用 FRP により補修・補強された部材の照査として，快適性に関する照査項目である外観，振動，変位・変形，機能性に関する照査項目である水密性について照査するものとした．

　要求性能は，構造物に対して設定されるものである．この章における使用性に対する照査は，構造物の要求性能を満足するように構造物を構成する部材または部位ごとに設計限界値が設定された場合の照査の方法を示した．したがって，構造物の要求性能が，構造物の構成部材や部位ごとに設定されず，構造物の全体としてある設計限界値が設定される場合には，この章による部材や部位の照査は省略してよい．

9.2　使用性の照査の前提

　使用時においては，補強用 FRP により補修・補強された部材および部材を構成する要素が弾性挙動の範囲にあり，残留変位・変形が発生してはならない．このため，補強用 FRP および部材に発生する応力度および変位・変形が，設計限界値より小さくなることを照査しなければならない．

【解　説】　使用性の照査においては，補強用 FRP により補修・補強された部材の応答が弾性挙動の範囲にあることが前提となっている．この照査は，使用時に想定される作用のうち最大値を用いて行う必要がある．

9.3　快適性に対する照査

9.3.1　一　　般

　補強用 FRP により補修・補強された部材の構造物の快適性に対する照査は，適切な方法で行うこととする．

【解　説】　補強用 FRP により補修・補強された部材を用いた構造物の使用上の快適性に対する照査は，外観，振動および変位・変形に対して行う．

9.3.2 外観に対する照査

（1）補強用 FRP により補修・補強された部材の外観が，周囲に不安感や不快感を与えず，構造物の使用を妨げないことを照査しなければならない．一般に，樹脂やせ，層間はく離，変位・変形等の限界状態を設定して照査を行うのがよい．

（2）コンクリート部材の外観に対する照査は，ひび割れによる外観に対する照査とし，**コンクリート標準示方書［設計編：標準］4編2章**による．

【解　説】　（1）について　補強用 FRP では，樹脂やせ，層間はく離等が生じて，周囲に不安感や不快感を与えないようにする必要がある．

　（2）について　補強用 FRP により補修・補強された部材のひび割れ間隔が鉄筋コンクリート部材と同等であれば，補強用 FRP の影響を考慮して求めた鉄筋の応力度を**コンクリート標準示方書［設計編：標準]4編2.3.4 式（2.3.3）に代入することにより，補修・補強された部材のひび割れ幅を安全側に評価することができる．

　補強用 FRP を用いた場合，応力度の算定においては，補強用 FRP の方向を考慮する必要がある．既設断面と補強用 FRP が一体化している場合には，部材断面に生じるコンクリート，鋼材および補強用 FRP の応力度の算定は，次の①〜⑤の仮定に基づいてよい．

　① 維ひずみは，断面の中立軸からの距離に比例する．

　② コンクリート，鋼材および補強用 FRP は弾性体とする．

　③ コンクリートの引張応力は無視する．

　④ コンクリートおよび鋼材の応力－ひずみ曲線は，**コンクリート標準示方書［設計編：標準]3編2.4.2.1（3）**によるものを原則とする．

　⑤ 補強用 FRP のヤング係数は，**3章　材料**による．

　補強用 FRP とコンクリート間に付着力が働かないと考えられる場合には，適切な方法により各応力度を算定する必要がある．

　応力度の算定において，補修・補強前から作用している永久荷重については，既設断面を用いて生じている応力度を算出し，また，補修・補強後に増加する永久荷重および変動荷重については，既設断面と補修・補強断面との合成断面を用いて生じる応力度を算定し，それぞれを合計して求めるものとする．

　一般に，補強用 FRP を接着したコンクリート部材のひび割れは分散し，それに伴いひび割れ幅も減少する．炭素繊維シートを接着した両引き引張試験において，ひび割れ幅は，シートおよび鉄筋の平均ひずみにほぼ比例し，コンクリートかぶり，鋼材径，炭素繊維シートの剛性，コンクリートの圧縮強度等にほとんど依存しない結果が得られており，ひび割れ幅は，鉄筋の降伏直前の段階で，炭素繊維シートを接着していないものに比べ約 0.3〜0.7 倍となっている．

　しかし，死荷重が支配的な構造物ですでにひび割れが発生している場合には，補強用 FRP により補修・補強してもさらなるひび割れの分散効果が期待できるかは明確でない．そこで，死荷重の大きな構造物では，**コンクリート標準示方書［設計編：標準]4編2.3.4 の式（2.3.3）**で算定されるひび割れ幅を，補強用 FRP をはりの下面に接着した場合の曲げひび割れ幅としてよい．すなわち，補修・補強後のひび割れ幅は，乾燥収縮および死荷重により既存構造物に生じたひび割れ幅に，補強用 FRP により補修・補強した後の荷重増分

9章　使用性に関する照査

（活荷重等）によるひび割れ幅の増分を加えたものとしてよい．なお，ひび割れ幅の増分の算定においては，補強用FRPを考慮した荷重増分による鉄筋ひずみを用いてよい．

また，死荷重が大きい場合でも，ひび割れがない構造物や活荷重が支配的な構造物においては，**コンクリート標準示方書［設計編：標準]4編2.3.4**の式（2.3.3）で算定されるひび割れ幅に，ひび割れ幅の比の最大値0.7を乗じた式（解9.3.1）で補強用FRPをはりの下面に接着した場合の曲げひび割れ幅を求めてもよい．

$$w = 1.1 k_1 k_2 k_3 \left\{ 4c + 0.7(c_x - \phi) \right\} \left[\frac{\sigma_{se}}{E_s} \left(\text{または} \frac{\sigma_{pe}}{E_p} \right) + \varepsilon'_{csd} \right] \times 0.7 \qquad \text{（解 9.3.1）}$$

ここに，　w　：曲げひび割れ幅（mm）

k_1　：鋼材の表面形状がひび割れ幅に及ぼす影響を表す係数で，一般に，異形鉄筋の場合に1.0，普通丸鋼およびPC鋼材の場合に1.3としてよい．

k_2　：コンクリートの品質がひび割れ幅に及ぼす影響を表す係数で，式（解9.3.2）による．

$$k_2 = \frac{15}{f_c' + 20} + 0.7 \qquad \text{（解 9.3.2）}$$

f_c'　：コンクリートの圧縮強度（N/mm²）．一般に，設計圧縮強度f_{cd}'を用いてよい．

k_3　：引張鋼材の段数の影響を表す係数で，式（解9.3.3）による．

$$k_2 = \frac{5(n+2)}{7n+8} \qquad \text{（解 9.3.3）}$$

n　：引張鋼材の段数

c　：かぶり（mm）

c_x　：鋼材の中心間隔（mm）

ϕ　：鋼材径（mm）

σ_{se}　：ひび割れ幅を検討するための鉄筋応力度の増加量（N/mm²）

E_{se}　：鉄筋のヤング係数（N/mm²）

σ_{pe}　：ひび割れ幅を検討するためのPC鋼材応力度の増加量（N/mm²）

E_p　：PC鋼材のヤング係数（N/mm²）

ε'_{csd}　：コンクリートの収縮およびクリープ等によるひび割れ幅の増加を考慮するための数値で，標準的な値として**コンクリート標準示方書［設計編：標準]4編2.3.4**の表2.3.1に示す値としてよい．

せん断力とねじりモーメントに対するひび割れも**コンクリート標準示方書［設計編：標準]3編2.4.3, 2.4.4**に準じて照査するものとする．なお，補強用FRPを接着したコンクリート構造物は，表面が保護されていることから，ひび割れ幅の検討が不要の場合もある．

部材係数γ_bは，一般に1.0としてよい．

9.3.3　振動に対する照査

（1）補強用FRPにより補修・補強された構造物が設計耐用期間中に十分な使用性を保持するために，変

動作用等による構造物の振動が，周辺の環境や利用者に及ぼす影響を適切に検討しなければならない．

（2）振動に対する照査は，構造物の固有振動数が規定された振動数の範囲に抵触しないことを，適切な方法により確かめることを原則とし，必要に応じて振幅レベルが限界値以下であることを確かめるものとする．

【解　説】　　（1）について　補強用 FRP により補修・補強された構造物の振動が周辺の環境や利用者に及ぼす影響を，固有振動解析や動的応答解析等により適切に検討する必要がある．

　（2）について　振動に対する照査は，原則として，補強用 FRP により補修・補強された構造物の固有振動数 f_d と規定された振動数の境界値（上限値 f_u，下限値 f_l）との比に構造物係数を乗じた値が，それぞれ次式を満たすことを確かめることにより行う．

$$\gamma_i \cdot f_d / f_u \geq 1.0 \tag{解 9.3.4}$$
$$\gamma_i \cdot f_d / f_l \leq 1.0 \tag{解 9.3.5}$$

ここに，　γ_i　：構造物係数．一般に 1.0 としてよい．

f_d　：補強用 FRP により補修・補強された構造物の固有振動数．

f_u　：規定された振動数の上限値．

f_l　：規定された振動数の下限値．

　応答値としての固有振動数は，一般に，死荷重による質量を考慮した固有振動解析によって算定するものとする．応答値としての固有振動数の算出では，定着部を除いた補強区間の補強用 FRP の効果を考慮してよい．なお，振動数の限界値は，対象とする構造物の振動使用性に基づいて，適切に定めるのがよい．

9.3.4　変位・変形に対する照査

（1）変位・変形に関する照査は，比較的しばしば生じる大きさの作用等による変位・変形量が，その限界値以下となることを適切な方法によって確かめることにより行う．

（2）変位・変形量の限界値は，対象とする構造物の形式や規模，および，その使用条件に応じて定めるものとする．

（3）補強用 FRP により補修・補強された部材の変位・変形量の限界値は，構造物の種類と使用目的，作用の種類，補強用 FRP の影響，補修の影響等を考慮して定めるものとする．

【解　説】　　（1）について　変位・変形に関する照査は，比較的しばしば生じる大きさの作用等に対する変位・変形の設計応答値 δ_d と変位・変形の設計限界値 δ_a の比に構造物係数を乗じた値が 1.0 以下であることを確かめることにより行う．

$$\gamma_i \cdot \delta_d / \delta_a \leq 1.0 \tag{解 9.3.6}$$

ここに，　γ_i　：構造物係数．一般に 1.0 としてよい

δ_d　：変位・変形の設計応答値

δ_a　：変位・変形の設計限界値

　（3）について　過大な変位・変形は，使用上，利用者に不快感を与え，機能を損なう恐れがある．このような状況が起こることを避け，構造物を好ましい条件で使用するために，構造物の種類と使用目的，作用

の種類等を考慮して，変位・変形の設計限界値を定める必要がある．変位・変形の設計限界値は，一般に通常の使用限界状態に対して定められるが，必要に応じて地震時等の異常時に対して設定することもある．補強用FRPにより補修・補強された部材の変位・変形の設計応答値の算定では，定着部を除いた補強区間の補強用FRPの効果を考慮してよい．

また，補強用FRPにより補修・補強されたコンクリート部材の変位・変形の設計応答値は，既設部材のひび割れ状態を適切な剛性で評価し算出する必要がある．既設部材に発生しているひび割れ幅が大きければ，一般に補修・補強前の下地処理としてひび割れ注入を行う．補修・補強された部材の変位・変形の設計応答値の算定にあたっては，その影響を考慮する必要がある．一般に，構造物が架設後数年しか経過していない場合には，コンクリートの収縮やクリープ等による付加的な変位・変形が生じる可能性がある．これらを適切に評価して，加える必要がある．

9.4 機能性に対する照査

9.4.1 一　　般
補強用FRPにより補修・補強された部材の使用上の機能性に対する使用性の照査は，適切な方法で行うこととする．

【解　説】　使用上の機能性に対する使用性の照査は，設計耐用期間中に使用目的に適合する十分な機能を保持するように，構造物に求められる機能に応じて行うものとする．この節では，構造物の機能性として補強用FRPにより補修・補強された部材の水密性に対する照査を示す．なお，この節で示されない機能に対しては，必要に応じて，適切な方法で照査する必要がある．

9.4.2 水密性に対する照査
（1）水密性に対する照査は，透水によって構造物の機能が損なわれないことを照査することとする．
（2）透水性の照査は，補強用FRPの貼付け範囲，繊維方向，継ぎ目の影響を考慮するものとする．
（3）コンクリート部材の透水量は，**コンクリート標準示方書［設計編：標準］**により求めてよい．

【解　説】　（2）について　一般に補強用FRPの飽和含水率は1%〜3%のものが多く，透水係数は非常に小さく，防水効果を持つともいえる．しかし，部材全面に接着しない場合も多いため，接着範囲等を考慮し，部材の透水量を照査する必要がある．また，補強用FRPは繊維と直交方向は非常に弱く，繊維と平行にひび割れが発生することが考えられるため考慮が必要である．また，継ぎ目等の透水性も適切に考慮する必要がある．

10章 復旧性に関する照査

10.1 一 般

復旧性に関する照査は，設計応答値と補強用 FRP により補修・補強された部材の力学特性を考慮した限界状態に対応した設計限界値を用いて，構造物の性能に及ぼす経時変化の影響を適切に考慮して照査しなければならない．

【解 説】 補強用 FRP により補修・補強された部材における復旧性に対する照査では，構造物の性能に及ぼす経時変化の影響を適切に考慮して構造物の要求性能を満足するように構造物を構成する部材または部位ごとに設定された修復性に対する損傷の限界状態を照査することとした．なお，構造物の全体としてある設計限界値が設定される場合には，この章による部材や部位の照査は省略してよい．

10.2 偶発作用に対する修復性の照査

地震等の偶発作用に対する修復性は，構造物の損傷程度，損傷箇所，復旧方法等を総合的に判断して定めなければならない．

【解 説】 地震等の偶発作用により損傷を受けた補強構造物を修復できるかどうかを判断する定量的な指標として，地震時の構造物の最大応答変位や地震後の構造物の残留変位が考えられる．これらの変位は，補修・補強された構造物を適切な力学モデルに置き換え，動的応答解析によって求めることができる．

コンクリート部材の変位を求めるために必要な補修・補強構造物の解析モデルおよび動的応答解析は，**コンクリート標準示方書 [設計編：本編]** に基づき，通常の RC 構造物と同様にして求めることが可能である．

10.3 火災作用に対する修復性の照査

火災作用に対する修復性の照査は，構造物の機能に応じて設定された設計限界値を用いて行わなければならない．補強用 FRP は，必要に応じて，表面被覆を行うのがよい．

【解 説】 一般に，補強用 FRP により補修・補強された部材では，既設の構造物が自重等の永続作用を負担しており，補強用 FRP はこれらの永続作用を負担せず活荷重等の変動作用や地震の影響等を負担する．このような場合には火災によって補強用 FRP が機能しなくなっても構造物が直ちに倒壊する危険はない．火災の恐れが少なく，万一火災が発生した場合でも表面の補強用 FRP による可燃物量の増加が少なく，火災規模が増大する恐れがなく，かつ十分な避難空間があり人命が危険にさらされる恐れが少ない場合には，特に補強用 FRP の表面に火災に対する表面被覆を行なわなくてもよいと考えられる．

火災に対する修復性および安全性を確保する目的で表面被覆を行う場合には，補強構造物の使用状況や周囲の環境等を考慮して要求される耐火性能に応じて被覆材料，被覆厚さを選定する．補修・補強の対象構造物や周囲の環境によって，要求される安全性のレベルも異なる．補強用 FRP により補修・補強された構造物に要求される火災に対する安全性は，概ね以下の 3 種に分類できる．

①難燃：補強用 FRP に燃焼性が強くなく，かつ火災時に補強用 FRP が損傷しても再補修可能で難燃性が確認できればよい場合．

②不燃および準不燃：火災時に構造物中や周囲の人命の安全確保ため，補強用 FRP に着火したり有毒ガスを発生しないことが要求されるが，火災中および火災後の補強用 FRP が耐荷力を保持することが要求されない場合

③耐火：火災中または火災後，再補修することになしに補強用 FRP による補修・補強の効果が得られることを要求される場合

火災に対する安全性・修復性に対しては，構造部材に補強用 FRP を接着し，必要に応じて実際の構造物と同等の表面被覆を行なった供試体を作製して，燃焼試験を行うことにより照査することができる．要求される火災に対する安全性・修復性のレベルに応じて，燃焼試験中の着火，ガスの発生，表面の有害な変形の有無，火災後の補強用 FRP の品質の変化等を検討する．

10.4 衝突作用に対する修復性の照査

補強用 FRP により補修・補強された構造物の衝突に対する修復性の照査は，想定する作用の種類や大きさに応じて損傷の限界状態を設定して行うこととする．

【解 説】 衝突は，落石，車両・船舶の衝突等を考慮するものとする．衝突を考慮する場合，補強用 FRP に保護被覆を施工する場合が多い．保護被覆の影響を考慮し，照査するものとする．補強用 FRP は衝突により，FRP の繊維の破断と層間のはく離，接着用樹脂材料の破壊とはく離が想定される．地震等の偶発作用で構造物が損傷した場合と同様とし，コンクリート部材の照査は**コンクリート標準示方書［設計編：本編］**に準じる．

11章 補修・補強の施工

11.1 一　　般

補強用 FRP による既設部材の補修・補強の施工は，本章の各条項にしたがって行うことを原則とする．

【解　説】　この章は補強用 FRP を用いて既設部材の補修・補強を行うに当たり，考慮すべき事項と各工種の施工標準を示したものである．いずれの工法も既設部材に補強用 FRP を接着または巻き立てて一体化することにより補修・補強効果が発揮される．補強用 FRP の接着または巻立てによる一体化が達成されるように，工法および材料の選定，施工，品質管理を行う必要がある．

11.2 施工計画

（1）施工は，設計上の要求性能を確保し，施工上の制約条件，環境条件，使用材料の特性および作業の安全性等を十分考慮して，工事の要件を満足するように策定した施工計画を立案し，これにしたがって行わなければならない．

（2）補強用 FRP による既設部材の補修・補強の施工は，施工計画に基づき使用する工法や材料の特徴，仕様および留意事項に関する十分な知識を有する技術者によって行われることを原則とする．

（3）補強用 FRP による既設部材の補修・補強の施工は，施工計画で定められた施工手順にしたがって行わなければならない．また，補強用 FRP による既設部材の補修・補強の施工では，合理的かつ経済的な施工管理や検査の項目，方法を定めて，施工中あるいは竣工後に実施し，目標とする性能が達成されていることを確認しなければならない．

【解　説】　（1）について　施工計画の良否は，施工の確実性と信頼性，および施工の安全性に大きく影響する．そのため施工計画は，設計上の要求性能を確保するために必要な事前調査を行い，その結果を踏まえて立案する必要がある．また施工計画は，施工手順，工程および品質管理の方法を示す必要がある．施工計画を構成する標準的な手順を，**解説 図 11.2.1** に示す．

　　（2）について　補強用 FRP による既設部材の補修・補強の施工は，あらかじめ工場で繊維材料をシートやプレート状にした補強用 FRP もしくは，現場で含浸接着樹脂を繊維材料に含浸・硬化させた FRP シートを既設部材に接着または巻き立てて，一体化させることにより，必要な性能の向上を図る工法である．このため，使用される繊維材料や樹脂の取り扱いには，新設構造物とは異なる狭隘な施工環境や，各種構造物，部材，部位ごとに異なる既設部材の劣化状態や施工時の温度，湿度等の現場特有の作業環境条件のもとで，現場の状況に応じた判断が必要となる．そのため，補修・補強後の構造物の性能が，施工を担当する工事管理者および作業員の技量に比較的大きな影響を受けることから，一部で技量等に関する資格制度を設けている．したがって，工事管理者および作業員の選定については，資格の有無，経験年数等も考慮し，十分な教育を受けた熟練した技術者が行わなければならない．

（3）について　補強用FRPによる既設部材の補修・補強の施工では，工法，材料，仕様に適し，合理的かつ経済的な施工管理や検査の項目，方法を策定し実施する必要がある．検査の結果，目標とする性能が達成されていない場合は，達成されるように，適切な処置を講じる必要がある．補強用FRPによる既設部材の補修・補強の施工では，工法，材料，仕様に適し，合理的かつ経済的な施工管理や検査の項目，方法を策定し実施する必要がある．検査の結果，目標とする性能が達成されていない場合は，達成されるように，適切な処置を講じる必要がある．

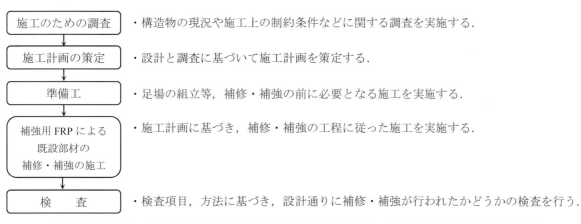

解説 図11.2.1　補強用FRPによる既設部材の補修・補強の施工計画を構成する標準的な手順

11.3　材料の取扱い

材料の運搬，保管，調合・加工および使用等の取り扱いは，各々の材料の取扱い上の注意事項を事前に確認し，それを遵守して行わなければならない．

【解　説】　一般に使用材料は，製造者の品質規格に基づいて製造されており，製造者から提出される試験成績書によりその品質を確認することができる．しかし，補強用FRPや接着用樹脂材料の運搬，保管，調合，加工および使用の方法によっては，補強用FRPや接着用樹脂材料等の材料が劣化し，十分な強度・接着性が確保できないので，適切に取り扱うことが重要である．接着用樹脂材料は，高温環境下で保管されると材質に変化が生じることがあり，また，水分や油分等の不純物が混入すると所定の強度が得られないので保管時や使用時の環境に十分留意する．一方，安全上の観点では，希釈溶剤を含む発生ガスがある濃度以上となると人体に有害である．したがって，容器の密閉を確実に行い，直射日光を避け冷暗所に保管する必要がある．また，引火しやすいため火気には十分注意する必要がある．防寒養生等，密閉された空間で使用する場合には，換気を行うなどの配慮を行うことが望ましい．樹脂材料等の保管に関しては，法令で保管方法や保管量等が規定されているものもあるため，関係法令を遵守しなければならない．また残材は，産業廃棄物として処理し，材料および状態に応じて適切な処分方法を選択するものとする．注意事項の一例を下記に示す．これ以外の事項はメーカー発行の取り扱い上の注意事項に従う必要がある．

1）補強用FRP
・FRPシートを使用する場合は連続繊維の蛇行や破断が生じないように，またFRPプレートを使用する場合

はFRPプレート表面に傷や角部の欠損が生じないよう留意して運搬・保管し適切に使用する.

・使用材料は,その品質を損なわないように,一般には直射日光,火気,湿気,雨水等を避け,通風のよい室内で所要の温度条件,湿度条件を確保して保管する.

・炭素繊維は導電性のため,切断時に発生した微粉や毛羽が電気系統に入り,ショート等を起こす恐れがあるので,電源や電気機器の近くでの作業は避ける.

・FRPの種類によっては,折り曲げが繊維の破断につながるので,カットした後のFRPシートの保管や仮置き状態に注意を払う.

・FRPプレートの上に重量物を載せたり,工具を落としたり,無理にねじると縦割れが生じる恐れがある.

・FRPプレートは荷解き,切断を行う際に,結束バンドを切ったり,ずらしたりすると端部が跳ね上がるので,端部を押さえながら十分注意して加工する.

2）接着用樹脂材料

・接着に使用する樹脂材料は,直射日光を避け,かつ水のかからない場所に保管する.

・希釈溶剤入り樹脂や有機溶剤等,引火の恐れのある材料は,火気に対し十分注意し,保管数量については,消防法(第4類第一石油類：指定数量200又は400リットル)の規定数量を遵守するものとする.

・開梱した樹脂材料はできるだけ早めに使い切る.材料の運搬,保管,加工および使用等の取り扱いは,各々の材料の取り扱い上の注意事項を事前に確認し,それを遵守するものとする.

11.4 施 工

11.4.1 一 般

補強用FRPによる既設部材の補修・補強の施工は,施工上の制約条件,施工時期,作業の安全性等を考慮して,設計で想定した対策工の品質を確保できるように,施工計画に基づき実施しなければならない.

【解 説】 補強用FRPによる既設部材の補修・補強の施工は,設計で想定した対策工の品質を確保できるように行う必要がある.対策工は,種々の材料を用いて行うため,施工に当たっては,使用材料の特性に応じた施工管理および品質管理を行わなければならない.なお,この節で定めていない施工に関する事項は,**表面保護工法設計施工指針（案）（コンクリートライブラリー119）,樹脂材料による複合技術の最先端（複合構造レポート06),FRP部材の接合および鋼とFRPの接着接合に関する先端技術（複合構造レポート09)**等を参考にすることができる.

補強用FRPを部材の表面に接着し補修・補強する場合の標準的な施工手順を,**解説 図 11.4.1**に示す.補強用FRPによる既設部材の補修・補強の施工方法は,使用するFRP材料の形態により,FRPシートを用いる場合の含浸工法とFRPプレートやFRPストランドシートを用いる接着工法の2種類に大別される.2者の主な違いは,FRPシートは施工時に含浸接着樹脂でFRP化と接着が同時に行われ,FRPプレートやFRPストランドシートはあらかじめ工場でFRP化された材料を搬入し,現場では接着作業のみ行われる点である.いずれの工法においても,補修・補強の効果が確実に発揮されるためには,施工計画に基づいた確実な施工が実施される必要がある.

解説 図 11.4.1には,FRPを接着補強する部分の標準的な施工手順について示したが,他の工種との関連

についても配慮した工程で施工を実施することが重要である．たとえば，道路橋コンクリート床版に対して橋面防水工と床版下面へのFRP接着補強を実施する場合，先行してFRPによる下面接着工事を実施した場合，橋面水が床版内部に滞水し劣化因子となるため，橋面防水を実施後，FRP下面接着を実施するなどである．また，積雪寒冷地等では，低温下において施工を実施する場合があるため，使用する材料の品質を確保するために施工環境に十分配慮する必要がある．この場合，使用する材料は，雪寒地域において材料の特性を発揮できるものを用いるか，加温など適切な養生を行なうなど適切な配慮をする必要である．

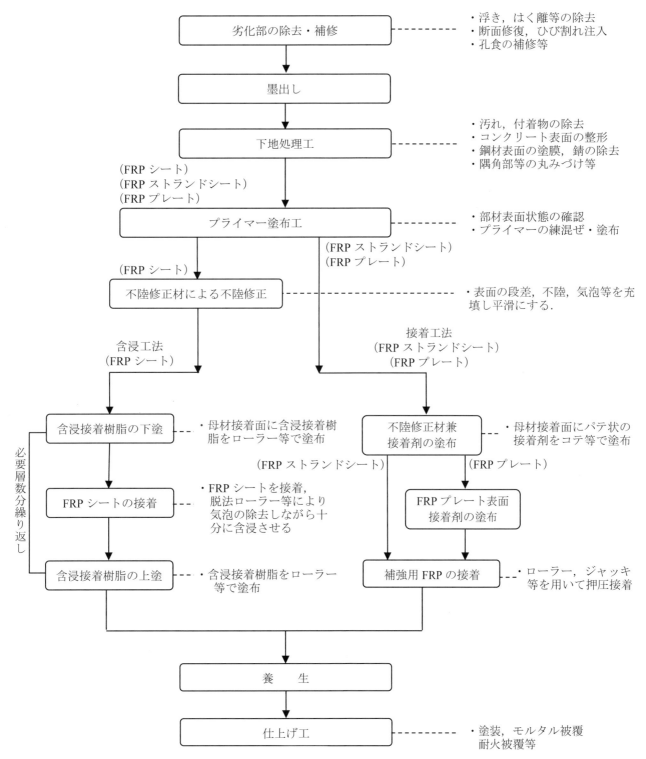

解説 図 11.4.1　補強用 FRP により補修・補強された部材の標準的な施工手順

11.4.2 劣化部の除去・補修

（1）部材の補修においては，適切な工法により劣化部の除去を行い，再劣化が起こらないようにしなければならない．

（2）部材表面の施工不良，著しい劣化，ひび割れ等は，適切に補修しなければならない．

【解　説】　（1）について　補強用 FRP により補修・補強された部材において，設計耐用期間にわたり設計の前提となる一体化性状による健全性を確保する必要があり，そのためには適切な方法で劣化予測を行い，必要な補修を実施するものとする．

劣化部の除去が不十分であると，補修材料の一体性が損なわれたり，劣化部に劣化因子が侵入し，再劣化を招くことがあるため，劣化部の除去を入念に実施することは対策工の有効性の観点から重要である．また，補修・補強の設計段階でも，劣化部の除去領域等をできるだけ正確に把握しておく必要がある．

コンクリート部材の補修には，ひび割れ補修工法，断面修復工法等がある．たとえば，断面修復工法において，多量の塩化物イオンが浸入したコンクリートの断面修復を行う場合，断面修復部と未修復部の間にマクロセルが形成され，未修復部の鋼材腐食が進行するマクロセル腐食に留意する必要がある．また，コンクリート中の鋼材近傍の塩化物イオンを除去もしくは低減する方法の一つとして脱塩工法がある．本工法は，コンクリート表面に電解質溶液と陽極材からなる外部電極を設置し，コンクリート中の鋼材を陰極として直流電流を一定期間通電し，電気泳動の原理でコンクリート中の塩化物イオンをコンクリート外に除去するものである．

鋼部材を補修する場合，下地処理を施した鋼材表面は，錆が発生しやすいため，下地処理後，すみやかにプライマーを塗布する．特に水分を介して炭素繊維と鋼材が接触すると，電食を起こす可能性があるため，炭素繊維と鋼材が直接接触しないように，プライマーをむらなく塗布する必要がある．また，鋼部材が海塩粒子の飛来，凍結防止剤の散布環境にある場合は，劣化部をケレンするとともに，水洗い等を行い塩分イオンの除去を行うのがよい．ただし，水洗い時には排出水による環境汚染対策に留意する必要がある．

（2）について　補強用 FRP とコンクリートの接着界面は，設計上必要な付着を確保する上で非常に重要である．このため適切な方法を用いてコンクリート表面の下地処理を行うものとする．下地処理にはケレン，断面修復，不陸修正等の作業があり，対象構造物の補修・補強目的に応じてコンクリート表面を所要の状態に確保する必要がある．

既設のコンクリート表面に豆板やひび割れ，スケーリング，漏水等の劣化部がある場合には補強用 FRP に問題がなくても，既設コンクリートの欠陥によって所要の性能を満足できなくなり補修・補強の効果が小さくなる．したがって，補強用 FRP を接着する前に，適切な方法を用いて，既設コンクリート面を補修するものとする．

11.4.3 下地処理

（1）コンクリート表面の脆弱部および突起や段差等の不陸は，はつり，または研磨により除去し，平坦にしなければならない．

（2）鋼材表面の旧塗膜，錆，突起や段差等はディスクサンダーやブラスト等により除去し，その後，有機溶剤を用いて表面を清掃し，油分や汚れのない状態にしなければならない．
（3）隅角部は，これと直行方向に補強用FRPを施工する場合，はつり，または研磨あるいは不陸修正材を用いて丸み付けをしなければならない．

【解　説】　（1）について　補強用FRPと既設コンクリート面の接着，一体性を確保するために，コンクリート面の脆弱部・油脂類・塵埃等を取り除き，障害となる突起や不陸は，はつり落とすか不陸修正材を用いて平坦にする必要がある．

コンクリート表面の劣化層は，ディスクサンダーやブラスト等で十分に除去・研磨を行い，表面のコンクリート打継部等の凸部は，コンクリートカンナやディスクサンダー等で削り平坦とする．また，ケレンにともなう研磨粉等は，ブロワーやウェス等で除去するか，集塵機で吸引し，コンクリート表面を汚れのない状態とする．

（2）について　鋼材表面の旧塗膜，錆等は，ディスクサンダー，ブラスト等により十分に除去する．特に錆処理方法等の指定がある場合には，これにしたがって施工し，所要の下地状態とする必要がある．補強材と鋼材の一体化のためには，鋼材表面の処理性状が重大な影響を及ぼす．平滑面の錆処理だけでなく，孔食した部分についても，孔の中に挿入可能な特殊形状のディスク等を用いて丹念に錆を除去する．孔は不陸修正材等を充填し平滑にすることが望ましい．

鋼材表面に油分等の汚れがあると，補修・補強材と鋼材の接着性に悪影響を及ぼすので，有機溶剤等を用いて鋼材表面を清掃し，接着に悪影響を及ぼす汚れのない状態にする必要がある．清掃後は，素手で触って皮脂を付着させることのないように，保護手袋の着用，表面の養生等の処置を行う．また，溶接線の余盛等の突部削除等の可否については，設計図書に従うものとする．また，ケレン後から次工程までの施工間隔が長時間空くと，施工面の戻り錆が懸念されるため，速やかに次工程に移るのがよい．

（3）について　既設部材表面の鋭角な突起や段差，柱の隅角部等は，応力集中によって補強用FRPの強度低下の要因となる可能性が大きい．したがって，突起や段差は削りとるか不陸修正材等によって平坦になるようにし，柱等の隅角部は，削り取るかモルタル塗りなどによって丸み付けする必要がある．**解説 図 11.4.2** に隅角部への処理例を示す．ただし，補強用FRPの種類によって，強度低下の度合いは異なるため，使用材料に応じた処置を施すものとする．

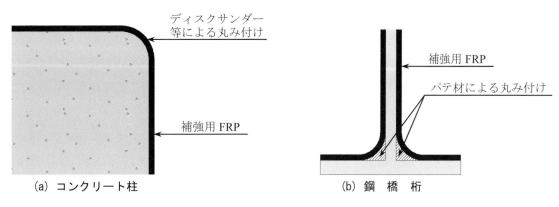

解説 図11.4.2　隅角部丸み付けの例

11.4.4 補強用 FRP の接着

補強用 FRP の接着は，所要の補修・補強性能を発揮できるよう施工しなければならない．確実な施工を達成するためには，施工の各段階で下記の事項に注意しなければならない．

（1）施工環境条件が適切であること．

（2）下地処理が適切になされていること．

（3）プライマーの混合と塗布が適切になされていること．

（4）不陸修正材の混合と塗布が適切になされていること．

（5）補強用 FRP は部材表面に密着し，正しい位置，方向に接着させること．

（6）含浸接着樹脂および接着剤は適切に混合，塗布，含浸すること．

（7）接着用樹脂材料の養生は，工程ごとに確実に行うこと．

【解　説】　（1）について　プライマーや不陸修正材，接着剤等の接着用樹脂材料は，その粘度，可使用時間，硬化時間等が，現場の雰囲気温度，部材の表面温度，湿度等の施工環境条件に影響を受ける．そのため，施工環境条件を適切な状態にすることが必要である．

各材料には施工時の気温に合わせて夏用，冬用，春秋用のタイプを揃えているメーカーもあり，施工条件によって選択する必要がある．エポキシ樹脂の場合，施工に適した環境条件は，温度 5℃以上，部材表面が乾燥した状態でかつ湿度 85%以下が適用範囲である．現場の雰囲気温度や部材表面温度が低い場合(5℃未満)には，施工現場の保温を行うか低温用プライマーおよび樹脂等を使用する必要がある．

炭素繊維プレートの切断に関しては，ディスクサンダー等で比較的容易に行うことができる．但し切断の際に導電性のある炭素繊維微粉末が飛散するので，保護マスク，保護めがね，保護手袋を着用するとともに，短絡防止のため電源や電気機器の近くでの作業は行ってはならない．また切断後，プレート表面は有機溶剤等でよく拭取る．

（2），（3）および（4）について　下地処理は，補修・補強の目的に応じた平坦性が確保されていなければならない．また，プライマーや不陸修正材は，所定の配合で正しく混合・撹拌する．一度に混合する量は，可使用時間内に使い切ることができる量とし，余った場合は適切に処分する必要がある．可使用時間は，材料の種類や混合量，温度等によって変動するので，施工条件に合わせて設定する必要がある．塗布されたプライマー，不陸修正材が指触硬化まで進み，埃や水分の付着がないことを目視，指触で確認する．プライマー，不陸修正材の硬化が進みすぎて表面の接着性に問題がある場合は，接着性を良くするため，サンドペーパー等で目荒らしを行う．また，コンクリート表面が十分に乾燥していない状態でプライマー，不陸修正材や接着剤を塗布すると樹脂材料の硬化不良や白化，補強用 FRP の膨れの原因となるので，コンクリート表面が十分に乾燥している状態で施工する必要がある．一般的に，現在市販されている高周波式モルタル・コンクリート水分計を用いて乾燥状態を確認する場合，コンクリート表面の含水率が 5%で以下であることを確認するのがよい．なお，コンクリート表面を十分乾燥させることが困難な場合には，湿潤面用プライマーの使用を検討してもよい．初期硬化までに結露等の水分が付着して白化が生じた場合には，当該部分を溶剤で拭き取るかサンドペーパーで除去する．

（5）について　補強用FRPは，一般に一方向異方性を有するので，設計図書等に基づき，正しい位置，方向に接着する必要がある．施工にあたっては，実構造物に合わせて，接着基準位置，継手位置，積層数を

明示した割り付け図を作成し，接着作業を適切に行うことができるようにする．割り付け図に基づき墨出しを行い，墨出し位置に沿って補強用FRPを正確に接着するものとする．

また，浮きやズレが発生した場合は，脱泡ローラー等で内部の空気を追い出し，樹脂塗布面に完全に付着させる．

（6）について　含浸接着樹脂および接着剤は，所定の配合で正しく混合・撹拌する．一度に混合する量は，可使用時間内に使い切ることができる量とし，余った場合は適切に処分する必要がある．可使用時間は，材料の種類や混合量，温度等によって変動するので，施工条件に合わせて設定する必要がある．

補強用 FRP に FRP シートを用いる場合は，含浸接着樹脂をシートに十分含浸させる必要がある．特に，継ぎ手部は繊維間・シート間に含浸接着樹脂が十分含浸され，一体となるように施工する必要がある．

FRP シートの接着後の浮き，膨れ，はがれ，たるみ，しわ等の不良個所や樹脂の含浸状態を目視あるいは打音検査等により確認し，必要に応じて補修を行うものとする．

補強用 FRP に FRP プレートを用いる場合は，孔食等の凹部分にも接着剤が埋まるよう，コテやヘラを使って接着剤をすり込む．次に FRP プレートに接着剤を山形になるよう十分塗布し，そのまま部材表面と FRP プレートの間に隙間や空気だまりが残らないように圧着する．その際，長手方向に概ね 1m 間隔で FRP プレートの中央部を押し込み，両側から均等に接着剤が押し出されるように接着する．この作業により接着剤内部の気泡や接着時に取り込まれた余分な空気を接着剤とともに追い出すことができる．両側に押し出された接着剤は，硬化する前にすみやかに除去する必要がある．方法としては，ゴムベラ，かわすき等を用いて，接着した FRP プレートを動かさないように，また下面の接着剤を取らないよう十分注意して行う．最終的な接着剤の厚みは接着部全長に渡り均一で，かつ接着剤の厚みが 1mm 程度となるようにする．また，接着面以外の部材表面や FRP プレートに付着した接着剤は有機溶剤等を含ませたウェスで拭き取る．なお，FRP プレートを多積層する場合は，事前に工場あるいは施工現場で必要な積層数を接着して一体化しておくと現場作業が簡略化できる，積層数によっては自重増加となるため，その場合はクランプ等を使って硬化するまで固定する必要がある．

FRP ストランドシートは，樹脂が含浸・硬化された FRP ストランドをシート状に加工したものである．補強用 FRP に FRP ストランドシートを用いる場合は，プライマー塗布，不陸修正の作業が不要となることもある．部材表面の凹部にはあらかじめ接着樹脂を充填した後に，樹脂が均一になるように平らに均し，FRP ストランドシートを設置後は，シート全面に渡ってストランドの隙間から接着樹脂がはみ出してくる程度に FRP ストランドシートを脱泡ローラー等で押し付ける．ただし，部材表面に不陸部が存在する場合は，脱泡ローラーで FRP ストランドシートを強く押し付けることで樹脂がストランド上面に移動して FRP ストランドシート下部に空洞ができる可能性があるため留意する必要がある．

（7）について　接着用樹脂材料の塗布においては，工程ごとに所定の硬化・乾燥状況を確認後，次の工程に移らなければならない．また，接着用樹脂材料が初期硬化するまでは，雨水や埃の付着を防止するとともに，気候の急変に影響を受けないよう，必要に応じてビニールシート等で覆うなどの措置を施すのがよい．

11.4.5　仕上げ工
補強用 FRP により補修・補強を行った表面は，耐候性，耐火性，耐衝撃性，美観等の要求性能を満たす

よう，適切な仕上げを行う必要がある．

【解　説】　仕上げに要求される性能には，以下のようなものがある．
　①紫外線劣化に対する抵抗性
　②耐衝撃性
　③耐火性
　④美観
　⑤照明効果
　⑥粗度
　仕上げには，耐候性や美観を考慮した塗装，表面保護，不燃被覆等がある．仕上げを行う場合は，補強用FRPとの接着性を確認して適切な仕上げ材料を選定する必要がある．コンクリート部材の仕上げ工としては，**解説 表**11.4.1に示すようなものが使用されている．なお，仕上げ工は，樹脂の初期硬化後に実施するのが一般的である．

　補強用FRPにアラミド繊維を使用する場合には，アラミド繊維が紫外線に長時間さらされると補強用FRPの強度が低下するので，紫外線を遮蔽する塗装を行う必要がある．また，炭素繊維を用いた場合でも，含浸接着樹脂が紫外線により劣化するので紫外線を遮蔽する塗装を行う必要があるため，設計耐用期間を考慮して仕上げ材の材料選定を行う必要がある．

解説 表11.4.1　コンクリート部材の仕上げ工

仕上げ工	適用目的	仕様例
塗装工	紫外線対策 美観対策	樹脂系塗装
表面保護工	紫外線対策 表面保護 外傷，衝突破損対策	モルタル吹付け 複合塗膜 モルタル吹付 モルタル塗布
不燃被覆工 耐火被覆工	不燃被覆 耐火被覆	モルタル塗布 耐火ボード貼り付け

　鋼材に炭素繊維材料を接着する場合，炭素繊維材料は黒色であり，日光の直射を受けると表面温度が上昇するため，コンクリートに接着した場合に比べ表面温度が上昇し易いので，日光の直射を受ける部位に接着した場合には，温度上昇を抑える塗料等の仕上げ材により表面温度の上昇を押さえ，接着剤の温度が適用範囲を超えないようにする．塗装・仕上げ材料の成分によっては補強用FRP表面に接着しづらいものがあるので，塗装・仕上げ材料と補強用FRPあるいは接着用樹脂材料との相性を十分調査し，材料を選定するとともに必要に応じて被着面に適切な目粗を施す．仕上げ工事の実施時期は樹脂の初期硬化後とする．

　また，既存塗料と補強用FRP施工部の境界部の耐久性が問題となり易いため，補強用FRPの境界部は**解説図**11.4.3の例のように適切に仕上げる必要がある．

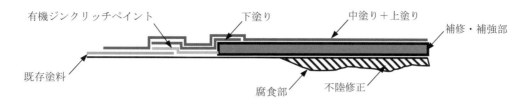

解説 図 11.4.3　鋼部材に補強用 FRP を接着した場合の境界部の仕上げの例

11.4.6　検　　査
11.4.6.1　材料の受入れ検査
（1）各使用材料は，施工前にその品質が所定のものであるかを，受け入れ時に検査しなければならない．
（2）検査の結果，その品質が適当でないと判断された場合には，材料の変更等の処置をとらなければならない．

【解　説】　補修・補強用材料は，それぞれの材料が所要の性能を有していることを予め検査する必要がある．使用材料の検査は，製造者の発行する品質保証書または試験成績書等により行う．

11.4.6.2　材料の保管状態の検査
（1）材料は，その品質を損なわないように，保管条件を満足する場所に保管しなければならない．
（2）検査の結果，保管状態が適切でないと判断誰された場合には，保管方法を改善しなければならない．

【解　説】　使用材料は，その品質を損なわないように，一般的には直射日光，火気，湿気，雨水等を避け，通風の良い場所で，所要の温度・湿度条件を確保して保管する．材料毎の注意事項については，**11.3　材料の取扱い**を参考にする．なお，樹脂類や有機溶剤の保管に関しては，関連する法令を遵守するものとする．

11.4.6.3　下地処理，プライマー塗布および不陸修正の検査
（1）下地処理等は，ケレンの範囲や程度，表面の平坦状況，隅角部の処理状況，プライマーの塗布状態，不陸修正状態を検査しなければならない．
（2）検査の結果，下地処理等の状態が適切でないと判断された場合には，それらの状態を改善しなければならない．

【解　説】　下地処理の検査にあたっては，対象構造物の補修・補強目的および現地の施工条件に適したものであることを確認するものとする．検査項目は，下地処理完了状況，表面の平坦性，隅角部の処理状況等がある．

11.4.6.4　施工中および施工後の補強用 FRP の検査

（1）施工中および施工完了後，各材料の使用数量の検査，出来高検査を行うとともに，接着状況を検査しなければならない．

（2）検査の結果，補強用 FRP の施工の状態が適切ではないと判断された場合には，それらの状態を改善しなければならない．

【解　説】　<u>（1）について</u>　施工における検査は，施工完了後のみでは，その品質が確認できない場合があるため，施工中においても適宜行うものとした．FRP シートおよび FRP ストランドシートの接着状況の検査は，施工の各段階で，接着用樹脂材料の塗布量，接着位置，浮き，はがれ，たるみ，しわ等不良の有無，継手長さ，および積層数等について，目視検査や打音検査等で確認する．

FRP プレートの接着状況の検査は，施工の各段階で接着用樹脂材料の塗布量，接着位置，FRP プレート同士および部材接着面との間の隙間の有無について目視検査や打音検査等で確認する．接着剤の厚みの管理方法として，たとえば事前に FRP プレートの接着面に所定の直径を持った番線を細かく切断したものを一定間隔で接着しておくなどの方法がある．

補強用 FRP について打音検査を行う場合は，いずれも施工直後ではなく，樹脂が硬化した翌日以降でないと空隙による音の違いは確認できない．空隙のある場合は，要求された性能が十分発揮されない恐れがあるので，この部分に樹脂を注入するか，接着し直すなどして所用の品質が確保できるよう適切な処置を行わなければならない．

施工後の品質管理として，接着試験を実施し，施工品質の検査を行うことが望ましい．接着試験は，施工現場に被着体としてコンクリート版または鋼板を準備し，施工現場にて施工部と同一仕様で施工を施し，養生した試験片にて実施する．コンクリート部材への接着は，JSCE-E545「**連続繊維シートとコンクリートとの接着試験方法（案）**」によるのがよい．鋼材への接着は，**付属資料 1「補強用 FRP の接着接合に用いる接着用樹脂材料と鋼材との接着試験方法（案）**」によるのがよい．

12章　補修・補強の記録・保存

12.1　一　般

補強用 FRP により補修・補強された構造物の維持管理を効果的に行うために，実施した調査，設計，施工に関する情報を適切に記録し，適切な方法により保存しなければならない．

【解　説】　補修・補強後の構造物の維持管理を効果的に行うためには，既設構造物の調査によって得た情報，実施した設計および施工に関する情報を適切に記録したうえで，適切な方法により保存しておく必要がある．また，補強用 FRP による補修・補強工法を選択した経緯についても記録しておくのがよい．記録および保存に関する一般的な事項は，**複合構造標準示方書［維持管理編］**によるものとする．

12.2　記録項目

補強用 FRP により補修・補強された構造物では，以下の事項を記録するものとする．
(a) 補修・補強の位置や保護層に関する情報
(b) 補修・補強の対象部位の表面状態に関する情報
(c) 施工時の現地の天候条件に関する情報

【解　説】　補強用 FRP を用いた補修・補強を実施した場合には，以下の情報を記録しておくことが重要である．

補強用 FRP は接着用樹脂材料で接着するが，対象部材の表面性状に影響を受けるため，接着箇所の表面状態（たとえば，ケレンされた状況や水分含有率等）を記録する．また，再補修・補強時の接着性を考慮し，接着剤の種類を記録するのがよい．

補強用 FRP は傷つきやすいため，塗装塗替え等の際，ケレン等により施工箇所を傷つけないよう，施工位置・範囲，保護層（塗装等）の有無等を記録する．

接合に用いる接着用樹脂材料の硬化時間は温度に依存するため，施工時の現地の天候条件（気温や湿度等）を記録する．

13章　補修・補強後の維持管理

13.1　一　　般

（1）補強用 FRP により補修・補強された構造物は，構造物が残存する設計供用期間を通じて目標とする性能を保持するように，適切に維持管理しなければならない．

（2）構造物の部材あるいは部位に部分的に補強用 FRP による補修・補強を適用した場合にも，構造物の全体を対象とした維持管理を適切に行わなければならない．

【解　説】　（1）について　一般に，補修・補強後は，構造物の目標とする性能が残存する設計供用期間，あるいは補修・補強の設計で定めた所定の設計耐用期間を通じて満足されなければならず，補修・補強の効果の継続性を確認することも必要となる．このため，補修・補強後の構造物の維持管理は重要であり，対策を施す前の維持管理計画を見直し，適用した補修・補強の状況も考慮した新たな計画を策定する．それとともに，策定した計画に基づき，適切な方法で構造物の診断（点検，劣化予測，評価および判定）およびその結果の記録，ならびに必要に応じた新たな対策の実施等を計画的に行わなければならない．

補修・補強後の点検では，補強用 FRP が既存構造物の表面に接着され，母材の一部もしくは全てが目視不可能になる場合がある．そのため，既存構造物の母材に対しても，間接的あるいは直接的に点検ができるような手段を検討する必要がある．場合によっては，モニタリング装置を設置することも有効な手段となる．

（2）について　一部の部材あるいは限られた部位に補修・補強を行った場合には，その適用によって，構造物や部位・部材への環境・荷重作用の度合いが部分的に変化する．その結果として，応力分布，コンクリート内部の水分の分布状態，物質移動特性，電気化学的バランス等が変化し，補修・補強を適用しない場合と異なる変状が生じる可能性もある．また，構造物の種類や環境・荷重条件によっては，補修・補強を適用しない部材あるいは部位に新たな変状が生じ，その変状の進展が構造物の全体としての性能低下の主要な要因となる可能性も考えられる．したがって，部材あるいは部位に補修・補強を適用した場合にも，単に補修・補強を適用した部材・部位のみに着目するのではなく，構造物の全体を対象とした維持管理を適切に行うことが重要である．

13.2　点検および評価

（1）点検は，要求性能とその劣化機構を考慮して，目視や機器を用いて行うことを原則とする．

（2）評価では，点検結果に基づいて要求される性能を評価して，その水準を満足しているかを確認するものとする．それとともに，対策の要否・種類を判断しなければならない．

【解　説】　（1）および（2）について　補強用 FRP に FRP シートおよび FRP ストランドシートや FRP プレートを用いて補修・補強した構造物における，補修・補強部分の劣化は，シートやプレートの劣化，樹脂の劣化，複合材料としての劣化（界面の劣化）および鋼・コンクリートとの接着あるいは密着程度の劣化

からなる．さらに，劣化要因は，単独のみならず複合した要因として作用する．これらの劣化機構の外観上の特徴には以下のものが挙げられる．

膨れ，はく離・浮き，膨潤・軟化，変色，白化，チョーキング，割れ，摩耗・エロージョン，ピンホール，外傷，変形，脆化，クレーズ

さらに，物性の変化として以下のものが挙げられる．

重量変化，容積変化，機械的性質の変化（硬度，鋼・コンクリートへの付着強度，引張強度，弾性係数，伸び等），物理的性質の変化（電気的性質，熱的性質，光学的性質等）

FRPシート，FRPストランドシートを用いて補修・補強した鋼・コンクリート構造物においては，シートがいくつかの外的劣化因子の侵入を遮断あるいは制限することが期待できる．そのため，塩害等の劣化に対して耐久性の向上が期待できる．しかし，一方で内的劣化因子を閉じ込めてしまう可能性もあるため，FRPシートおよびFRPストランドシート部分のみではなく，既存の母材部分の劣化機構を念頭に置いた点検も併せて実施する事が重要である．さらに，FRPシートおよびFRPストランドシートやFRPプレートにより鋼構造物へ補修・補強を施した場合には，既存の塗装部と補強材との境界で腐食が生じやすいことが知られている．そのため，そのような部位に関しては，点検時に鋼材腐食の有無を入念に確認することが必要である．

補修・補強後の劣化予測は，点検結果に基づいて既設構造物自体の材料の劣化や補修・補強に使用した材料および既設構造物との一体性の劣化を含めて，補修・補強後に特有の劣化過程を考慮の上，総合的に実施する必要がある．構造物の残存する設計供用期間あるいは補修・補強の設計で定めた所定の設計耐用期間内にもかかわらず，構造物に再変状が生じ，目標とする性能が維持されていないと評価され，何らかの再対策が必要と判断されることがある．その場合には，既存の補修・補強の範囲，工法・材料，仕様等，設計内容や施工方法等を再検討し，目標とする性能が維持されるよう，適切な対策を再度講じなければならない．

13.3 対 策

対策は，評価・判定結果に基づき，要求性能を満たすように行わなければならない．

【解 説】 補強用FRPの仕上げ工（保護層等）に対する軽微な劣化に対しては，点検強化や保護層や補強用FRPの補修を中心に対策を実施する．劣化機構の外観上の特徴や物性の変化の程度により適用範囲が異なるが，その方法には以下のものが挙げられる．

膨れ，はく離・浮き等：樹脂注入

割れ，摩耗・エロージョン等：パッチング

当初の設計時に想定していないような重度の劣化，あるいは広域に渡る劣化に対しては，再補修・補強を中心に行う．その際，既存の補強用FRPを全て撤去することを原則とする．さらには，再度，補修・補強計画を検討し直さなくてはならない．

参考文献

【6章】

1) 石川敏之，宮下剛：一軸引張を受ける CFRP 板接着鋼板に対する段差の設計法，土木学会論文集 A1（構造・地震工学），Vol.67，No.2，pp.351-359，2011.

2) 清水優，大倉慎也，石川敏之，服部篤史，河野広隆：鋼部材に接着された当て板のはく離によるエネルギー解放率，土木学会論文集 A2（応用力学），Vol.69，No.2（応用力学論文集 Vol.16），pp.I_701-I_710，2013.

3) 清水優，石川敏之，服部篤史，河野広隆：軸力を受ける当て板接着鋼板のはく離によるエネルギー解放率，土木学会論文集 A2（応用力学），Vol.70，No.2（応用力学論文集 Vol.17），pp.I_899-I_908，2015.

4) 坂本貴大，石川敏之：シングルラップ接着接合の理論解析とはく離によるエネルギー解放率，土木学会論文集 A2（応用力学），Vol.72，No.2（応用力学論文集 Vol.18），pp.I_653-I_662，2017.

5) 白井瑛人，北根安雄，石川敏之，伊藤義人：軸力が作用する CFRP 接着補修鋼板に対する CFRP 板のせん断変形を考慮した理論解析，構造工学論文集，Vol.61A，pp.798-807，2015.

【7章】

1) コンクリート委員会：連続繊維補強材を用いたコンクリート構造物の設計・施工指針（案），コンクリートライブラリー88，土木学会，1996.9

2) 松井繁之，板野次雅，鈴川研二，小林朗：鋼橋床版の炭素繊維シート補強におけるシート貼付け順序に関する一考察，第二回道路橋床版シンポジウム論文集，pp.89-94，2000.10

3) 白井瑛人，北根安雄，石川敏之，伊藤義人：軸力が作用する CFRP 接着補修鋼板に対する CFRP 板のせん断変形を考慮した理論解析，構造工学論文集，Vol.61A，pp.798-807，2015.3

4) 石川敏之，大倉一郎：複数の段差を有する CFRP 板接着鋼板の各 CFRP 板の必要接着長さと最適剛性，土木学会論文集 A，Vol.66，No.2，pp.368-377，2010.6

5) 石川敏之，宮下剛：一軸引張を受ける CFRP 板接着鋼板に対する段差の設計法，土木学会論文集 A1（構造・地震工学），Vol.67，No.2，pp.351-359，2011.7

【8章】

1) 奥山雄介，宮下剛，若林大，小出宜央，秀熊佑哉，堀本歴，長井正嗣：鋼橋桁端部腹板の腐食に対する CFRP を用いた補修工法の実験的研究，構造工学論文集 A，Vol.58，pp.710-720，2012.3

2) 奥山雄介，宮下剛，緒方辰男，藤野和雄，大垣賀津雄，秀熊佑哉，堀本歴，長井正嗣：鋼桁腹板の合理的な補修・補強方法の確立に向けた FRP 接着鋼板の一軸圧縮試験，構造工学論文集 A，Vol.57，pp.735-746，2011.3

3) 若林大，宮下剛，奥山雄介，秀熊佑哉，小林朗，小出宜央，堀本歴，長井正嗣：高伸度弾性パテ材を用いた炭素繊維シート接着による鋼桁補修設計法の提案，土木学会論文集 F4（建設マネジメント），Vol.71，No.1，pp.44-63，2015.4

4) 高速道路総合技術研究所：炭素繊維シートによる鋼構造物の補修・補強工法設計・施工マニュアル，2013.10

5) 森成道，松井繁之，若下藤紀，西川和廣：炭素繊維シートによる床版下面補強効果に関する研究，橋梁と基礎，pp.25-32，1995.3

6) 建設省土木研究所，炭素繊維補修補強工法技術研究会：コンクリート部材の補修・補強に関する共同研

究報告書（Ｉ）－炭素繊維シート接着工法によるコンクリート部材の補強効果に関する研究－，建設省
土木研究所共同研究報告書，整理番号第 220 号，1993.3

7) 表真也，三田村浩，渡辺忠朋，松井繁之：CFRP を用いた RC 床版の下面補強の疲労特性に関する研究，
構造工学論文集，Vol.57A，pp.1273-1285，2011.3

8) 建設省土木研究所，炭素繊維補修補強工法技術研究会：コンクリート部材の補修・補強に関する共同研
究報告書（Ⅲ）－炭素繊維シート接着工法によるコンクリート部材の補強効果に関する研究－，建設省
土木研究所共同研究報告書，整理番号第 235 号，1993.3

9) H.K.Chai：Improvement of RC slab fatigue durability by FRP sheet strengthening，大阪大学学位論文，2005.

10) 松井繁之：道路橋床版　設計施工と維持管理，森北出版，2007.

11) 小林朗，松井繁之：連続繊維シート接着により補強された道路橋 RC 床版の疲労寿命算定法に関する一検
討，構造工学論文集，Vol.61A，pp.1261-1271，2016.

12) 岩下健太郎，呉智深，石川隆司，濱口泰正，鈴木俊雄：連続繊維シート接着界面の疲労荷重下での付着
挙動に関する研究，日本複合材料学会誌，pp.24-32，2004.

13) 岩下健太郎，呉智深：疲労荷重下における FRP シートの付着剥離挙動に関する実験的研究，土木学会第
62 回年次学術講演会講演概要集，pp.12-13，2007.

14) （財）鉄道総合研究所：炭素繊維シートによる鉄道高架橋柱の耐震補強工法設計・施工指針(付属資料 7)，
1996.7

15) （財）鉄道総合研究所：アラミド繊維シートによる鉄道高架橋柱の耐震補強工法設計・施工指針（付属
資料 7），1996.11

16) アラミド補強研究会：アラミド繊維シートによる鉄筋コンクリート橋脚の補強工法設計・施工要領（案）
（付属資料 6），1997.8

17) 増川淳二，秋山暉，斎藤宗：炭素繊維シートとアラミド繊維シートによる既存 RC 橋脚の耐震補強，新
素材のコンクリート構造物への利用シンポジウム論文報告集，pp.193-198，1996.11

18) 長田光司，大野晋也，山口隆裕，池田尚治：炭素繊維シートで補強した鉄筋コンクリート橋脚の耐震性
能，コンクリート工学論文集，pp.189-203，1997.1

19) 袴田文雄：壁式橋脚の RC 耐震補強および CFRP による RC 耐震補強の実験と解析，コンクリート構造物
の耐震技術に関するシンポジウム論文報告集，1994.4

20) 大野了，大内一：炭素繊維による RC 橋脚の耐震補強に関する実験的検討，土木学会第 51 回年次学術講
演会論文概要集，第 5 部，pp.950-951，1996.9

21) 勝木太，丸山久一，睦好宏史，樋口昇：連続繊維シートで補強された部材のじん性率照査式に関する検
討，コンクリート工学年次論文報告集，Vol.22，No.3，pp.1527-1542，2000.7

付属資料1：補強用 FRP の接着接合に用いる接着用樹脂材料と鋼材との接着試験方法（案）

Test method for direct pull-off strength of resins for fiber reinforced polymers

strengthening on steel

1. **適用範囲**　この試験方法（案）は，鋼部材の補修・補強に用いられる補強用 FRP の接着接合に用いる接着用樹脂材料（以下，接着用樹脂材料と記す）と鋼材の接着試験方法について規定する．

2. **引用規格**　次に掲げる規格は，この基準に引用されることによって，この基準の規定の一部を構成する．これらの引用規格はその最新版を適用する．

> JSCE-E 541　連続繊維シートの引張試験方法（案）
>
> JIS Z 8401　数値の丸め方

3. **定義**　この基準で用いる主な用語の定義は，土木学会「FRP 接着による構造物の補修・補強指針（案）」および JSCE-E 541 によるほか，次のとおりとする．

　a) **鋼製治具**　加力装置を接続して引張力を加えるための鋼製の治具，鋼材表面に貼付けする接着剤を用いて貼り付ける．接着面の形状は正方形とする．接着面の寸法は載荷装置の能力や載荷時の供試体変形による影響を考慮して決定する．

　b) **接着強度**　最大荷重を鋼製治具の接着面の断面積で除した値

4. **供試体**

　4.1　**供試体**　供試体は 4.3 に示す方法により接着用樹脂材料が塗布された鋼板とする．供試体の厚さは載荷時の供試体変形による影響を考慮して決定する．

　4.2　**鋼材の品質**　供試体作製に用いる鋼板は，実際の補修・補強対象の鋼材と同じ品質あるいは同等強度のものを用いて作製するものとする．

　4.3　**供試体の作製**　供試体の作製方法は以下のとおりとする．

　4.3.1　**鋼材の下地処理**　接着用樹脂材料を塗布する鋼材の下地処理は，実際の補修・補強の対象となる部材に施すのと同等の処理をするものとする．また，特に下地処理の方法が規定されていない場合には，以下の手順に従って処理するものとする．

　a) ディスクサンダーなどで鋼材の表面をケレン処理し，黒皮，腐食や汚れを取り除く．

　b) 鋼材表面の鉄粉や埃をウェスなどで取り除く．また，表面に油脂分が付着している場合にはアセトンなどで拭き取る．

　4.3.2　**接着用樹脂材料の塗布**

　a) プライマー，不陸修正材，接着剤，含浸接着樹脂等の接着用樹脂材料を塗布する．

　b) 所定の養生を行い，供試体とする．

　4.4　**鋼製治具の取付けおよび切込み処理**

　a) 3. a)に示す鋼製治具を用いる．

　b) 鋼製治具の取付け位置は，**図 1.1** に示すように，鋼材端部からの距離や鋼製治具間の距離を考慮して定める．鋼製治具の接着を良くするために，鋼製治具の接着面および鋼製治具を接着する供試体表面を

サンドペーパーなどを用いて目荒らしする．

c）鋼製治具の接着面に鋼製治具取付用の接着剤を塗布し，供試体面に静かに取り付けた後，鋼製治具に適切なおもりを載せたり，粘着力があるテープ等で剥がれないように静置する．鋼製治具の取付は，接着用樹脂材料と同等以上の鋼材との接着強度を有する接着剤を使用するものとし，接着用樹脂材料を使用してもよい．

d）接着剤の養生後，おもり等を取り除き，鉄用カッターなどを用いて，鋼製治具の周囲に沿って切りこみを入れる．

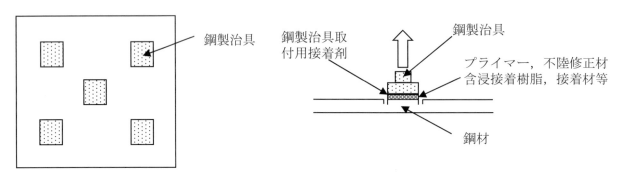

図 1.1　供試体と鋼製治具の取付け

4.5　試験数　試験数は，試験の目的に応じて適切に定めるものとする．ただし，1供試体に対して5個以上とする．

5.　試験機　接着試験に用いる試験機は，最大荷重以上の載荷能力を有し，最大荷重が測定できる指示装置を備えているものとする．

6.　試験方法

6.1　試験機の取付け　鋼製治具が鋼材面に対して垂直に加力されるように，取り付けるものとする．

6.2　載荷速度　載荷速度は，2.5〜5.0kN/min の範囲で，一定速度とする．

6.3　試験温度　試験温度は 20±5℃とする．ただし，供試体が温度変化に敏感でない場合は 5〜35℃の範囲で行ってもよい．また，特別な施工条件や使用環境に用いる場合には，その条件および使用環境を考慮して試験温度を定めることとする．

6.4　試験の範囲　鋼製治具が引きはがされるまでとする．

7.　試験結果の整理

7.1　データの取扱い　鋼製治具と鋼製治具取付用接着剤で剥離した場合，および鋼製治具取付用接着剤と接着用樹脂材料で剥離した場合にはその結果を破棄し，あらかじめ取り付けた別の鋼製治具の箇所で試験を行い，所要の試験数が得られるまで試験を行う．

7.2　接着強度　接着強度 f_{au} は，式（1）により計算し，JIS Z 8401 によって有効数字3けたに丸める．

$$f_{au} = \frac{F_{au}}{A_s} \tag{1}$$

ここに，f_{au}：接着強度（N/mm^2）

F_{au}：最大荷重（N）

A_s：鋼製治具の面積（mm^2）

7.3 破壊形式による分類 供試体の破壊形式は，表7.1に従い分類する．

鋼製治具に接着用樹脂材料が付着したまま引きはがされる破壊形式を「接着用樹脂材料の界面破壊」とし，鋼製治具及び鋼板の両方に接着用樹脂材料が付着した破壊形式を「接着用樹脂材料の凝集破壊」とする．

表 7.1 破壊形式による分類

記号	破壊形式
IF	界面破壊
CF	凝集破壊

8. 報告 報告は次の事項について行う．

a) 接着用樹脂材料の種類

b) 鋼材の種類

c) 供試体の作製年月日，作製方法

d) 試験年月日と試験数

e) 各試験位置の鋼製治具の形状寸法および接着面積

f) 各試験位置の最大引張荷重およびそれらの平均値

g) 各試験位置の接着強度およびそれらの平均値

h) 各試験位置の破壊形式

i) その他特記すべき事項

【解　説】 鋼製治具及び鋼板の寸法について　FRP接着に用いられている樹脂類の接着強度は極めて高く，コンクリートとの接着試験に用いられている鋼製治具（40mm×40mm等）やコンクリート用の簡易型接着試験装置を用いて本接着試験を実施した場合，載荷装置の能力を超過したり，鋼板の変形により正しい接着強度が得られない場合がある．そのため，本試験を実施する場合はあらかじめ樹脂類の引張強度を参考とし，想定作用荷重に対して対応可能な載荷装置および十分な厚さを有した鋼板を選択する必要がある．

なお，これまでの本試験実施事例によると，解説 表1の組み合わせによって評価された結果が報告されているので参考にするとよい．

解説 表1　鋼製治具寸法と供試体鋼板厚さの組み合わせ（例）

鋼製治具接着面寸法（mm）	供試体鋼板厚さ（mm）
15×15	9.0
20×20	12.0
40×40	16.0

付属資料2：鋼板と当て板の接着接合部における強度の評価方法（案）

Evaluation method for strength of bonding joint between steel plate and patch plate

1. **適用範囲** この評価方法（案）は，鋼材と補強用 FRP あるいは鋼材同士の接着接合部の強度の評価方法について規定する．

2. **引用規格** 次の規格は，この基準に引用されることによって，この基準の規定の一部を構成する．この引用規格はその最新版を適用する．

   JIS Z 8401 数値の丸め方

3. **定義** この基準で用いる主な用語の定義は，土木学会「FRP 接着による構造物の補修・補強指針（案）」によるほか，次のとおりとする．

 a) **当て板** 接着用樹脂材料により鋼部材に接着される，補強用 FRP あるいは補修・補強に用いる鋼板の総称．

 b) **破壊時荷重** 接着接合部の破壊と判定した時の荷重．破壊の判定は，各試験法により規定される．

 c) **ひずみ変化点** 接着接合部の破壊を判定するための指標であり，供試体の各部位に設置されたひずみゲージのひずみの変化から破壊時荷重を推定する．ひずみ変化点は各試験法により規定される．

 d) **接着接合部のエネルギー解放率** はく離が微小面積だけ増加するときの鋼板と当て板のひずみエネルギーの変化量として定義され，式（7.1）～（7.4）により計算される値．

 e) **接着接合部の主応力** 接着用樹脂材料の主応力の限界値，各試験法に応じて式（7.6）～（7.13）により計算される，せん断応力，垂直応力を用いて，式（7.5）より計算される値．

4. **供試体**

4.1 **供試体の設計と試験方法の選択** 供試体は，厚さ 9mm 以上，幅 50mm 以上の鋼板に，当て板を 4.3 に示す方法により接着用樹脂材料を用いて接着するものとする．試験方法は，評価対象の作用，破壊が想定される接着用樹脂材料の応力状態や接着剤に生じる垂直応力σ_{ye}，せん断応力τ_e の応力比（σ_{ye}/τ_e）に応じて，表 4.1 に示すように，4 つの試験の中から選択するものとする．

表 4.1 供試体と評価方法の分類

試験法	試験名	作用	応力比σ_{ye}/τ_e
A	片面に当て板が接着された鋼板の曲げ試験	曲げモーメント	0.70～4.26
B	ダブルストラップ接合部の引張試験	引張力	-0.30～-0.21
C	両面に当て板が接着された鋼板の引張試験	引張力	0.44～0.80
D	シングルラップ接合部の引張試験	引張力・付加曲げモーメント	0.60～1.24

試験法 A 片面に当て板が接着された鋼板の曲げ試験（Single Patch - Bending） 図 4.1(a)に示すように，曲げモーメントを受ける部材において，当て板端部から破壊が生じる場合に，当て板端部における接着用樹脂材料の最大主応力，エネルギー解放率を評価するための試験方法である．供試体は，鋼板の片面に当て板を接着したものである．鋼板の一端を完全固定とした片持ちはりの自由端に集中荷重を，当て板端部の接着接合部が破壊するまで作用させて試験を行う．供試体は，鋼板の固定端が弾性範囲内で，当て板端部の接着接合部が破壊するように設計しなければならない．

試験法 B ダブルストラップ接合部の引張試験 (Double Strap - Tensile)　図 4.1(b)に示すように，鋼板同士の突合わせ部が当て板で接着され，引張力を受ける場合に，突合わせ部の接着用樹脂材料の破壊，接合強度，エネルギー解放率を評価するための試験方法である．供試体は，鋼板同士を突合わせ，その両面に当て板を接着したものである．供試体の両端をつかみ，引張力を，突合せ部の接着接合部が破壊するまで作用させて試験を行う．供試体は，鋼板の一般部（当て板を接着しない部分）が弾性範囲内で，当て板端部の接着接合部が先行して破壊しないように設計しなければならない．

試験法 C 両面に当て板が接着された鋼板の引張試験 (Double Patch - Tensile)　図 4.1(c)に示すように，鋼板の両面に当て板が接着され，引張力を受ける場合に，当て板端部の接着用樹脂材料の破壊，接合強度，エネルギー解放率を評価するための試験方法である．供試体は，鋼板の両面に当て板を接着したものである．供試体の両端を試験機でつかみ，引張力を，当て板端部の接着接合部が破壊するまで作用させて試験を行う．鋼板の一般部（当て板を接着しない部分）が弾性範囲内で，当て板端部の接着接合部が破壊するように設計しなければならない．

試験法 D シングルラップ接合部の引張試験 (Single Lap - Tensile)　図 4.1(d)に示すように，同じ長さの鋼板の片面同士が接着され，引張力を受ける場合に，鋼板端部の接着用樹脂材料の破壊，接合強度，エネルギー解放率を評価するための試験方法である．供試体は，同じ長さの鋼板の片面同士を接着したものである．供試体の両端をつかみ，引張力を破壊まで作用させて試験を行う．セットアップは，偏心が生じないようにフィラープレートを用いるものとする．鋼板の一般部が弾性範囲内で，鋼板端部の接着接合部が破壊するように設計しなければならない．鋼板の厚さが薄いと幾何学的な非線形性の影響が生じるため，この試験法での鋼板の厚さは 9mm 以上で，鋼板同士の接合に適用することを原則とする．

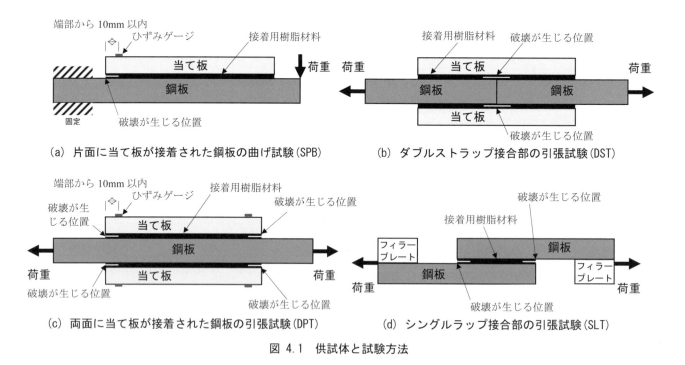

図 4.1　供試体と試験方法

4.2 供試体の材料の品質　供試体の作製に用いる材料の品質は，評価対象と同等とすることを原則とし，以下のとおりとする．

a) 鋼板は，評価対象と同じ品質（強度，厚さ等）とすることを原則とするが，破壊形式が鋼材の降伏と

なる場合，鋼板の強度，厚さを適切に変更してもよい．供試体の弾性範囲内で接着接合部の破壊を評価する必要があるため，一般に，鋼板には降伏強度の高い鋼種を選定するのがよい．鋼板の表面粗さは，評価対象と同等とする．

b) 当て板は，評価対象と同じ品質（材質，強度，厚さ等）とすることを原則とするが，接着接合部の適切な特性値を得るために，当て板の品質（材質，強度，厚さ等）を変更してもよい．供試体の弾性範囲内で接着接合部の破壊を評価する必要があるため，一般に，鋼当て板の剛性を大きくとる（板厚を厚くする）のがよい．当て板の表面粗さは，評価対象と同等とする．

c) 接着用樹脂材料は，評価対象と同じ材料，品質にしなければならない．接着用樹脂材料の厚さは，評価対象の厚さと同じにしなければならない．

4.3 供試体の作製 供試体の作製方法は以下のとおりとする．

4.3.1 鋼材の下地処理 鋼材の下地処理は，評価対象の鋼材に施す場合と同等の処理とする．なお，下地処理の方法が特に規定されていない場合，以下の手順にしたがうものとする．

a) ディスクサンダーなどを用いて，鋼板の表面をケレンし，黒皮，錆や汚れなどを取り除く．

b) ケレン後の鋼板および当て板の表面は，アセトンなどの有機溶剤で清掃する．

4.3.2 接着用樹脂材料による接着 鋼板（被着体）と当て板との接合材料による接着は，以下の手順で行うものとする．

a) 含浸接着樹脂，接着剤等の接着用樹脂材料を塗布し，鋼板（被着体）と当て板を接着する．接着用樹脂材料の厚さは，設計で想定する厚さを確保する．例えば，設計厚さと同じ寸法の番線またはガラスビーズを挟み込んで管理することができる．接着用樹脂材料の厚さは，マイクロメータを用いて，供試体の全体の厚さから予め測定された鋼板，当て板の厚さを差し引くことで求めてよい．

b) 所定の養生を行い，接着用樹脂材料を硬化させる．

c) 当て板の端部あるいははみ出た接着用樹脂材料は，切削工具を用いて除去し，仕上げて，供試体とする．

4.4 試験数 試験数は，試験の目的に応じて適切に定めるものとする．ただし，1つの供試体に対して3個以上とする．

5. 試験機 接着試験に用いる試験機は，破壊時荷重以上の載荷能力を有し，破壊時荷重が測定できる指示装置を備えているものとする．当て板のひずみを測定する場合，その変化は数十×10^{-6}程度であるため，$1×10^{-6}$の分解能を有するひずみ計測装置を用いなければならない．また，試験法 B，D では，最大荷重時に破壊が急激に進行し，脆性的な挙動を示すことがあるため，荷重あるいはひずみを精度よく記録できる計測装置を用いなければならない．

6. 試験方法

6.1 試験機の取付け 供試体に偏心が生じないように，試験機に適切に取り付けるものとする．補強用FRPを試験機でつかむ場合，つかみ部からの破壊を防止するために，タブを取り付けて補強するのがよい．

6.2 載荷速度 載荷速度は，破壊まで一定とし，変位制御を原則とする．接着用樹脂材料は粘弾性の性質があり，強度には速度依存性があるため，載荷速度は，評価対象の破壊現象と破壊に至るまでの時間を想定して，適切に定めるのがよい．特に定めがない場合，載荷開始から破壊までの時間は1〜2分としてよい．

6.3 載荷と計測 計測装置を用いて，載荷試験中に，荷重，ひずみを測定し，必要に応じて，最大荷重，対象部位のひずみの絶対値が最大となる時の荷重，あるいはひずみがゼロとなる時の荷重を記録する．

6.4 破壊の判定と破壊時荷重の評価　試験法に応じて適切に破壊を判定し，破壊時荷重を評価して，記録する．破壊時荷重は，各試験法において，破壊と判定された時の荷重である．各試験法における破壊時荷重は，表 6.1 のように規定される．破壊時荷重は，①最大荷重，②ひずみ変化点により判別される．

表 6.1　各試験法における破壊時荷重の判定

試験法	試験名	①最大荷重	②ひずみ変化点 当て板端部	鋼板端部	突合せ端部
A	片面に当て板が接着された鋼板の曲げ試験		○		
B	ダブルストラップ接合部の引張試験	○	○		○
C	両面に当て板が接着された鋼板の引張試験		○		
D	シングルラップ接合部の引張試験	○	○	○	

①最大荷重　載荷試験によって計測された荷重の最大値で評価する．破壊が最大荷重によって規定される試験法のみに有効である．

②ひずみ変化点　表 6.1 に示したように，各部位に設置したひずみゲージの計測値から判定する．図 6.1 に，破壊時荷重とひずみ変化の概念図を示す．ひずみ変化点は，破壊時荷重が最大荷重で評価できない場合に，破壊の判定に有効な手法である．ひずみゲージを設置した各部位において，(ⅰ)ひずみの絶対値の最大点，(ⅱ)ひずみの値がゼロとなる点で評価され，その時点での荷重を破壊時荷重と規定する．機械的性質に基づくひずみの変化点の解釈は次のとおりであり，評価対象に応じて適切に選択する．

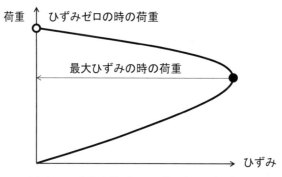

図 6.1　破壊時荷重とひずみ変化の概念図

(ⅰ)ひずみの絶対値の最大点では，接着用樹脂材料の塑性化や軟化，あるいは局所的な破壊がひずみ値の低下として現れると考えられている．完全な破壊ではないため，破壊時荷重は，ひずみの値がゼロとなる点の場合に比べて，若干小さく評価され，弾性限界度としても取り扱われる．一般に，充填剤が混合された弾性係数の高いエポキシ樹脂接着剤では，粘り強さが小さく，脆性的な挙動を示す傾向にあるため，ひずみの値がピークに達した後，急激に低下する挙動がみられる．このような脆性的な挙動を示す接着剤では，ひずみの絶対値の最大点で評価するのがよい．

(ⅱ)ひずみの値がゼロになる点では，接着接合部に破壊が生じて，着目部位のひずみが解放され，ひずみがゼロになると考えられている．この評価法では，完全な破壊と判定される．一般に，樹脂そのものの比率が高い接着用樹脂材料や弾性係数の低い接着用樹脂材料では，部分的な塑性化や破壊が徐々に進展して，粘り強い挙動を示す場合がある．このような接着用樹脂材料では，ひずみがゼロとなる点で評価するのがよい．

以下に，各試験法における破壊の判定方法を示す．

試験法 A 片面に当て板が接着された鋼板の曲げ試験（Single Patch – Bending）　試験法 A では，一般に最大荷重が明瞭ではないため，当て板端部近傍（当て板端部から 10mm 以内）の軸方向に配置したひずみゲージよりひずみの変化から推定する．当て板端部のひずみの変化は小さいため，ひずみを精度よく計測する必要がある．

試験法 B ダブルストラップ接合部の引張試験（Double Strap – Tensile）　試験法 B では，一般に最大荷重時に破壊が生じるため，最大荷重で破壊を評価してよい．最大荷重で破壊が判定できない場合，突合せ部近傍（突合せ部から 10mm 以内）に軸方向に配置したひずみゲージより計測されたひずみの変化から推定することができる．破壊は，一般に脆性的であり，急に発生する場合があるため，荷重あるいはひずみの最大値を十分な精度で測定する必要がある．

試験法 C 両面に当て板が接着された鋼板の引張試験（Double Patch – Tensile）　試験法 C では，一般に最大荷重が明瞭ではないため，破壊の判定は，当て板端部近傍（当て板端部から 10mm 以内）の軸方向に配置したひずみゲージよりひずみの変化から推定する．当て板端部のひずみの変化は小さいため，ひずみを精度よく計測する必要がある．この試験法では，破壊は 4 箇所で生じる可能性があるため，4 箇所の当て板端部にひずみゲージを設置するか，片側をクランプすることで破壊を防止して，2 箇所の当て板端部にひずみゲージを設置する．

試験法 D シングルラップ接合部の引張試験（Single Lap – Tensile）　試験法 D では，一般に最大荷重時に破壊が生じるので，最大荷重で破壊を評価してよい．最大荷重時に破壊が判定できない場合，破壊は，鋼板端部近傍（端部から 10mm 以内）に軸方向に配置したひずみゲージより計測されたひずみの変化から推定することができる．破壊は，一般に脆性的であり，急に発生する場合があるため，荷重あるいはひずみの最大値を十分な精度で測定する必要がある．また，破壊時荷重における鋼板端部の曲げモーメントを正確に推定する必要があるため，鋼板の一般部に複数のひずみゲージを設置して，鋼板端部の曲げモーメントを外挿によって推定するのがよい．

6.5　試験温度　試験温度は 20±5℃とする．ただし，供試体が温度変化に敏感でない場合は 5〜35℃の範囲で行ってもよい．また，特別な施工条件や使用環境に用いる場合には，その条件および使用環境を考慮して試験温度を定める．

6.6　試験の範囲　接着接合部が破壊するまでとする．

7.　試験結果の整理

7.1　データの取扱い　試験は，所要の試験数が得られるまで行う．

7.2　破壊時荷重　破壊時荷重は，6.4 で述べたように，各試験法において，破壊と判定された時の荷重である．各試験法によって求められた破壊時荷重を用いて，**7.3　接着接合部のエネルギー解放率**，**7.4　接着接合部の主応力**を算定する．

7.3　接着接合部のエネルギー解放率

（i）曲げモーメントを受ける場合（試験法 A），当て板の端部における接着用樹脂材料のエネルギー解放率 G_{Me} は，式（7.1）により計算し，JIS Z 8401 によって有効数字 3 けたに丸める．**図 7.1** に，試験法 A における供試体の概念図と曲げモーメント図を示す．

$$G_{Me} = \frac{1}{2 b_f E_s} \left(\frac{1}{I_s} - \frac{1}{I_v} \right) M_e^{\,2} \tag{7.1}$$

ここに，　G_{Me}　：当て板の端部における接着用樹脂材料のエネルギー解放率（N/mm）

E_s, E_f ：それぞれ鋼板および当て板のヤング係数（N/mm^2）

I_s, I_f ：それぞれ鋼板および当て板の断面二次モーメント（mm^4）

I_v ：鋼板と当て板の鋼換算断面二次モーメント（mm^4）

$$I_v = I_s + \frac{E_f}{E_s}I_f + \frac{E_f}{E_s}\frac{A_s A_f}{A_v}\left(\frac{t_s}{2}+\frac{t_f}{2}+h\right)^2$$

A_s, A_f ：それぞれ鋼板および当て板の断面積（mm^2）

A_v ：鋼板と当て板の鋼換算断面積（mm^2）

b_f ：当て板の接着幅（mm）

t_s, t_f ：それぞれ鋼板および当て板の厚さ（mm）

h ：接着用樹脂材料の厚さ（mm）

M_e ：破壊時荷重において当て板の端部に生じる曲げモーメント（N・mm），$M_e = Pl_e$

l_e ：荷重の載荷位置から破壊が生じる当て板端部までの距離（mm）

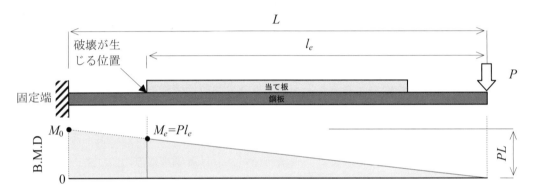

図 7.1 試験法 A における供試体の概念図と曲げモーメント図

（ii）軸力を受ける場合（試験法 B，C），当て板の端部と部材の切断位置における，接着接合部のエネルギー解放率 G_{Ne}，G_{No} は，式（7.2），（7.3）によりそれぞれ計算し，JIS Z 8401 によって有効数字 3 けたに丸める．

$$G_{Ne} = \frac{1-\xi_0}{4b_f E_s A_s}P^2 \tag{7.2}$$

$$G_{No} = \frac{\xi_0^2}{4b_f E_s A_s (1-\xi_0)}P^2 \tag{7.3}$$

ここに，　G_{Ne} ：当て板の端部における接着用樹脂材料のエネルギー解放率（N/mm）

G_{No} ：鋼板の切断位置における接着用樹脂材料のエネルギー解放率（N/mm）

ξ_0 ：$\dfrac{1}{1+2E_f A_f/(E_s A_s)}$ で与えられる剛性比

E_s ：鋼板のヤング係数（N/mm^2）

E_f ：当て板のヤング係数（N/mm^2）

b_f ：当て板の接着幅（mm）

A_s ：鋼板の断面積（mm^2）

A_f ：当て板の断面積（mm^2）

P ：破壊時荷重（軸方向力）（N）

（iii）引張力と付加曲げモーメントを受ける場合（試験法 D），鋼板あるいは当て板の端部における接着用樹脂材料のエネルギー解放率は，式 (7.4) により計算し，JIS Z 8401 によって有効数字 3 けたに丸める．**図 7.2** に，試験法 D における供試体の概念図と曲げモーメント図を示す．

$$G_{Se} = \frac{1}{2b_s E_s}\left\{\left(\frac{M_{cr}^2}{I_s} - \frac{M'^2_{cr}}{I_v}\right) + \left(\frac{1}{A_s} - \frac{1}{A_v}\right)P^2\right\} \tag{7.4}$$

ここに， G_{Se} ：鋼板端部における接着用樹脂材料のエネルギー解放率（N/mm），2 箇所の鋼板端部のうち，小さい方の値を採用する．

M_{cr} ：破壊時荷重において破壊が生じる鋼板端部に作用する曲げモーメント（N・mm），2 箇所の鋼板端部の曲げモーメント M_{cr1}, M_{cr2} のうち，小さい方の値を採用する．

$$M_{cr1} = -P\frac{al_1}{L}, \quad M_{cr2} = -P\frac{al_2}{L}$$

M'_{cr} ：破壊時荷重において破壊が生じる鋼板端部に作用する曲げモーメント（合成断面部）（N・mm），2 箇所の鋼板端部の曲げモーメント M'_{cr1}, M'_{cr2} のうち，小さい方の値を採用する．

$$M'_{cr1} = M_{cr1} + P\frac{(t_1+h)}{2}, \quad M'_{cr2} = M_{cr2} + P\frac{(t_2+h)}{2}$$

E_s ：鋼板のヤング係数（N/mm²）

I_s ：鋼板の断面二次モーメント（mm⁴）

I_v ：上下の鋼板の断面二次モーメント（mm⁴），$I_v = b_s(t_1+t_2)^3/12$

b_s ：鋼板の幅（mm）

A_v ：接着部の合成断面の断面積（mm²），$A_v = 2A_s$

l_1 ：下側の鋼板において，曲げモーメントがゼロの位置から接着端部までの距離（mm）

l_2 ：上側の鋼板において，曲げモーメントがゼロの位置から接着端部までの距離（mm）

l_1, l_2 は，鋼板の 2 箇所に設置した上下面のひずみゲージの値（曲げひずみ）を用いて，その位置の曲げモーメント M_a, M_b を計算して，曲げモーメントがゼロとなる位置を外挿によって求めることで算定する．

t_1, t_2 ：それぞれ下側の鋼板の厚さ，上側の鋼板の厚さ（mm）

h ：接着用樹脂材料の厚さ（mm）

a ：上下の鋼板の図心間距離（mm），$a = t_1/2 + h + t_2/2$

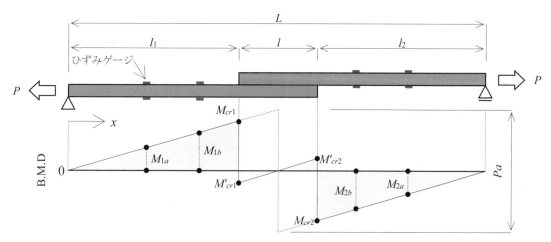

図 7.2　試験法 D における供試体の概念図と曲げモーメント図

7.4 接着接合部の主応力

接着接合部の主応力は，式（7.5）により計算し，JIS Z 8401 によって有効数字 3 けたに丸める．

$$\sigma_{pe} = \frac{\sigma_{ye}}{2} + \sqrt{\left(\frac{\sigma_{ye}}{2}\right)^2 + \tau_e^2} \tag{7.5}$$

ここに，　τ_e　：破壊時荷重において接着用樹脂材料に生じるせん断応力（N/mm²）

　　　　　σ_{ye}　：破壊時荷重において接着用樹脂材料に生じる垂直応力（N/mm²）

　　　　　σ_{pe}　：破壊時荷重において接着用樹脂材料に生じる主応力（N/mm²）

これは，破壊時荷重における接着用樹脂材料の主応力であり，せん断応力，垂直応力は，試験方法に応じて，式（7.6）〜（7.13）によりそれぞれ以下のように計算する．

（i）曲げモーメントを受ける場合（試験法 A），当て板の端部における接着用樹脂材料のせん断応力 τ_{eMe}，垂直応力 σ_{yeMe} は，式（7.6），（7.7）により計算し，JIS Z 8401 によって有効数字 3 けたに丸める．

$$\tau_{eMe} = \kappa \frac{c_b K}{a b_f}\left(M_e + \frac{\kappa}{c_b}Q_e\right) \tag{7.6}$$

$$\sigma_{yeMe} = \frac{c_b \omega_b d_f K}{a b_f}\left\{\left(2 - \frac{c_b}{\omega_b} + \frac{2a}{d_f K}\cdot\frac{\omega_b}{c_b}\cdot\frac{I_f}{nI_s}\right)M_e + \kappa\frac{2}{c_b}Q_e\right\} \tag{7.7}$$

ここに，　τ_{eMe}　：当て板の端部における接着用樹脂材料のせん断応力（N/mm²）

　　　　　σ_{yeMe}　：当て板の端部における接着用樹脂材料の垂直応力（N/mm²）

　　　　　E_s　：鋼板のヤング係数（N/mm²）

　　　　　E_f　：当て板のヤング係数（N/mm²）

　　　　　b_s　：鋼板の幅（mm）

　　　　　b_f　：当て板の接着幅（mm）

　　　　　A_s　：鋼板の断面積（mm²）

　　　　　A_f　：当て板の断面積（mm²）

　　　　　h　：接着用樹脂材料の厚さ（mm）

　　　　　E_e　：接着用樹脂材料の圧縮弾性係数（N/mm²）

　　　　　G_e　：接着用樹脂材料のせん断弾性係数（N/mm²）

　　　　　d_f　：当て板の図心から当て板上面までの距離（mm）

　　　　　κ　：当て板の左端に対してκ=1，右端に対してκ=-1

　　　　　n　：鋼板と当て板のヤング係数比，E_s/E_f

　　　　　I_s　：鋼板の断面二次モーメント（mm⁴）

　　　　　I_f　：当て板の断面二次モーメント（mm⁴）

　　　　　M_e　：破壊時荷重において当て板端部に生じる曲げモーメント（N・mm）

　　　　　Q_e　：破壊時荷重において当て板の端部に生じるせん断力（N）

$$\omega = \sqrt[4]{\frac{b_s E_e}{h}\cdot\frac{Z_1}{4 E_f I_f}}, \quad c = \sqrt{\frac{b_s G_e}{h}\cdot\frac{a^2}{K Z_1 E_s I_s}}, \quad W = \frac{4}{4 + (c/\omega)^4}\cdot\frac{cJ}{Z_1}, \quad J = d_f - (Z_1 - 1)d_s$$

$$K = \frac{1}{1 + Z_1 Z_2 \dfrac{r_s^2}{a^2}}, \quad a = d_s + d_f + h, \quad r_s = \sqrt{I_s/A_s}, \quad Z_1 = 1 + \frac{I_f}{nI_s}, \quad Z_2 = 1 + \frac{nA_s}{A_f}$$

（ii）軸力を受ける場合（試験法 B，C），当て板の端部における，接着用樹脂材料のせん断応力 τ_{eNe}，垂直応力 σ_{yeNe}，および当て板の切断位置における接着用樹脂材料のせん断応力 τ_{eNo}，垂直応力 σ_{yeNo} は，式（7.8）〜（7.11）によりそれぞれ計算し，JIS Z 8401 によって有効数字 3 けたに丸める．

$$\tau_{eNe} = \frac{c}{2b}(1-\xi_0)P \tag{7.8}$$

$$\sigma_{yeNe} = 2\psi\frac{\omega}{c}\left\{\frac{1}{2}\left(\frac{c}{\omega}\right)^3 - \frac{c}{\omega} + 2\right\}\tau_{eNe} = \frac{1}{2}(2\omega - c)h\tau_{eNe} \tag{7.9}$$

$$\tau_{eNo} = \frac{c}{2b}\xi_0 P \tag{7.10}$$

$$\sigma_{yeNo} = -2\psi\frac{\omega}{c}\left\{\frac{1}{2}\left(\frac{c}{\omega}\right)^2 - \frac{c}{\omega} + 1\right\}\tau_{eNo} \tag{7.11}$$

ここに，E_s ：鋼板のヤング係数（N/mm²）

$\qquad E_f$ ：当て板のヤング係数（N/mm²）

$\qquad \xi_0$ ：$\dfrac{1}{1 + 2E_f A_f / (E_s A_s)}$ で与えられる剛性比

$\qquad b_f$ ：当て板の接着幅（mm）

$\qquad t_f$ ：当て板の厚さ（mm）

$\qquad A_s$ ：鋼板の断面積（mm²）

$\qquad A_f$ ：当て板の断面積（mm²）

$\qquad I_f$ ：当て板の断面二次モーメント（mm⁴）

$\qquad h$ ：接着用樹脂材料の厚さ（mm）

$\qquad E_e$ ：接着用樹脂材料の圧縮弾性係数（N/mm²）

$\qquad G_e$ ：接着用樹脂材料のせん断弾性係数（N/mm²）

$$c = \sqrt{\frac{b_f G_e}{h} \cdot \frac{2}{1-\xi_0} \cdot \frac{1}{E_s A_s}}\,, \quad \omega = \sqrt[4]{\frac{b_f E_e}{4h} \cdot \frac{1}{E_f I_f}}\,, \quad \psi = \frac{ct_f}{4 + (c/\omega)^4}$$

$\qquad P$ ：破壊時荷重（軸方向力）（N）

（iii）引張力と付加曲げモーメントを受ける場合（試験法 D），当て板の端部における接着用樹脂材料の垂直応力 σ_{eySe}，せん断応力 τ_{eSe} は，式（7.12），（7.13）により計算し，JIS Z 8401 によって有効数字 3 けたに丸める．図 7.2 に，試験法 D における供試体の概念図と曲げモーメント図を示す．

$$\tau_{eSe} = -\frac{1}{b_s}\left(\lambda B_1 - \frac{KQ_{cr}}{a}\right) \tag{7.12}$$

$$\sigma_{yeSe} = -\frac{1}{b_s}\omega(C_1 + C_4) \tag{7.13}$$

ここに，τ_{eSe} ：鋼板の端部における接着用樹脂材料のせん断応力（N/mm²）

$\qquad \sigma_{yeSe}$ ：鋼板の端部における接着用樹脂材料の垂直応力（N/mm²）

$\qquad l$ ：接着長さ（mm）

$\qquad b_s$ ：鋼板の幅（mm）

$\qquad a$ ：上下の鋼板の図心間距離（mm），$a = t_1/2 + t_2/2 + h$

$\qquad P$ ：破壊時荷重（軸方向力）（N）

$\qquad M_{cr}$ ：破壊時荷重において破壊が生じる鋼板端部に作用する曲げモーメント（N・mm），2 箇

所の鋼板端部のうち，小さい方の値を採用する．

Q_{cr} ：破壊時荷重において破壊が生じる鋼板端部に作用するせん断力（N），2箇所の鋼板端部のうち，小さい方の値を採用する．鋼板2箇所で算定した曲げモーメント M_a, M_b の勾配から求める．

$$\omega = \sqrt[4]{\frac{b_s E_e}{h} \cdot \frac{1}{2E_s I_s}}, \quad \lambda^2 = \frac{b_s G_e}{h} \cdot \frac{a(a-h)}{2E_s I_s K}, \quad K = \frac{1}{1+4r^2/\{a(a-h)\}}$$

$$B_1 = \frac{1}{\sinh(\lambda l)}\left\{P + \frac{K}{a}Ql - B_2(\cosh(\lambda l)-1)\right\}, \quad B_2 = -\frac{1}{2}(1-K)P + \frac{K}{a}M$$

$$C_1 = -\frac{1}{Y_1+Y_0Y_2}\left[-WY_0Y_2M - \frac{W}{\cosh(\omega l)\sin(\omega l)}M + \left\{\frac{W}{2\omega}(Y_3-Y_4)-Y_3\right\}Q\right],$$

$$C_4 = -\frac{1}{Y_1+Y_0Y_2}\left[WY_1M - \frac{W}{\cosh(\omega l)\sin(\omega l)}M + \left\{\frac{W}{2\omega}(Y_3-Y_4)-Y_3\right\}Q\right]$$

$$Y_0 = \tanh(\omega l)/\tan(\omega l), \quad Y_1 = \tanh(\omega l)-1/\tanh(\omega l), \quad Y_2 = \tan(\omega l)+1/\tan(\omega l),$$

$$Y_3 = \frac{1}{\tan(\omega l)}\left\{\frac{1}{\sin(\omega l)\cosh(\omega l)} - \frac{1}{\sinh(\omega l)\cos(\omega l)}\right\}, \quad Y_4 = \frac{1}{\tan(\omega l)}(Y_1+Y_2)$$

7.5 破壊形式による分類　供試体の破壊形式は，**表** 7.1 にしたがって分類する．当て板が接着された鋼板における接着接合部の破壊形式は，一般に，**図** 7.3 に示すような6つの破壊形式に分類される．試験法A〜Dで評価できる破壊形式は，M1，M2，M3である．それ以外の破壊形式の場合，評価できる破壊形式が得られるまで試験を実施するか，供試体の設計を見直さなければならない．以下に，破壊形式の特徴を示す．

表 7.1　破壊形式による分類

記号	破壊形式
M1	鋼板と接着用樹脂材料の界面破壊
M2	接着用樹脂材料と当て板の界面破壊
M3	接着用樹脂材料の凝集破壊
M4	当て板（補強用FRP）の層間破壊
M5	鋼板の降伏
M6	当て板（補強用FRP）の引張破壊

（a）破壊形式1　鋼板と接着用樹脂材料の界面はく離

鋼板と接着用樹脂材料の界面からはく離が生じる現象で，鋼板の接着面の状態の影響が大きい．当て板が接着された鋼板の引張試験や曲げ試験において，補強用FRPの端部のはく離として最も多く報告されている破壊である．

（b）破壊形式2　接着用樹脂材料と当て板の界面はく離

接着用樹脂材料と当て板の界面からはく離が生じる現象で，当て板の接着面の状態の影響が大きい．

（c）破壊形式3　接着用樹脂材料の凝集破壊

接着用樹脂材料の内部で破壊が生じる現象で，接着用樹脂材料の強度や接着端部の形状の影響が大きい．

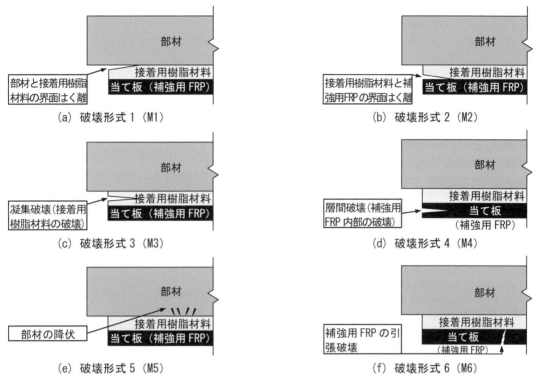

図 7.3 鋼板と当て板の接着接合部の破壊形式の分類

(d) 破壊形式 4　当て板の層間破壊

当て板として補強用 FRP を用いた場合，その内部の繊維間の樹脂や強化繊維の層間の界面が破壊する現象で，補強用 FRP のマトリックス樹脂の材料の影響が大きい．

(e) 破壊形式 5　鋼板の降伏

当て板が接着されている範囲の鋼板が降伏する現象である．鋼板が降伏に達すると他の破断形式が誘発されることが多い．

(f) 破壊形式 6　当て板の引張破壊

当て板として補強用 FRP を用いた場合，補強用 FRP が引張破壊する現象で，繊維の破断強度（破断ひずみ）に依存する．一般に，補強用 FRP の破断ひずみは数千×10^{-6}〜数万×10^{-6}程度であり，炭素繊維の場合，高弾性になるほど破断ひずみは小さくなる傾向にある．

8. **報告**　報告は次の事項について行う．

a) 接着用樹脂材料の種類，圧縮弾性率，ポアソン比，引張せん断接着強さ
b) 鋼板の鋼種，ヤング係数，降伏強度，引張強度
c) 供試体の作製年月日，作製方法（下地処理方法，表面粗さ，養生時間，養生温度）
d) 試験年月日と試験数
e) 供試体の形状寸法および接着用樹脂材料の厚さ，接着長さ
f) 各試験における破壊時荷重およびそれらの平均値
g) 各試験における接着接合部のエネルギー解放率，最大主応力およびそれらの平均値
h) 各試験における破壊形式
i) その他特記すべき事項

【解　説】　4.1　供試体の設計と試験方法の選択について　この試験法では，設計で想定している接着用樹脂材料の応力比（σ_{ye}/τ_e）に基づいて，4つの試験法からの選択することとしている．作用に応じて，破壊時荷重や破壊形式にばらつきが生じる場合があること，4つの試験法を要求することは負担が大きいことから，設計で想定している接着用樹脂材料の応力比（σ_{ye}/τ_e）に基づいて試験法を選択することとした．**表 4.1 供試体と評価方法の分類**には，各試験法でカバーできる，応力比の範囲を示している．これは，鋼板と鋼当て板の組合せを想定したものであり，妥当な供試体寸法でこれまでの評価事例に基づいて，各試験法で評価が可能な範囲を示している．これによらない場合，予備試験を行うなど，評価が可能であることを事前に検討する必要がある．

7.3　接着接合部のエネルギー解放率について　標準的な手法として，導出されている理論式を示したが，有限要素解析を用いて計算することもできる．そのモデル化，解析時における留意点は次のようである．

　エネルギー解放率 G は，クラックが微小面積だけ増加するときの部材と当て板のひずみエネルギーの変化量であるため，解説 図 1 に示す，補強用 FRP の端部あるいは鋼板の切断位置に初期はく離を有する，軸力を受ける FRP 接着部材のひずみエネルギー，および初期はく離を有する曲げモーメントおよびせん断力を受ける FRP 接着部材のひずみエネルギーから計算することができる．なお，補強用 FRP，接着用樹脂材料，鋼板の有限要素モデルの作成上の留意点は，**7.4　接着接合部の主応力**の解説に示した．

7.4　接着接合部の主応力について　接着用樹脂材料に生じるせん断応力，垂直応力を，有限要素モデルを作成して，解析を行うことで計算することができる．

　補強用 FRP と鋼部材の接着接合部のモデル化において留意すべき点は，材料特性と要素サイズである．補強用 FRP や接着用樹脂材料の厚さは，鋼板の厚さに比べて薄く，一般に，接着層の厚さは 2 オーダーほど小さくなる．また，荷重伝達に支配的な軸方向の補強用 FRP のヤング係数は，鋼板と比べて同等以上であるが，接着用樹脂材料は厚さと同様に，2 オーダーほど小さくなる．したがって，補強用 FRP と鋼板が接着された断面は，材料特性と寸法のオーダーが大きく異なる材料構成となるため，モデル化にあたっては適切な配慮が必要となる．この試験法で対象とする，当て板および鋼板の端部や，鋼板の突合せ部における境界では，接着用樹脂材料の応力の特異点となり，接着用樹脂材料には高い応力が発生する．接着接合部をその局所的な応力で評価する場合には，その影響を考慮できるモデル化も必要となる．

　一般に，有限要素解析では，要素分割を細かくすることで，解の精度が確保される．ただし，計算プログラムのメモリや，計算時間の制約から，要素分割にも限界があり，構造モデルは単純であっても要素分割に工夫が必要となる．要素のアスペクト比（2 次元問題の場合，短辺と長辺の長さの比）は，1/1 が最もよく，1/10 以下では，一般に解の精度が悪化する．このような制約条件の中で適切な要素分割を行う必要がある．なお，要素内部の変位関数を多項式とした高次要素を適用することでも要素の分割数を緩和できるが，積分

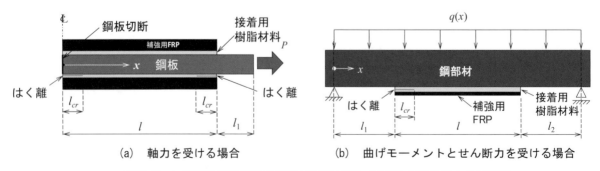

解説 図 1 補強用 FRP 端部の接着用樹脂材料に初期はく離を有する鋼部材

点が増えて計算時間が増大する場合があるので留意する必要がある．さらに，解析対象が 1 軸対称，2 軸対称であれば，それぞれ全体の半分，4 分の 1 をモデル化することで，モデル領域を縮約でき，メモリと計算時間を節約することができる．これらのことから，要素分割の最小サイズは，接着剤の厚さ方向の分割数により決定され，鋼および補強用 FRP の境界部では，両者の弾性係数差を考慮して要素分割を行わなければならない．

材料物性値は，鋼板と接着用樹脂材料は等方性，補強用 FRP は直交異方性としてモデル化するのがよい．ただし，補強用 FRP は軸方向の弾性係数が支配的であることから，平面モデルでは，直交異方性を無視した場合でも妥当な評価が可能である．

参考資料

制定資料

制定資料：FRP 接着による構造物の補修・補強指針（案）

1.「1章　総則」について

1.1　「1.3　用語の定義」について

　土木構造物の補修・補強に用いられる FRP 材料に関する用語として，「連続繊維補強材」や「連続繊維シート」が用いられてきた．一方，補強材料としては，連続繊維と結合材である樹脂との複合材である「FRP（Fiber Reinforced Polymer）」として利用されており，引張強度のなどの力学的特性も FRP の状態で測定され，設計上も FRP の力学特性を用いていること，複合構造標準示方書では，連続繊維補強材と連続繊維シートの総称として「補強用 FRP」を用いていること，諸外国でも結合材と複合化する前の連続繊維シートなども含めて「FRP」の呼称が定着していることから，本指針では用語として「連続繊維」に代えて「FRP」を用いることとし，補強材の名称を「FRP シート」，「FRP ストランドシート」，「FRP プレート」とした．

　補強用 FRP の弾性係数は，軸（0°）方向，軸直交（90°）方向で異なるが，この指針（案）では，補強用 FRP の軸（0°）方向の弾性係数を，鋼，コンクリート，および接着用樹脂材料と同様に，ヤング係数とよぶこととした．なお，別途，JIS 等で規定されている場合，参照先の用語で記述している．

2.「5章 補修・補強の設計」について

2.1 「5.3 構造詳細」について

　この指針（案）では，部材で補修・補強が必要とされる補強区間に対して，荷重伝達を確保するために定着長を設けることを要求している．さらに，補強用 FRP を積層して設置する場合，その端部の剛性を小さくして，はく離しにくくするために，段差，テーパ等の端部処理をすることとしている．端部処理を施した範囲においても荷重伝達されるが，補修・補強の効果を確実にするために，この指針（案）では，補強区間や定着長に含めないことを原則としている．図 2.1.1 に，補強用 FRP の補強区間，定着長，段差長の概念図を示す．

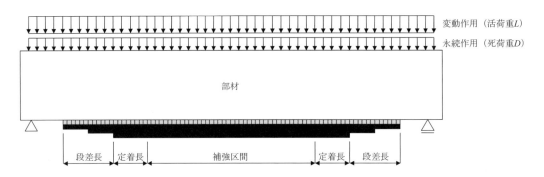

図 2.1.1 補強用 FRP の補強区間，定着長，段差長の概念図（曲げモーメントを受ける部材の例）

　補強用 FRP の全長は，補強区間に定着長，段差長を加えると長くなるため，対象部材に配置できるかどうかなど，計画時に留意する必要がある．なお，定着長，段差長を最適化してより合理的な配置とするなど，この原則によらない場合，実験・解析など，適切な方法により検討を行うのがよい．

　補強用の FRP の端部処理は，はく離が最も懸念される箇所であるため，構造詳細として最も重要であるとして，段差，テーパを設ける例，FRP シートを追加して巻きつける例が示されている．

　コンクリート部材を補強する場合は，補強用 FRP 端部にひび割れが発生し，耐荷性および耐久性に影響を与える可能性があるため，各構造物の設計指針では構造物の特性に応じて補強する範囲が定められている．柱などの段落し部を曲げ補強する場合は必要のなくなった範囲から十分な定着長を確保することとされ，付着力を増加させるために最低 1 層は周方向に貼付けることと規定されている [1),2),3)]．桁において補強用 FRP 端部のひび割れを防止するものとし，最低 1 層は部材全長に貼付けることを原則とし，柱同様付着力を増加させるために最低 1 層を桁側面まで部材軸直角方向に貼付けることと規定されている [4)]．床版においては，床版平面部のみを補強した場合シート端部（ハンチ折れ部）にせん断ひび割れが生じて破壊した輪荷重走行試験例 [5)]があり，床版ハンチ部まで補強用 FRP を貼付けることと規定されている [6)]．また，補強用 FRP のはく離の要因になることから端部は鋼桁から 20~40mm 離すことと規定されている．

　鋼部材では，補強用 FRP の積層数が多い場合が多いため，補強用 FRP の端部の設計では，補強用 FRP と部材の間の接着用樹脂材料だけでなく，補強用 FRP の間の接着用樹脂材料に生じる応力も十分に低減させる必要がある．補強用 FRP の端部処理は，文献 7)~11)を参考にするとよい．また，端部処理によって，補強用 FRP 端部の接合用樹脂材料に生じる応力は，十分に低減される必要があるが，この指針（案）では，応力

低減の程度は，1層の FRP プレートあるいは FRP シートを接着する場合に相当するまでを目安としている．これは，対象とする補強用 FRP で応力低減が可能な下限値であり，安全側の評価となる対応である．

参考文献

1) 鉄道総合技術研究所：炭素繊維シートによる鉄道高架橋柱の耐震補強工法設計・施工指針，1997.

2) 鉄道総合技術研究所：アラミド繊維シートによる鉄道高架橋柱の耐震補強工法設計・施工指針，1997.

3) 東日本，中日本，西日本高速道路株式会社：設計要領　第二集　橋梁保全編，2017.

4) 土木研究所，炭素繊維補修・補強工法技術研究会：コンクリート部材の補修・補強に関する共同研究報告書（Ⅲ）－炭素繊維シート接着工法による道路橋コンクリート部材の補修・補強に関する設計・施工指針（案）－，1999.

5) 松井繁之，板野次雅，鈴川研二，小林朗：鋼橋床版の炭素繊維シート補強におけるシート貼付け順序に関する一考察，第二回道路橋床版シンポジウム論文集，pp.89-94，2000.10

6) 首都高速道路株式会社：コンクリート床版補強設計施工要領，2014.8

7) 石川敏之，大倉一郎，小村啓太：CFRP 板の端部に段差を設けることによるはく離荷重上昇の理論解析，土木学会論文集 A，Vol.65，No.2，pp.362-367，2009.

8) 石川敏之，大倉一郎：複数の段差を有する CFRP 板接着鋼板の各 CFRP 板の必要接着長さと最適剛性，土木学会論文集 A，Vol.66，No.2，pp.368-377，2010.

9) 宮下剛，長井正嗣：一軸引張を受ける多層の CFRP が積層された鋼板の応力解析，土木学会論文集 A（構造・地震工学），Vol.66，No.2，pp.378-392，2010.

10) 石川敏之，宮下剛：一軸引張を受ける CFRP 板接着鋼板に対する段差の設計法，土木学会論文集 A1（構造・地震工学），Vol.67，No.2，pp.351-359，2011.

11) 宮下剛，石川敏之：多層の CFRP 板が積層された曲げを受ける鋼部材の応力解析，土木学会論文集 A1（構造・地震工学），Vol.69，No.1，pp.26-39，2013.

3. 「6章 構造解析および応答値の算定」について

3.1 「6.1 一 般」について

　この節では，構造解析および応答値の算定について，基本的な事項を記載している．この指針では，主に，コンクリート部材，鋼部材の補修・補強を対象としているが，鋼とコンクリート部材等の異種接合部の補修・補強にも適用可能であるとしている．ただし，現時点では，適用実績が確認されていないため，構造解析手法の選定や部材のモデル化等については，十分な検討が必要であるとしている．

　また，7.4の照査の前提となる構造細目を満足する場合，定着部を除いて，補強用 FRP と既設部材は，両者が完全に一体となった部材としたモデルと構造解析法により応答値を算定してよいとしている．これは，定着が十分に確保されていることを前提としていることによる．これによらない場合，適切なモデル化と解析手法が必要である．

3.2 「6.2 部材のモデル化」について

3.2.1 「6.2.1 一 般 （3）について」

　補強用 FRP が接着された鋼部材は，弾性範囲内において，軸力を受ける場合，曲げモーメントを受ける場合，それぞれ次のようにモデル化して，応答値を算定することができる[1]．

　図 3.2.1に示すような上下面に補強用 FRP が接着された軸力を受ける鋼部材は，図 3.2.2に示すように，補強用 FRP と鋼部材が断面力を担い，接着剤にはせん断応力と垂直応力のみが生じると仮定してモデル化される．これは，接着剤の弾性係数が鋼や補強用 FRP と比べて 1/100 程度であること，接着剤の厚さが鋼や補強用 FRP と比べて非常に薄く，接着剤が担う断面力が非常に小さいことによる．また，鋼部材の接着剤に生じるせん断応力 $\tau(x)$ と垂直応力 $\sigma_y(x)$ が次式の断面内で一定となるようにモデル化される．

$$\tau_e(x) = G_e \frac{u_s(x) - u_f(x)}{h} \tag{3.2.1}$$

$$\sigma_{ey}(x) = E_e \frac{v_s(x) - v_f(x)}{h} \tag{3.2.2}$$

　ここで，　E_e，　G_e，　h　：それぞれ，接着剤の弾性係数，せん断弾性係数および厚さ

　　　　　　$u_s(x)$，　$u_f(x)$　：それぞれ鋼部材および補強用 FRP の軸方向変位

　　　　　　$v_s(x)$，　$v_f(x)$　：それぞれ鋼部材および補強用 FRP の鉛直方向変位

　また，軸力によって鋼部材に生じる直応力も断面内で一様であり，補強用 FRP ははり理論にもとづいていると仮定される．

　上述の式と，図 3.2.2に示す微小区間の力のつり合いおよび断面力と変位の関係式から，鋼部材に生じる軸力 $N_s(x)$ と補強用 FRP に生じるせん断力 $V_f(x)$ に関する 2 階と 4 階の微分方程式がそれぞれ導出されている．ただし，鋼部材に生じる軸力 $N_s(x)$ に対する微分方程式の導出の際は，補強用 FRP に生じる曲げモーメントの影響を無視している．

$$\frac{d^2 N_s(x)}{dx^2} - c^2 N_s(x) = -c^2 \xi_0 P + (1 - \xi_0) E_f A_f \left(\Delta \varepsilon_T + \varepsilon_{pre} \right) \tag{3.2.3}$$

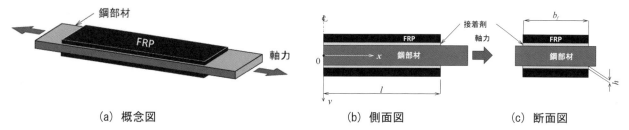

(a) 概念図　　　　　　　　　　　(b) 側面図　　　　　　　　(c) 断面図

図 3.2.1　補強用 FRP が接着された軸力を受ける鋼部材

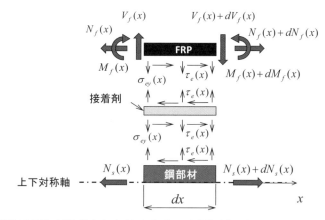

図 3.2.2　補強用 FRP が接着された軸力を受ける鋼部材の微小区間の断面力のつり合い

$$\frac{d^4V_f(x)}{dx^4}+4\omega^4 V_f(x)=\omega^4 t_f \frac{dN_s(x)}{dx} \tag{3.2.4}$$

ここで,

$$c=\sqrt{\frac{b_f G_e}{h}\cdot\left(\frac{2}{E_s A_s}+\frac{1}{E_f A_f}\right)}=\sqrt{\frac{b_f G_e}{h}\cdot\frac{2}{1-\xi_0}\cdot\frac{1}{E_s A_s}}, \quad \omega=\sqrt[4]{\frac{b_f E_e}{4h}\cdot\frac{1}{E_f I_f}}, \quad \xi_0=\frac{1}{1+2E_f A_f/(E_s A_s)}$$

$$\Delta\varepsilon_T=(\alpha_s-\alpha_f)\Delta T$$

E_s, E_f ：それぞれ鋼部材および補強用 FRP の弾性係数
A_s, A_f ：それぞれ鋼部材および鋼部材に対して片側の補強用 FRP の断面積
α_s, α_f ：それぞれ鋼部材および補強用 FRP の線膨張係数
I_f ：補強用 FRP の断面二次モーメント
b_f ：接着幅（補強用 FRP の幅）
ΔT ：温度変化量（温度上昇を正）
ε_{pre} ：補強用 FRP に導入されたプレテンションひずみ（導入引張ひずみを正）

なお，温度が変化した場合，鋼部材および補強用 FRP のそれぞれの内部で温度勾配がないものと仮定している．

一方，曲げモーメントを受ける部材に補強用 FRP が接着されたモデルに対しても軸力部材の場合と同様に，図 3.2.3 に示すように補強用 FRP と鋼部材が断面力を担い，接着剤にはせん断応力と垂直応力のみが生じると仮定してよい．

図 3.2.4 に示す微小区間の断面力のつり合いおよび断面力と変位の関係式から，鋼部材に生じる軸力 $N_s(x)$ とせん断力 $V_s(x)$ に関する 2 階と 4 階の微分方程式がそれぞれ導出されている．ただし，鋼部材に生じ

る軸力 $N_s(x)$ に対する微分方程式の導出の際，鋼部材と補強用 FRP の曲率が等しいと仮定している．また，$N_s(x)$ の微分方程式を導出する際，補強用 FRP の曲げ剛性が鋼部材と比べて非常に小さいので，補強用 FRP の曲げモーメントを無視して定式化される場合もある．

$$\frac{d^2 N_s(x)}{dx^2} - c_b^2 N_s(x) = c_b^2 \frac{K}{a}\left\{M(x) + \frac{Z_1}{a}E_s I_s \Delta\varepsilon_T + \frac{Z_1}{a}E_s I_s \Delta\varepsilon_{pre}\right\} \tag{3.2.5}$$

$$\frac{d^4 V_s(x)}{dx^4} + 4\omega_b^4 V_s(x) = \frac{4\omega_b^4}{Z_1}\left\{Q(x) + J\frac{dN_s(x)}{dx}\right\} \tag{3.2.6}$$

ここで，

$$c_b = \sqrt{\frac{b_f G_e}{h}\left(\frac{1}{E_s A_s} + \frac{1}{E_f A_f} + \frac{a^2}{E_s I_s + E_f I_f}\right)} = \sqrt{\frac{b_f G_e}{h} \cdot \frac{a^2}{E_s I_s} \cdot \frac{1}{KZ_1}}, \quad K = \frac{1}{1 + Z_1 Z_2 r_s^2/a^2}, \quad Z_1 = 1 + I_f/(nI_s)$$

$$Z_2 = 1 + nA_s/A_f, \quad r_s = \sqrt{I_s/A_s}, \quad a = d_s + d_f, \quad n = E_s/E_f, \quad \omega_b = \sqrt[4]{\frac{b_f E_e}{4h} \cdot \frac{Z_1}{E_f I_f}}, \quad J = d_f - (Z_1 - 1)d_s$$

このようなモデル化に基づいて，境界条件，荷重の作用を与え，微分方程式を解くことにより，各部位の断面力を算定することができる．なお，この指針（案）の**解説 表 6.4.1** には，軸力を受ける部材，曲げモーメントを受ける部材の主な作用に対して，各部位の応力度の算定式を示している．また，**付属資料 2「鋼板と当て板の接着接合部における強度の評価方法（案）」**には，接着接合部の接着用樹脂材料のせん断応力，垂直応力の理論式（収束値）が示されているが，それらをまとめて**表 3.2.1** に示す．ただし，軸力を受ける部材では，鋼部材の上下面に対称に補強用 FRP が接着された場合であることに留意する必要がある．

さらに，鋼部材が塑性化する場合，軸力を受ける鋼部材では，一般に，FRP 接着による応力の低減効果がない．鋼部材の定着部からはく離するため，鋼部材の降伏耐力が最大耐力となる．また，曲げモーメントを

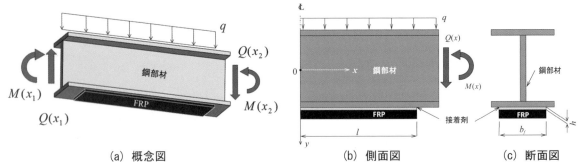

(a) 概念図　　(b) 側面図　　(c) 断面図
図 3.2.3　曲げモーメントとせん断力ならびに等分布荷重を受ける補強用 FRP が接着された鋼部材

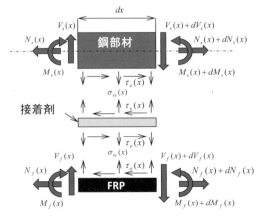

図 3.2.4　補強用 FRP が片面に接着された曲げモーメントを受ける鋼部材の微小区間の断面力のつり合い

受ける鋼部材では，曲げモーメントが大きい部位から塑性化が進行するが，曲げモーメントが小さい位置で補強用 FRP が定着されるため，端部からはく離はないものとして，設計曲げ耐力を算定してよい．設計曲げ耐力の算定では，接着剤を無視して，鋼部材の弾塑性挙動を評価できるファイバーモデルで評価してよい．

表 3.2.1 接着用樹脂材料に生じるせん断応力と垂直応力の収束式

(a) 軸力を受ける部材

	せん断応力	垂直応力
一軸引張	$\tau_e = \dfrac{c}{2b_f}(1-\xi_0)P$	$\sigma_{ey} = \dfrac{1}{2}(2\omega - c)t_f \tau_e$
切断鋼板	FRP 端：$\tau_e = \dfrac{c}{2b_f}(1-\xi_0)P$ 鋼板切断縁：$\tau_e = \dfrac{c}{2b_f}\xi_0 P$	—
温度変化	$\tau_e = \dfrac{c}{2b_f}(1-\xi_0)E_s A_s \Delta\varepsilon_T$	$\sigma_{ey} = \dfrac{1}{2}(2\omega - c)t_f \tau_e$
プレテンションの解放	$\tau_e = \dfrac{c}{2b_f}(1-\xi_0)E_s A_s \varepsilon_{pre}$	$\sigma_{ey} = \dfrac{1}{2}(2\omega - c)t_f \tau_e$

(b) 曲げモーメントを受ける部材

	せん断応力	垂直応力
外力の作用	$\tau_e = \kappa\dfrac{c_b K}{ab_f}\left(M_e + \dfrac{\kappa}{c_b}Q_e - \dfrac{q}{c_b^2}\right)$	$\sigma_{ey} = \dfrac{c_b \omega_b d_f K}{ab_f}\left\{\left(2 - \dfrac{c_b}{\omega_b} + \dfrac{2a}{d_f K}\cdot\dfrac{\omega_b}{c_b}\cdot\dfrac{I_f}{nI_s}\right)M_e + \kappa\dfrac{2}{c_b}Q_e - \dfrac{2}{c_b^2}q\right\}$
温度変化	$\tau_e = \kappa\dfrac{c_b K}{ab_f}\cdot\dfrac{E_s I_s \Delta\varepsilon_T}{a}$	$\sigma_{ey} = \dfrac{c_b \omega_b d_f K}{ab_f}\left(2 - \dfrac{c_b}{\omega_b}\right)\cdot\dfrac{E_s I_s \Delta\varepsilon_T}{a}$ $= (2\omega_b - c_b)d_f\dfrac{\tau_e}{\kappa}$
プレテンションの解放	$\tau_e = \kappa\dfrac{c_b K}{ab_f}\cdot\dfrac{E_s I_s \varepsilon_{pre}}{a}$	$\sigma_{ey} = \dfrac{c_b \omega_b d_f K}{ab_f}\left(2 - \dfrac{c_b}{\omega_b}\right)\cdot\dfrac{E_s I_s \varepsilon_{pre}}{a}$ $= (2\omega_b - c_b)d_f\dfrac{\tau_e}{\kappa}$

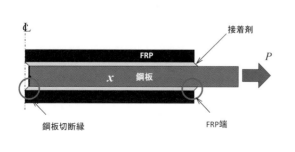
(a) 軸力を受ける部材

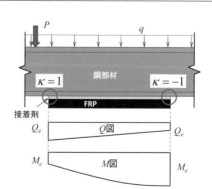
(b) 曲げモーメントを受ける部材

図 3.2.5 モデル化と各部位の定義

3.3 「6.3 構造解析」について

「(2) について」

解説 図 6.3.1 付着応力－すべり関係のモデル化の例において，バイリニア型と Cut-off 型の関係がそれぞれ示されている．Cut-off 型の付着応力－すべり関係を同定するために，破壊エネルギーを等価として付着応力をバイリニア型の 2 倍とする方法が示されている．これは，文献 2)で示されている方法にしたがっている．文献 2)では，図 3.3.1 に示したような付着応力－すべり関係を用いて，両引せん断付着試験の数値シミュレーションを行った．その結果，図 3.3.2 に示すようにバイリニア型，Cut-off 型の関係を用いても付着試験の結果を再現できることを明らかにした．以上より，補強用 FRP で補強したコンクリート構造における数値解析においては，バイリニア型，あるいは Cut-off 型のいずれかを使用できるものとした．

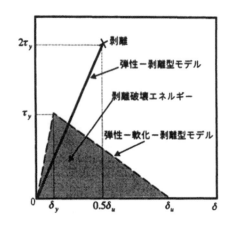 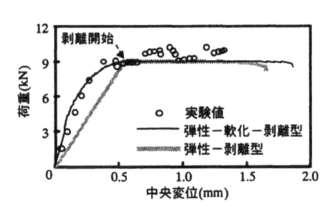

図 3.3.1 文献 2)における付着応力－すべり関係　　図 3.3.2 文献 2)における付着試験のシミュレーション結果

「(3) について」

補強用 FRP と鋼材の接着接合部の凝集破壊を評価するためのエネルギー解放率は，**付属資料 2「鋼板と当て板の接着接合部における強度の評価方法（案）」**で求めることができる．この試験法では，4 つの標準的な試験方法と導出されているエネルギー解放率の理論式が示されている．なお，接着用樹脂材料のはく離先端のエネルギー解放率は，有限要素解析を用いて計算することもできる．そのモデル化，解析時における留意点は，**付属資料 2「鋼板と当て板の接着接合部における強度の評価方法（案）」**の解説に示されている．

参考文献

1) 土木学会複合構造委員会：FRP 部材の接合および鋼と FRP の接着接合に関する先端技術，複合構造レポート 09, 2013.
2) 上原子晶久，下村匠，丸山久一，西田浩之：連続繊維シートとコンクリートの付着・剥離挙動の解析，土木学会論文集，第 634 号/V-45，pp.197-208, 1999.

4.「7章　性能照査における前提」について

4.1　「7.2　耐久性に関する検討」について

7.2の解説では，適切な遮蔽性能や付着性能などに関して適切な耐久性を確保することが求められている．一方で，それらを設計式や数値解析などで定量的に評価することは，現状において困難である．ここでは，補強用FRPと部材の接着接合部の耐久性に関して検討した事例を紹介する．

子田[1]らは，100mm×100mm×400mmのコンクリートブロックの一面に炭素繊維FRPシートを1層接着した試験体に対して，図 4.1.1 に示したような温度変化を与えた実験を行っている．30サイクルごとに図 4.1.2のような面外付着試験を行って付着強度を測定した．その結果を図 4.1.3に示す．図より，40〜60℃，あるいは−20〜20℃の温度変化を周期的に与えた場合において，付着強度が低下することを明らかにしている．

設計時において，そのような極端な温度変化や高湿環境下に補強用FRPが曝される場合には，このような試験的な検討を行って，耐久性に関する性能が確保されることを確認する必要がある．ここで紹介した以外にも，文献2)では，補強用FRPシートに環境外力が作用した場合の検討事例が複数紹介されている．

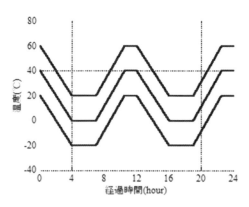

図 4.1.1　温度変化のサイクル[1]

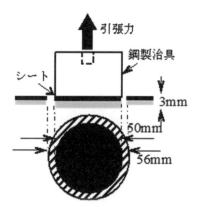

図 4.1.2　付着試験の方法[1]

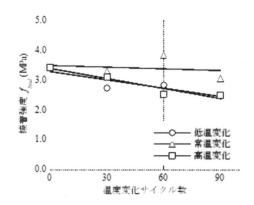

図 4.1.3　付着強度と温度変化サイクル数の関係[1]

北根[3]らは，鋼とFRPプレートの接着接合部の耐久性を明らかにすることを目的として，FRP板どうし，FRP板と鋼板，および鋼板どうしをシングルラップで接着接合した供試体に対して，鋼板に防食塗装を行っ

た供試体と防食塗装を行っていない供試体の2種類を準備し，それらに腐食環境を模擬した複合サイクル実験（JIS K 5600-7-9 サイクル D に準拠）を行うことで，鋼材の腐食の接着接合部への進展挙動を明らかにし，さらに，複合サイクル実験後に引張せん断実験を行うことにより，腐食環境が接着接合部の強度低下に与える影響を定量的に明らかにしている．FRP プレートはハンドレイアップで成形された GFRP であり，接合用樹脂材料には，メタクリレート系構造用接着剤が用いられている．

検討の結果，FRP と鋼板および鋼板どうしを接着接合した供試体では，鋼板に防食塗装が施され，防食性能が十分保持されていれば，複合サイクル実験 600 サイクル終了後でも接着面内やシーリング内部への腐食の進行は防ぐことができ，引張せん断強度が低下しないことが示されている．ただし，接着端部やコバ部などの塗装が不十分であると，サイクル数の増加とともに鋼板から発生したさびがシーリング下や接着面内に浸入し，引張せん断強度が低下することも指摘されている．

この研究事例は，補強用 FRP ではなく，GFRP 板を対象とした評価であるが，材料の相違による影響は小さいと考えられることから，鋼板の防食が十分であれば，一般に，接着接合部の耐久性は確保されると考えてよい．

4.2 「7.4.4 補強用 FRP の継手」について

連続繊維シートに関する各種基準における重ね継手長の規定を表 4.2.1 に示す．耐震補強においては最低継手長 200mm，床版の疲労劣化抑制補強や鋼構造物の補強，トンネル覆工の補強においては最低継手長 100mm と規定されている．

炭素繊維シートの重ね継手長に関する基準は主に 1990 年代の実験を基に規定されているものが多く，繊維目付け量 200g/m^2，300g/m^2 の炭素繊維シートの実験結果に基づいて規定されている．それ以降に製品化された高目付量の 400g/m^2～600g/m^2 においては実験により確認され，現在同様の規定で運用されている．高強度型炭素繊維シートの繊維目付量 400g/m^2，450g/m^2，600g/m^2 の継手試験結果の例を図 4.2.1 に示す．各種基準における最低継手長の規定であれば炭素繊維シートの引張強度の特性値を上回り，また継手長さ 50mm 以上からは継手試験の引張強度はほぼ一定となっていることが確認できる．

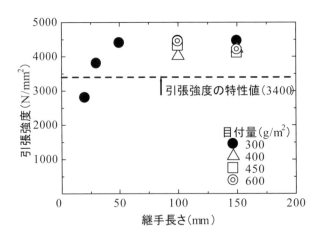

図 4.2.1 高強度型の炭素繊維シートにおける試験結果例

表 4.2.1 各種基準における重ね継手長に関する規定一覧

指針名称	対象の補強材料	規定される重ね継手長	根拠
コンクリート部材の補修・補強に関する共同研究報告所（Ⅲ）[4]	炭素繊維シート他の繊維シートを用いる場合，各メーカーの性能を確認した上で採用する．	床版の疲労劣化抑制補強を対象とする場合：100mm以上 そのほかの場合：最小継手長は200mm以上	実験結果から，重ね継手の継手長さ50mm以上では，ほぼ炭素繊維シートの引張強度に達して安定化することが確認されていることから． その他の場合についても実験により確認されていることから．
炭素繊維シートによる鉄道高架橋柱の耐震補強工法設計・施工指針[5]	炭素繊維シート	200mm以上	実験結果から重ね長さが100mm以上あれば終局状態は母材破壊である炭素繊維シートの破断となることが実験的に得られていることから．
アラミド繊維シートによる鉄道高架橋柱の耐震補強工法設計・施工指針[6]	アラミド繊維シート	200mm以上	実験結果から重ね長さが150mm以上あれば終局状態は母材破壊であるアラミド繊維シートの破断となることが実験的に得られていることから．
設計要領第二集（橋梁保全編）[7] 8章耐震補強設計	炭素繊維シート他の繊維シートを用いる場合，各メーカーの性能を確認したうえで採用する．	200mm以上	炭素繊維シートの200, 300g/m² 目付けについては実験により確認されているが，それ以外の繊維シートを用いる場合，各メーカーの性能を確認した上で採用する．
設計要領第二集（橋梁保全編）[7] 3章鋼構造物	炭素繊維シート	100mm以上	実験結果に基づき設定されていることから
設計要領第三集トンネル編（1）トンネル本体工全編（変状対策）[8]	炭素繊維シート他の背にシートを用いる場合，各メーカーの性能を確認したうえで採用する．	100mm以上	実験結果から，重ね継手の継手強度は，継手長さ50mm以上の範囲では，継手長さに依存して急激に変化するが，50mm以上では，ほぼ炭素繊維シートの引張強度に達して安定化することが確認されていることから．
既存鉄道コンクリート高架橋柱等の耐震補強設計・施工指針－A&P耐震補強工法編－[9]	アラミド繊維シート，高伸度繊維シート（ポリエチレンテレフタレート繊維（PET），ポリエチレンナフタレート（PEN）	保証耐力が600kN/m以下の繊維シートを用いる場合：200mm以上 保証耐力が600kN/m以上の繊維シートを用いる場合：250mm以上	実験結果に基づき設定されていることから

　炭素繊維シートの場合，弾性係数の高い中弾性型と高弾性型は引張強度が低く継手試験時に破断する荷重が小さいため，継手試験では引張強度の特性値を満足しやすい傾向にある．そのため，本資料では一例として高強度型炭素繊維シートの試験結果のみを示した．しかし，繊維の種類，目付量，弾性係数などの違いにより，連続繊維シートの継手での応力伝達の特性が異なることも考えられるため，最低継手長の規定に含まれない材料を用いる場合は，継手試験などにより引張強度を確認し，安全を考慮した継手長さを定める必要がある．

参考文献

1) 子田康弘，加藤穰，上原子晶久，岩城一郎：環境温度が連続繊維シートとコンクリートの付着強度に及ぼす影響，コンクリート工学年次論文集，Vol.33, No.2, pp.1435-1440, 2011.

2) 土木学会：FRPによるコンクリート構造の補強設計の現状と課題，複合構造レポート12, 2014.

3) 北根安雄，上山祐太，政門哲夫，中村一史：FRP－鋼接着接合部の腐食耐久性に関する実験的研究，土

木学会構造工学論文集，Vol.63A，pp.1013-1022，2017.3

4) 土木研究所，炭素繊維補修・補強工法技術研究会：コンクリート部材の補修・補強に関する共同研究報告書（Ⅲ）－炭素繊維シート接着工法による道路橋コンクリート部材の補修・補強に関する設計・施工指針（案）－，1999.

5) 鉄道総合技術研究所：炭素繊維シートによる鉄道高架橋柱の耐震補強工法設計・施工指針，1997.

6) 鉄道総合技術研究所：アラミド繊維シートによる鉄道高架橋柱の耐震補強工法設計・施工指針，1997.

7) 東日本，中日本，西日本高速道路株式会社：設計要領　第二集　橋梁保全編，2017.

8) 東日本，中日本，西日本高速道路株式会社：設計要領　第三集　トンネル編，2017.

9) 鉄道総合技術研究所：既存鉄道コンクリート高架橋柱等の耐震補強設計・施工指針，A&P耐震補強工法編，2006.

制定資料：FRP 接着による構造物の補修・補強指針（案）　　　143

5. 「8 章　安全性に関する照査」について

5.1　「8.2　断面破壊に対する照査（鋼部材）」について

　「8.2　断面破壊に対する照査」のうち，「鋼部材の照査」については，鋼部材に降伏，座屈が生じると，高伸度弾性樹脂を除いて，接着接合部で破壊が生じることから，一般に，鋼部材の降伏が補強用 FRP を用いた設計での限界値となる．補強用 FRP を接着することで，鋼部材の降伏が抑制されるため，実務上の鋼部材の照査では，応力低減が基本となる．なお，補強用 FRP が接着された，鋼部材の断面欠損部の照査において，先行して塑性化する場合，その部位にはく離が生じるかどうかについては，適切な実験・解析で検討するのがよい．特に，補強 FRP を既設部材に接着する場合，活荷重などの後荷重にのみ抵抗するため，既設部材に著しい断面欠損があると，断面欠損部の鋼部材が先行して塑性化することがある．

　文献 1)では，断面欠損を有する鋼板に，死荷重に相当する引張力を与えた状態で CFRP 板を接着し，さらに引張荷重を与えた場合の限界状態ついて検討している．断面欠損部で塑性化が先行すること，最終的には，CFRP 板を定着した一般部からの降伏によって，はく離が生じたことが示されている．

　文献 2)では，鋼 I 桁の下フランジ下面に死荷重に相当する荷重を与えて，CFRP 板を接着接合した場合，死荷重が補強効果に及ぼす影響を曲げ載荷実験を行って検討している．検討の結果，鋼部材が塑性化するまでは，CFRP 板は後荷重の作用分を負担するが，鋼部材の塑性化後は，CFRP 板へ応力が再配分されるため，断面破壊（この実験では CFRP 板の引張破壊）の際には，死荷重の影響はないことが示されている．

5.2　「8.2.4.2　コンクリート部材の照査（せん断補強効率の回帰式）」について

　補強用 FRP で補強した棒部材がせん断破壊する場合の一般的な破壊形式には，①補強用 FRP がはく離後に破断する場合，②補強用 FRP の破断と圧縮部のコンクリートの圧縮破壊がほぼ同時に起こる場合，③圧縮部のコンクリートが圧縮破壊する場合がある．また，補強用 FRP の補強割合が著しく少ない場合，④はく離が生じる以前に補強用 FRP が破断する場合もある．この指針（案）の式(8.2.6)を回帰する際には，①の破壊形式のうちトラス理論で説明できない高い補強効率を示すデータと④の破壊形式は除外されている．①の破壊形式に対応するのが $R<1.3$ 程度の場合であり，$K=0.8$ となる．補強用 FRP が受け持つせん断耐力 V_{fd} は，せん断補強筋の分担分 V_{sd} の考え方と同様に，圧縮斜材角を 45° としたトラス理論を適用することにした．②と③に対応するのが $0.4<K<0.8$ の場合であり，K は線形に 0.8 から減少し 0.4 に至る．ここでは，部材のコンクリートの負担する V_{cd} が急激に減少するまで，トラス理論が成立しているものと仮定し，部材固有の R に応じて補強用 FRP の補強効率 K を変数とした．なお，V_{sd} については，一般の場合，スターラップや帯鉄筋のほかに軸方向の折曲げ鉄筋の寄与も考慮するが，交番荷重が作用する場合には，折曲げ鉄筋の寄与は考慮しないものとする．

　式 (8.2.6) は，図 5.2.1(a) に示す全周貼りの実験データの平均を示したものである．ここで，図中の R_{exp} は，補強用 FRP シートの補強比や破断ひずみ，ならびにコンクリートの圧縮強度を説明変数とした指数である．式 (8.2.6) では，R_{exp} は R として再定義されている．本式の適用範囲は，おおむね $1.0<R<1.8$ である．補強効率 K の値は，上限を安全側に 0.8 とし，下限は R の値の適用範囲から 0.4 となる．すなわち，K の値が 0.4 以下となる範囲では式 (8.2.6) は適用できない．部材係数は，実験データのばらつきを考慮して信頼

度95%として決定した．参考までに，指針[3]の刊行以降に実施された実験結果[4)~8)]を追加して再回帰した関係を図 5.2.1(a)にプロットした．このように，再回帰結果はこれまでの補強効率 K よりも若干低下する傾向にある．しかしながら，追加したデータが少ないことなどを理由に指針[3]の補強効率 K を変更せずに，本指針では式(8.2.6)をそのまま踏襲することにした．本式は，有限要素法解析による数値実験の結果ともほぼ一致し，補強用 FRP の引張耐力が大きいほど，補強用 FRP の引張剛性が小さいほど，部材のコンクリート強度が小さいほど，K が小さくなるよう定式化されている．本式の問題点は，破壊形式③の実験結果が少ないこと，R の小さい領域での破壊形式④が評価できないこと，および，部材の形状や寸法などの要因が検討されていないことである．さらには，海外で実施された実験データを追加して，式（8.2.6）の妥当性などを検討することが望まれる．

参考までに図 5.2.1(b)，(c)には，近年研究が進められている側面貼りとU字貼りの実験結果[9),10)]を指針[3]で検討したデータに重ねてプロットした．図に示したように実験データが少ないため，回帰式の検討や定量的な評価はできないが，全周貼りよりも側面貼りとU字貼りの補強効率 K は概ね小さくなる傾向が見て取れる．このことは，せん断補強における端部定着の重要性を示しているともいえる．したがって，全周巻きができない場合には，何らかの方法で端部定着を行う必要がある．

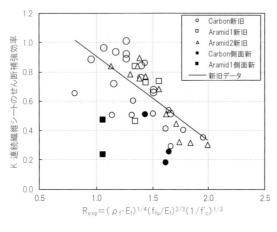

(a) 全周貼りの場合

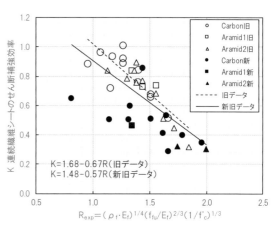

(b) 側面貼りの場合

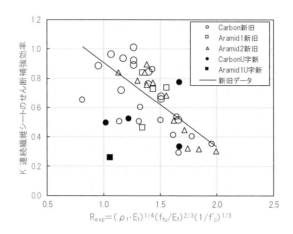

(c) U字貼りの場合

図 5.2.1 係数 R と K の関係（実験式）

制定資料：FRP 接着による構造物の補修・補強指針（案）

5.3 「8.2.5.2 コンクリート部材の照査（コンクリートに補強用 FRP を接着した場合の界面はく離破壊エネルギーG_fの制定根拠）」について

「8.2.5.2 コンクリート部材の照査」では，付着試験によらない場合の界面はく離破壊エネルギーG_fを 0.5N/mm としている．以下にその根拠を示す．表 5.3.1 に，本検討で用いたデータの概要を示す．文献 11)～14)で実施されているコンクリートと FRP シートとの付着試験は，概ね 2 面せん断試験である．表中，界面はく離破壊エネルギーG_fは以下の式 [3)]で求めた．

$$G_f = \frac{P^2_{max}}{8b^2 \cdot E_f \cdot t} \tag{5.3.1}$$

ここに，P_{max} は最大荷重（N），b は FRP シートの幅（mm），E_f は FRP シートのヤング率（N/mm²），t は FRP シートの厚さ（mm）である．

表 5.3.1 本検討に用いたデータの概要

文献	繊維種類	長さ (mm)	幅 (mm)	弾性率 (N/mm²)	1 層厚さ (mm)	積層数	最大荷重 (kN)	G_f (N/mm)
11)	アラミド	230	50	118000	0.193	1	24.5	1.32
		230	50	118000	0.193	1	24.0	1.26
		230	50	118000	0.193	1	19.4	0.83
		230	50	118000	0.193	2	30.6	1.03
		230	50	118000	0.193	2	31.9	1.12
		230	50	118000	0.193	2	31.7	1.10
		230	50	118000	0.43	1	32.7	1.05
		230	50	118000	0.43	1	32.9	1.07
		230	50	118000	0.43	1	29.1	0.83
		230	50	118000	0.572	1	32.6	0.79
		230	50	118000	0.572	1	35.2	0.92
		230	50	118000	0.572	1	32.4	0.78
		230	50	78000	0.169	1	17.7	1.19
		230	50	78000	0.169	1	14.4	0.79
		230	50	78000	0.169	1	17.3	1.14
		230	50	78000	0.169	2	25.9	1.27
		230	50	78000	0.169	2	27.6	1.44
		230	50	78000	0.169	2	27.2	1.40
		230	50	78000	0.387	1	26.2	1.14
		230	50	78000	0.387	1	21.2	0.74
		230	50	78000	0.387	1	23.5	0.91
		230	50	78000	0.504	1	31.9	1.29
		230	50	78000	0.504	1	30.8	1.21
		230	50	78000	0.504	1	25.8	0.85
12)		100	40	230000	0.167	1	17.5	0.62
		200	40	230000	0.167	1	18.6	0.70
		300	40	230000	0.167	1	18.6	0.70
		100	40	230000	0.167	1	17.7	0.64
		100	40	230000	0.167	2	24.0	0.59
		100	40	230000	0.167	3	28.7	0.56
13)	炭素	150	30	266000	0.111	1	13.6	0.87
		150	30	266000	0.111	1	17.5	1.44
		150	30	266000	0.111	1	15.4	1.12
		150	10	266000	0.111	1	6.3	1.68
		150	50	266000	0.111	1	22.3	0.84
		150	70	266000	0.111	1	29.8	0.77
14)		150	50	230000	0.111	1	18.4	0.66
		300	50	230000	0.111	1	23.9	1.12
		150	50	230000	0.111	2	32.5	1.03
		700	50	230000	0.111	1	22.0	0.95
		150	50	230000	0.111	1	20.0	0.78
		150	10	230000	0.111	1	4.8	1.13
		150	20	230000	0.111	1	10.7	1.40
		150	20	230000	0.111	3	18.5	1.40
		150	20	230000	0.111	5	23.5	1.35

表 5.3.1 のデータに対して界面はく離破壊エネルギー G_f の特性値は，以下の式[3]で求めることができる．

$$f_k = f_m - k\sigma = f_m(1 - k\delta) \tag{5.3.2}$$

ここに，f_k は試験値の特性値，f_m は試験値の平均値，σ は試験値の標準偏差，δ は試験値の変動係数，k は係数である．文献 3)にならって，試験値の分布系を正規分布，特性値を下回る確率を 5%とすると係数 k は 1.64 になる．

表 5.3.1 に示した全てのエネルギー解放率のデータについて回帰分析を行った．その結果，平均値は 1.02N/mm，標準偏差は 0.27N/mm であった．これらの値を式（5.3.2）に代入すると，エネルギー解放率 G_f の特性値は 0.57N/mm となる．指針[3]では，試験によりエネルギー解放率 G_f を決めない場合には，0.5N/mm を設計用値として使用することを推奨している．これを参考にして，この指針（案）でも 0.5N/mm を推奨値とすることにした．

5.4 「8.3 疲労破壊壊に対する照査」について

5.4.1 「8.3.1 一 般 （3）について」

この指針（案）では，補強用 FRP，対象とする部材の疲労耐久性だけでなく，接着接合部の疲労耐久性についても照査を要求している．鋼板と鋼あるいは CFRP の当て板の接着接合部の疲労耐久性を疲労試験によって検討した事例[15]によれば，疲労試験結果は，接着端部に生じる主応力範囲 $\Delta\sigma_{pe}$ を静的載荷試験で破壊した時の主応力の最大値 $\Delta\sigma_{pe\_max}$ で無次元化した応力比（$\Delta\sigma_{pe}/\Delta\sigma_{pe\_max}$）と破壊時の繰返し回数 N_f で整理できること，また，静的強度に対して繰り返し荷重による変動応力が 30%以下であれば疲労破壊しないことが示されている．さらに，この検討結果を踏まえ，静的強度の 30%以下となるように，高強度タイプの炭素繊維シートを 23 層接着する際，端部の段差形状を有限要素解析で設計し，疲労試験により検討した事例[16]によれば，炭素繊維シートの端部からはく離が生じないこと，また，炭素繊維シートの積層接着により面外ガセット溶接止端部の疲労強度が向上することが示されている．

5.4.2 「8.3.3 鋼部材の照査」について

補強用 FRP の接着によって鋼部材に生じる応力を低減することができることから，疲労対策を目的とした研究開発は，比較的多く実施されているものの，期間限定の試験施工以外には，実構造物への施工例はない．その要因として，接着接合部の疲労耐久性が十分に示されていないことも考えられる．この指針（案）では，それらの検討を含め，照査対象のディテールを考慮した疲労耐久性を溶接継手など，部材レベルで実験的に検証することを原則とした．検討事例が文献 17), 18)に示されているので，参考にするとよい．

5.5 「8.4 地震作用の照査」について

5.5.1 「8.4.2 コンクリート部材の照査」について

「8.4.2 コンクリート部材の照査」では，文献 3)を踏襲する形式で設計じん性率を実験式により照査する方法を採用した．一方，コンクリート標準示方書[19]では，降伏変位を用いて限界変位を算定する規定になっている．この指針（案）においては，その検討に必要な実験データなどが乏しいことなどを理由に，既存の実験式をそのまま適用することにした．降伏変位を規定して地震作用を照査することについては，次回の

制定資料：FRP 接着による構造物の補修・補強指針（案）　147

改定作業における課題である．

5.5.2 「8.4.3 鋼部材の照査」について

　補強用 FRP は，鉄筋コンクリート橋脚の耐震補強に適用されるケースは多いものの，鋼製橋脚への適用は限定的である．これは，留意すべき点が多いためであり，この指針（案）では，要求性能と設計での留意点を示している．文献 20)では，実験的な検討事例を踏まえ，鋼製橋脚の耐震補強のガイドライン（案）が示されているので参考にするとよい．なお，円形鋼製橋脚を対象とした検討[21]によれば，地震作用を受ける前の補強には，周方向に積層して巻立てることで，一定の効果が得られることが示されているが，地震作用を受けて部分的に座屈損傷した部位の性能回復を目的とした場合，十分な効果が得られないことも示されているので，適用にあたっては十分な検討が必要である．

参考文献

1)　米山洋生，中村一史，松井孝洋：断面欠損を有する鋼部材の CFRP 板接着による補修について，土木学会年次学術講演会講演概要集，第 68 回全国大会，I-345，pp.689-690，2013.9

2)　山下夏実，中村一史，山田稔，入部孝夫，鈴木博之，松井孝洋，堀井久一：当て板接合した鋼桁の曲げ耐力に関する実験的検討，土木学会年次学術講演会講演概要集，第 70 回全国大会，pp.1023-1024，2015.9

3)　土木学会：連続繊維シートを用いたコンクリート構造物の補修補強指針，2000.

4)　古田智基，河内洋平，金久保利之，福山洋：繊維シートの剛性が RC 梁のせん断耐力に及ぼす影響，コンクリート工学年次論文集，第 22 巻第 3 号，pp.1531-1536，2000.

5)　武内康裕，幸左賢二，松本茂，橋場盛：炭素繊維を用いた梁のせん断補強効果に関する研究，コンクリート工学年次論文集，第 26 巻，第 2 号，pp.1039-1044，2004.

6)　子田康弘，岩城一郎：連続繊維シートによるせん断補強 RC はりの耐荷性状に関する実験的検討，コンクリート工学年次論文集，第 28 巻第 2 号，pp.1447-1452，2006.

7)　角野嘉則，村上聖，下田誠也，武田浩二，久部修弘：鉄筋コンクリート梁に対する連続繊維補強材のせん断補強効果に関する実験的研究，日本建築学会構造系論文集，第 74 巻第 643 号，pp.1543-1550，2009.

8)　荒添正棋，小林朗，高橋義裕，佐藤靖彦：ポリウレア樹脂を柔軟層として使用した連続繊維シートによる RC 梁のせん断補強効果の実験的評価，コンクリート工学年次論文集，第 35 巻第 2 号，pp.1291-1296，2013.

9)　中島規道，三上浩，田村富雄，平井正雄：RC 梁のせん断耐力に与えるアラミド繊維シートの貼付形状の影響，コンクリート工学年次論文集，第 24 巻第 2 号，pp.1411-1416，2002.

10)　子田康弘，岩城一郎，中村晋：RC はりを U 字型補強した連続繊維シートによるせん断補強効果の簡易な評価手法，土木学会論文集 E，第 64 巻，pp.224-236，2008.

11)　横田稔：連続繊維シートとコンクリートの付着特性に関する研究，長岡技術科学大学　修士論文，2002.

12)　岳尾弘洋，松下博通，牧角龍憲，長島玄太郎：CFRP 接着工法における炭素繊維シートの付着特性，コンクリート工学年次論文報告集，Vol.19，No.2，1997.

13)　西田浩之，上原子晶久，下村匠，丸山久一：連続繊維シートとコンクリートとの付着特性，コンクリート工学年次論文報告集，Vol.21，No.3，1999.

14)　佐藤靖彦，浅野靖幸，上田多門：炭素繊維シートの付着機構に関する基礎研究，土木学会論文集，

No.648/V-47，2000.

15) タイウィサル，中村一史，林帆，堀井久一：当て板がエポキシ樹脂で接着された鋼板の接着接合部の疲労強度の評価，土木学会論文集 A1（構造・地震工学），Vol.74，No.5，pp.II_56-II_66，2018.5

16) タイウィサル，譚暢，中村一史，松井孝洋：炭素繊維シートの真空含浸接着による面外ガセット溶接継手の疲労強度向上に関する研究，第 45 回土木学会関東支部技術研究発表会，2pages，2018.3

17) 土木学会複合構造委員会編：FRP 接着による鋼構造物の補修・補強技術の最先端，複合構造レポート 05，土木学会，2012.6

18) 土木学会複合構造委員会編：FRP 部材の接合および鋼と FRP の接着接合に関する先端技術，複合構造レポート 09，土木学会，2013.11

19) 土木学会：コンクリート標準示方書【設計編】，2017 年制定，2018.

20) (財)土木研究センター：炭素繊維シートによる鋼製橋脚の補強工法ガイドライン(案)，2002.7

21) 岡崎直斗，中村一史，岸祐介，松井孝洋，瀬戸内秀規：座屈損傷を受けた円形鋼製橋脚の炭素繊維シート巻立てによる性能回復に関する検討，土木学会論文集 A1（構造・地震工学），Vol.73，No.5，pp.II_52-II_61，2018.5

資料集

A：補修・補強に用いる材料について

1. FRP シート（炭素繊維シート，アラミド繊維シート）

写真 1.1 に炭素繊維シートの外観を，また，炭素繊維シート（一方向材）の種類と材料特性の例を表 1.1 にそれぞれ示す．ここで，引張強度および弾性係数は，樹脂を無視した繊維のみの断面積で除した値である．これは現場で含浸させるシート系の補強材では，厳密な樹脂の厚さ管理が困難なためである．

写真 1.1 炭素繊維シートの外観

表 1.1 炭素繊維シートの材料特性（特性値）の例

No.	炭素繊維の種類	繊維方向	繊維目付け量 (g/m²)	設計厚さ t (mm)	引張強度 σ_u(N/mm²)	弾性係数 E(N/mm²)
1	高強度型	1 方向	200	0.111	3,400	2.45×10^5
2	高強度型	1 方向	300	0.163	3,400	2.45×10^5
3	高強度型	1 方向	400	0.222	3,400	2.45×10^5
4	高強度型	1 方向	600	0.333	3,400	2.45×10^5
5	中弾性型	1 方向	300	0.165	2,900	3.90×10^5
6	中弾性型	1 方向	300	0.163	2,400	4.40×10^5
7	中弾性型	1 方向	340	0.185	2,400	4.40×10^5
8	中弾性型	1 方向	400	0.217	2,400	4.40×10^5
9	高弾性型	1 方向	300	0.143	1,900	5.40×10^5
10	高弾性型	1 方向	300	0.143	1,900	6.40×10^5
11	高弾性型	1 方向	400	0.190	1,900	6.40×10^5
12	高強度型	2 方向	200	0.111	2,900	2.45×10^5
13	高強度型	2 方向	300	0.163	2,900	2.45×10^5

写真 1.2 にアラミド繊維シートの外観を，また，アラミド繊維シートの種類と材料特性の例を表 1.2 にそれぞれ示す．ここで，引張強度および弾性係数は，樹脂を無視した繊維のみの断面積で除した値である．

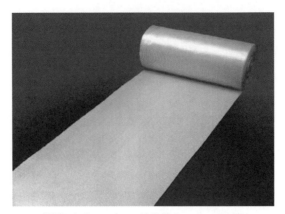

写真 1.2 アラミド繊維シートの外観

表 1.2 アラミド繊維シートの材料特性（特性値）の例

No.	アラミド繊維の種類	繊維方向	繊維目付け量 (g/m²)	設計厚さ t (mm)	引張強度 σ_u (N/mm²)	弾性係数 E (N/mm²)
1	単独重合系	1方向	280	0.193	2,060	1.18×10^5
2	単独重合系	1方向	415	0.286	2,060	1.18×10^5
3	単独重合系	1方向	623	0.430	2,060	1.18×10^5
4	単独重合系	1方向	830	0.572	2,060	1.18×10^5
5	単独重合系	2方向	180	0.0621/0.0621	2,060	1.18×10^5
6	単独重合系	2方向	330	0.095/0.095	2,060	1.18×10^5
7	単独重合系	2方向	490	0.146/0.146	2,060	1.18×10^5
8	単独重合系	2方向	650	0.193/0.193	2,060	1.18×10^5
9	単独重合系	2方向	870	0.240/0.240	2,060	1.18×10^5
10	共重合系	1方向	235	0.169	2,400	7.8×10^5
11	共重合系	1方向	350	0.252	2,400	7.8×10^5
12	共重合系	1方向	525	0.378	2,400	7.8×10^5
13	共重合系	1方向	700	0.504	2,400	7.8×10^5

2. FRPストランドシート

写真 2.1に炭素繊維ストランドシートの外観を，また，炭素繊維ストランドシートの種類と材料特性の例を表 2.1にそれぞれ示す．ここで，引張強度および弾性係数は，炭素繊維シートと同様に樹脂を無視した繊維のみの断面積で除した値である．

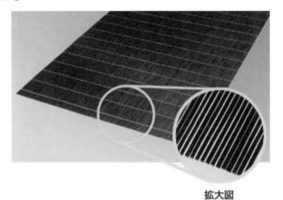

拡大図

写真 2.1 炭素繊維ストランドシートの外観

表 2.1 炭素繊維ストランドシートの材料特性（特性値）の例

No.	炭素繊維の種類	繊維目付け量 (g/m²)	設計厚さ t (mm)	引張強度 σ_u (N/mm²)	弾性係数 E (N/mm²)
1	高強度型	600	0.333	3,400	2.45×10^5
2	中弾性型	600	0.330	2,900	3.9×10^5
3	高弾性型	600	0.286	1,900	6.4×10^5
4	高弾性型	900	0.429	1,900	6.4×10^5

3. FRP プレート

写真 3.1 に FRP プレートの外観を，また，FRP プレートの種類と材料特性の例を表 3.1 にそれぞれ示す．ここで，引張強度および弾性係数は，樹脂を含む FRP としての断面積で除した値である．

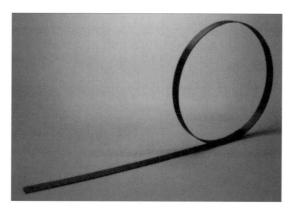

写真 3.1 FRP プレートの外観

表 3.1 炭素繊維による FRP プレートの材料特性（特性値）の例

No.	炭素繊維の種類	厚さ t (mm)	引張強度 σ_u (N/mm²)	弾性係数 E (N/mm²)
1	高強度型	1.0, 1.2, 1.5, 2.0	2,400	1.67×10^5
2	中弾性型	1.2, 2.0	1,500	2.85×10^5
3	高弾性型	1.2, 2.0, 4.0	1,200	4.50×10^5

4. プライマー

プライマーは，補強対象物と CFRP が確実に接着し，一体化するために使用する樹脂である．コンクリート補強用プライマーの材料規格の例[1]を表 4.1 に，鋼材補強用プライマーの材料規格の例[2]を表 4.2 に示す．

プライマーの特性値は，コンクリート用と鋼材用とも基本的に同等である．ただし，鋼材補強用の場合，耐熱性の規格が付与されることがある．一般に鋼部材はコンクリート部材に比べて，直射日光により加熱され高温になることがある．しかし，エポキシ樹脂などの熱硬化性樹脂は，高温になるほど，特にガラス転移点を超えると強度が低下する特性を持つことから，樹脂の軟化点を示すガラス転移温度が耐熱性の規格として示されることもある．その他として，鋼材用は防錆性などの特性が要求されることもある．

表 4.1 コンクリート補強用プライマーの材料特性（規格値）の例

項目	規格値	試験法
接着強度	1.5 N/mm² 以上 （補強対象コンクリートの設計規準強度 以上の強度を有する試験板を用いる）	JIS A 6909

表 4.2 鋼材補強用プライマーの材料特性（規格値）の例

項目	規格値	試験法
引張強度	29 N/mm² 以上	JIS K 7161
引張せん断強度	9.8 N/mm² 以上	JIS K 6850
鋼材接着強度	1.5 N/mm² 以上	JIS A 6909※1
ガラス転移点温度	70 ℃以上	JIS K 7121

※1：鋼材上に保護層および塗装を除いた状況で全断面の施工を行い確認すること

5. 不陸修正材

不陸修正材は，補強対象物の不陸を修正しながら，CFRP が補強対象物に確実に接着し，一体化するために使用される樹脂である．コンクリート補強用不陸修正材の材料規格の例[1]を**表 5.1** に，鋼材補強用不陸修正材の材料規格の例[2]を**表 5.2** に示す．

不陸修正材の材料特性は，コンクリート用と鋼材用とも基本的に同等であるが，プライマー同様に鋼材補強用には樹脂の軟化点を示すガラス転移温度が耐熱性の規格として示されることもある．

表 5.1 コンクリート補強用不陸修正材の材料特性（規格値）の例

項目	規格値	試験法
接着強度	1.5 N/mm² 以上 （補強対象コンクリートの設計規準強度 以上の強度を有する試験板を用いる）	JIS A 6909

表 5.2 鋼材補強用不陸修正材の材料特性（規格値）の例

項目	規格値	試験法
圧縮弾性係数	1,500 N/mm² 以上	JIS K 7181
引張せん断強度	9.8 N/mm² 以上	JIS K 6850
鋼材接着強度	1.5 N/mm² 以上	JIS A 6909※1
ガラス転移温度	70 ℃以上	JIS K 7121

※1：鋼材上に保護層および塗装を除いた状況で全断面の施工を行い確認すること

6. 含浸接着樹脂

含浸接着樹脂は，連続繊維シートに含浸させた状態で，連続繊維と樹脂の複合材料を形成して，連続繊維シートの持つ強度と弾性率を発揮させながら，かつ補強対象物と確実に接着するために仕様される樹脂である．コンクリート補強用含浸接着樹脂の材料規格の例[1]を**表 6.1** に，鋼材補強用含浸接着樹脂の材料規格の例[2]を**表 6.2** に示す．

含浸接着樹脂の材料特性は，コンクリート用と鋼材用とも基本的に同等であるが，プライマーや不陸修正材同様に鋼材補強用には樹脂の軟化点を示すガラス転移温度が耐熱性の規格として示されることもある．

表 6.1 コンクリート補強用含浸接着樹脂の材料特性（規格値）の例

項目	規格値	試験法
引張強度	29 N/mm^2 以上	JIS K 7161
曲げ強度	39 N/mm^2 以上	JIS K 7171
引張せん断強度	9.8 N/mm^2 以上	JIS A 6850

表 6.2 鋼材補強用含浸接着樹脂の材料特性（規格値）の例

項　目	規格値	試験法
引張強度	29N/mm^2 以上	JIS K 7161
引張せん断強度	9.8N/mm^2 以上	JIS K 6850
鋼材接着強度	1.5N/mm^2 以上	JIS A 6909※1
CFRP 引張強度	1,900N/mm^2 以上※2	JSCE-E-541
CFRP 継手強度	1,900N/mm^2 以上※2	JSCE-E-542
ガラス転移温度	70℃以上	JIS K 7121

※1：鋼材上に保護層および塗装を除いた状況で全断面の施工を行い確認すること
※2：使用する連続繊維シートの規格値を満足させること

7. 接着剤

FRP プレート用の接着剤は，高粘度のパテ状接着剤であり，FRP プレートと補強対象物を確実に接着し，一体化させる樹脂である．接着剤の種類によってはプライマー成分を含んだ接着剤もある．表7.1 に FRP プレート用接着剤の材料特性の例を示す．なお，鋼材用接着剤の種類によっては，耐熱性としてガラス転移温度が規定された接着剤もある．

表 7.1 接着剤の材料特性（特性値）の例

項目	実測値	試験法
圧縮降伏強度	55 N/mm^2	JIS K 7181
圧縮弾性係数	3.5×10^3 N/mm^2	JIS K 7181
引張強度	29N/mm^2	JIS K 7161
引張せん断強度	25N/mm^2	JIS K 6850

8. 高伸度弾性樹脂

高伸度弾性樹脂は，鋼材補強用特有のもので有り，高応力下や座屈による面外変形時にも，CFRP が鋼板からはく離することなく所要の補修・補強効果を発揮させるために，鋼板と CFRP を接合させる高伸度が特徴の樹脂である．鋼部材と CFRP の補強用高伸度弾性樹脂の材料規格の例[2]を表8.1 に示す．

表 8.1 高伸度弾性樹脂の材料特性（規格値）の例

項　目	規格値	試験法
引張強度	8 N/mm^2 以上	JIS K 7161
引張弾性係数	55 N/mm^2 以上，75 N/mm^2 未満	JIS K 7161
伸び	300 %以上，500 %未満	JIS K 7161
鋼材接着強度	1.5 N/mm^2 以上	JIS A 6909※1
ガラス転移温度	-15 ℃以下	JIS K 7121

※1：鋼材上に保護層および塗装を除いた状況で全断面の施工を行い確認すること

9. その他の材料

仕上げ材の適用目的と仕様の例を**表**9.1に示す。なお，仕上げ材は，FRPシートの場合は含浸接着樹脂の初期硬化確認後に，FRPストランドシートやFRPプレートの場合は接着剤硬化後に施工するのが一般的である。

表 9.1 仕上材工の適用目的と仕様例

仕上げ工	適用目的	仕様例
塗装工	赤外線対策 美観対策	樹脂系塗装
表面保護工	紫外線対策 表面保護 外傷，衝突破損対策	モルタル吹付け 複合塗膜 モルタル吹付け モルタル塗布
不燃被覆工 耐火被覆工	不燃被覆 耐火被覆	モルタル塗付 耐火ボード貼付け

参考文献

1) 東日本高速道路株式会社，中日本高速道路株式会社，西日本高速道路株式会社：構造物施工管理要領，2013.

2) （株）高速道路総合技術研究所：構造物施工管理要領，2013.

B：補強用 FRP の信頼限界について

1. はじめに

　この指針（案）3.3.2.2 において，補強用 FRP の引張強度の特性値としては，一般に，平均強度（X）から標準偏差（σ_n）の 3 倍の値を減じたもの（X-3σ_n）を用いることが示されており，この特性値は，引張強度の 99.9%信頼限界値に相当する．この資料では，この指針（案）が補強用 FRP の引張強度の特性値に，99.9%信頼限界値を用いた経緯を示す．

2. 99.9%信頼限界値の経緯

　CFRP などの FRP の土木分野への応用は，1990 年代に棒状の FRP 補強材（連続繊維補強材）をコンクリート構造物に適用することから始まり，FRP シート（連続繊維シート）を用いたコンクリート構造物の補修・補強へと研究開発，指針の策定，実構造物への適用と進んできた．1996 年発刊のコンクリートライブラリー第 88 号「連続繊維補強材を用いたコンクリート構造物の設計・施工指針（案）」[1]では，棒状の FRP 補強材の引張強度の特性値は，X-3σ_nとすることが「連続繊維補強材の品質規格案（JSCE-E131-1995）」に記載されている．これは，品質規格案の資料編に示された材料メーカーへのアンケートにおいて，棒状の FRP 補強材の保証荷重として，8 割の材料メーカーが，X-3σ_n以下を採用していることが一因となっている．また，FRP シートについては，2000 年発刊のコンクリートライブラリー第 101 号「連続繊維シートを用いたコンクリート構造物の補修補強指針」[2]で，引張強度の特性値として，一般に X-3σ_nを用いることが記載されている．日本コンクリート工学協会の委員会報告書[3]においては，コンクリートライブラリー第 101 号の出版に先立ち実施された，材料メーカーに対するアンケート調査結果が示されており，各メーカーの保証強度は，引張強度の平均値 X から 3.0σ_n〜6.8σ_nを減じた値となっており，平均では X-4.34σ_nであったことが記載されている．このように，土木学会の発刊している上記の指針では，棒状の FRP 補強材と FRP シートに対して，X-3σ_nを特性値として定義している．さらに，2015 年に制定された ISO 18319「Fibre reinforced polymer (FRP) reinforcement for concrete structures - Specifications for FRP sheets」においても，X-3σ_nを引張強度の特性値とすることが規定されている．

　上記のように，材料メーカーの定める保証強度（公称強度）との対応関係で，土木学会の定める指針や ISO では，X-3σ_nを引張強度の特性値としてきた経緯がある．また，本指針（案）3.3.2.2 では，「材料製造者が，十分な試験結果に基づいて保証強度を定めている場合には，その値を FRP シートの引張強度の特性値とみなしてよい」ともあり，材料メーカーの保証強度を引張強度の特性値として使用できることの背景にもなっている．材料メーカーの保証強度を引張強度の特性値として使用できることは，材料の使用者にとっては，材料試験を実施する必要がなくなり，大きなメリットとなる．

　X-3σ_nを引張強度の特性値としていることは，本指針（案）3.3.2.2 で記載されている補強用 FRP の材料係数でも考慮されているため，設計においては，特性値と材料係数をセットで使用する必要がある．

3. 異なる補強用 FRP の強度のばらつき

　参考のため，異なる補強用 FRP の引張試験結果より得られた強度の統計情報を表-3.1 に示す．補強用 FRP の引張強度の変動係数は，最小で 3.2%，最大で 8.8%であり，異なる種類の補強用 FRP の平均は 6.6%である．コンクリートの圧縮強度の変動率が 10〜20%程度，鋼材の降伏応力の変動係数が 6〜8%程度といわれてい

る[4]が，補強用 FRP の引張強度のばらつきが，これらの材料に比べて特段大きいわけではないことがわかる．

表 3.1 補強用 FRP の引張強度の試験結果

種類	材料	N 数	平均値 X (MPa)	最大値 (MPa)	最小値 (MPa)	標準偏差σ_n (MPa)	変動係数 (%)	X-3σ_n (MPa)
プレート	高弾性	36	1,719	2,060	1,470	134.1	7.80	1,317
	中弾性	50	2,254	2,446	2,072	89.92	3.99	1,984
	高強度 1	50	3,319	3,565	2,893	152.6	4.60	2,861
	高強度 2	50	2,849	3,128	2,688	92.44	3.24	2,572
シート	高弾性 1	50	2,615	3,043	2,105	221.2	8.46	1,951
	中弾性 1	50	3,621	4,268	3,268	240.5	6.64	2,900
	中弾性 2	25	3,673	4,181	3,221	267.0	7.27	2,872
	中弾性 3	50	3,577	4,038	2,919	239.0	6.68	2,860
	中弾性 4	50	3,599	4,089	3,167	225.3	6.26	2,923
	高強度 1	60	4,472	5,000	4,000	280.3	6.27	3,631
	高強度 2	60	4,495	4,940	4,030	195.1	4.34	3,910
	高強度 3	50	4,850	5,694	4,016	415.0	8.56	3,605
	高強度 4	50	4,951	5,747	4,107	385.8	7.79	3,794
	高強度 5	50	4,716	5,750	3,813	413.5	8.76	3,477
	高強度 6	50	4,355	5,095	3,901	289.7	6.65	3,486
	高強度 7	50	4,466	5,201	3,890	289.3	6.48	3,598
ストランドシート	高弾性	50	2,834	3,333	2,173	220.4	7.78	2,173
	中弾性	50	4,204	4,599	3,239	292.8	6.97	3,325
	高強度	90	4,263	4,916	3,776	277.8	6.52	3,430

4. 留意点

　上述したように，この指針（案）では，補強用 FRP の引張強度の特性値は，X-3σ_n つまり 99.9%信頼限界値を用いているが，**複合構造標準示方書** ［2014 年制定］に定める構造用 FRP を補強用途に使うことも可能である．その場合は，**複合構造標準示方書** ［設計編］［2014 年制定］に示す，構造用 FRP の強度の特性値である 95%信頼限界値（X-1.64σ_n）と構造用 FRP の材料係数を用いて設計することに留意する．

参考文献

1) 土木学会：連続繊維補強材を用いたコンクリート構造物の設計・施工指針（案），コンクリートライブラリー第 88 号，1996.

2) 土木学会：連続繊維シートを用いたコンクリート構造物の補修補強指針，コンクリートライブラリー第 101 号，2000.

3) 日本コンクリート工学協会：連続繊維補強コンクリート研究委員会報告書（II），1998.

4) 鈴木基行：構造物の信頼性設計法の基礎，森北出版，p.5，2010.

C：鋼板と当て板の接着接合部における強度の評価方法（案）に基づく評価事例

1. はじめに

本報告では，付属資料2「鋼板と当て板の接着接合部における強度の評価方法（案）」に基づいた評価事例を示す．この試験法には，表1.1に示すように，4つの試験法が規定されている．図1.1に，供試体と評価方法の概略図を示す．

表1.1 供試体と評価方法の分類

試験法	試験名	作用	応力比 σ_{ye}/τ_e
A	片面に当て板が接着された鋼板の曲げ試験 Single Patch - Bending (SPB)	曲げモーメント	0.70〜4.26
B	ダブルストラップ接合部の引張試験 Double Strap - Tensile (DST)	引張力	−0.30〜−0.21
C	両面に当て板が接着された鋼板の引張試験 Double Patch - Tensile (DPT)	引張力	0.44〜0.80
D	シングルラップ接合部の引張試験 Single Lap - Tensile (SLT)	引張力・付加曲げモーメント	0.60〜1.24

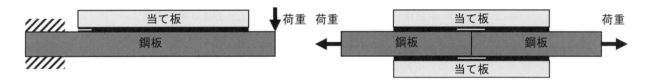

(a) 片面に当て板が接着された鋼板の曲げ試験(SPB)　　(b) ダブルストラップ接合部の引張試験(DST)

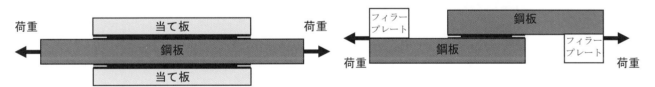

(c) 両面に当て板が接着された鋼板の引張試験(DPT)　　(d) シングルラップ接合部の引張試験(SLT)

図1.1 供試体と評価方法の概略図

この試験の目的は，4つの試験法の中から適切な方法を選択し，鋼部材と当て板の接着接合部のエネルギー解放率，主応力の特性値を実験的に求めることである．これらの特性値を適切に求めるためには，次の設定が重要である．

(1) 応力比 σ_{ye}/τ_e に基づいて試験法の選択する必要がある．
(2) 鋼板が弾性範囲内で接着接合部が破壊するように供試体を設計しなければならない．
(3) 規定された試験法に基づいた構造実験を行うが，試験法で定義される，破壊時荷重（①最大荷重，②ひずみ変化点により推定される）を適切に求めなければならない．

(1)については，接着用樹脂材料の破壊であれば，それらの特性値は，応力比 σ_{ye}/τ_e によらず，一律の値となるはずであり，各作用の影響を考慮した試験法によって設定されるべきであるが，試験結果のばらつきの

評価や，試験作業の負担等に配慮して，この試験法では，便宜的に，設計で想定する応力比σ_{ye}/τ_eに基づいて評価してよいとしている．接着用樹脂材料の接合部の破壊則は，最大主応力による評価が，現時点では，簡便で信頼性があると考えられるため，その評価事例として，各試験で得られた特性値の最大主応力に基づいた破壊則との関係を示すこととする．それらを踏まえ，以下について報告する．

1. 応力比σ_{ye}/τ_eの取り得る範囲と供試体の設計の考え方
2. 各試験法に基づいた評価事例
3. 各試験で得られた特性値の最大主応力に基づいた破壊則との関係

2. 応力比σ_{ye}/τ_eの取り得る範囲と供試体の設計の考え方

この試験法では，主に，接着用樹脂材料の凝集破壊を評価することを基本としているため，鋼板と鋼当て板の接着接合の評価によってもよいことが規定されている．また，供試体の弾性範囲内で接着接合部の破壊を評価する必要があるため，一般に，鋼当て板の剛性を大きくとる（板厚を厚くする），あるいは鋼母材には降伏強度の高い鋼種を選定するのがよいとしている．そこで，これまでの評価事例を参考に，応力比σ_{ye}/τ_eの取り得る範囲を試算した．**表 2.1**，**図 2.1**に，供試体設計における検討の条件と応力比の取り得る範囲（上限値と下限値）をそれぞれ示す．せん断応力，垂直応力のみの作用条件による試験法あるいは評価法は具体的に示されていないが，4種類の試験法によって，実用的な応力比の範囲はカバーされていると考えてよい．

表 2.1 供試体設計における検討の条件と応力比の取り得る範囲

試験法	厚さ (mm) 鋼板	厚さ (mm) 当て板	厚さ (mm) 接着用樹脂材料	接着長さ (mm)	鋼板の規準降伏強度σ_y (N/mm²)	接着用樹脂材料の主応力σ_{pe} (N/mm²)	応力比σ_{ye}/τ_e
A	9	9～16	0.3～1.0	50～300	365	30～110	0.70～4.26
B	9	9～16	0.3～1.0	50～300	365	30～110	-0.30～-0.21
C	9	9～16	0.3～1.0	50～300	365	30～110	0.44～0.80
D	9	9～16	0.3～1.0	25～100	365	30～110	0.60～1.24

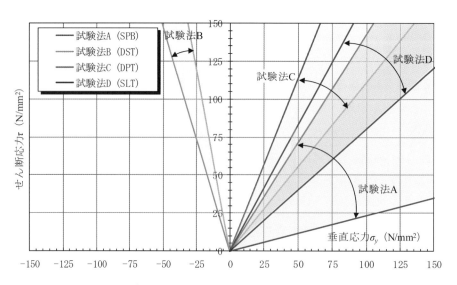

図 2.1 各試験法における応力比σ_{ye}/τ_eの取り得る範囲

3. 各試験法に基づいた評価事例

この章では，3種類の接着用樹脂材料（エポキシ樹脂接着剤）に対して，各試験法の評価事例を示す．以下，試験法A～Dについて，接着剤ごとに，試験の概略（供試体図，材料特性，寸法），試験結果をそれぞれ示す．

3.1 試験法A 片面に当て板が接着された鋼板の曲げ試験 Single Patch - Bending (SPB)

3.1.1 評価事例A-1[1)]

図3.1に，供試体図とひずみゲージの位置を，表3.1に，材料物性値を，表3.2に，試験パラメータをそれぞれ示す．鋼板（母材）に，寸法を変えた鋼当て板を接着して供試体を作製している．試験法Aでは，接着接合部の破壊によって荷重が低下しないため，破壊を適切に評価する必要がある．この評価事例では，当て板の端部から5mmの位置にひずみゲージを設置し，破壊時荷重をひずみの最大値で評価している．また，曲げモーメントは固定端で最大となるため，固定端側の接着端部で破壊が生じる．固定端側の曲げモーメントの増大により鋼板の塑性化領域が進展すると，それによって接着接合部が破壊するため，適切なエネルギー解放率，主応力の特性値が得られない場合がある．したがって，前述したように，弾性範囲内で接着接合部が破壊するように設計する必要がある．

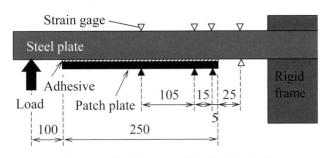

図3.1 供試体図とひずみゲージの位置

表3.1 材料物性値

部位	鋼板（母材）	当て板	接着用樹脂材料
寸法（mm）	90×12	90×12, 50×12, 25×12, 25×6, 25×4.5	―
材質	構造用鋼材 SM490Y	構造用鋼材 SM490Y	エポキシ樹脂接着剤 E1
弾性係数（kN/mm^2）	221	221, 221, 221, 197.4, 197.3	6.5
降伏強度（N/mm^2）	―	―	―
引張強度（N/mm^2）	―	―	―

表3.2 試験パラメータ

ケース	T-90-12	T-50-12	T-25-12	T-25-6	T-50-4.5
鋼板厚さ（mm）	11.6	11.6	11.6	11.6	11.6
当て板厚さ（mm）	11.6	11.6	11.6	6.25	4.45
接着用樹脂材料厚さ（mm）	0.38, 0.25, 0.23, 0.46	0.28, 0.20, 0.29, 0.23	0.23, 0.26, 0.16, 0.31	0.29, 0.19	0.27, 0.42, 0.27, 0.21
試験数 N	4	4	4	2	4
接着用樹脂材料種類	E1	E1	E1	E1	E1
破壊時荷重の評価方法	当て板端部ひずみ最大	当て板端部ひずみ最大	当て板端部ひずみ最大	当て板端部ひずみ最大	当て板端部ひずみ最大

図 3.2 に，破壊時荷重の評価の一例として，荷重と当て板端部から 5mm 位置のひずみの関係を示す．図より，荷重の増加とともに，当て板端部のひずみも大きくなり，ピークを迎えた後，徐々に減少することがわかる．このような挙動は，接着用樹脂材料のエポキシ樹脂接着剤の一部が塑性化または破壊することで生じると考えられている．また，当て板端部のひずみの変化は小さいことから，ひずみを精度よく計測することが重要となる．この評価事例では，当て板端部のひずみが最大となる時の荷重を破壊時荷重としている．ひずみの最大点かゼロとなる点かの判断は，接着用樹脂材料の性質により異なるため，適切に選択する必要がある．一般に，ひずみが最大となる点を破壊時荷重とすれば，安全側の評価となる．

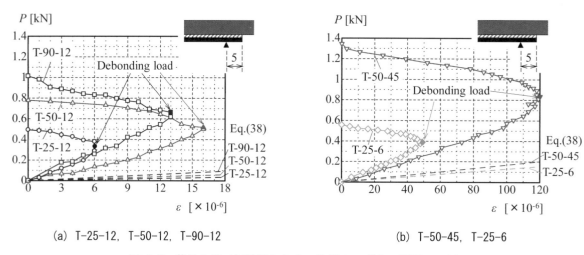

(a) T-25-12, T-50-12, T-90-12　　　(b) T-50-45, T-25-6

図 3.2 荷重と当て板端部から 5mm 位置のひずみの関係の一例

表 3.3 に，評価された破壊時荷重，接着用樹脂材料の応力，エネルギー解放率をそれぞれ示す．破壊時荷重，接着接合部の各応力の変動係数は，約 10%であるが，エネルギー解放率は約 20%と大きくなっている．結果として，エネルギー解放率の特性値は小さく評価されている．特性値は，95%信頼区間にもとづいて算定している．

表 3.3 破壊時荷重，接着用樹脂材料の応力，エネルギー解放率

(a) T-90-12

No.	破壊時荷重 P (N)	曲げ応力 σ_b (N/mm^2)	せん断応力 τ_e (N/mm^2)	垂直応力 σ_{ve} (N/mm^2)	主応力 σ_{pe} (N/mm^2)	応力比 σ_{ve}/τ_e	G_{Me} (N/mm) 式 (7.1)
1	666	132.0	23.2	43.7	53.7	1.886	0.102
2	602	119.3	25.9	48.8	60.0	1.888	0.083
3	659	130.6	29.5	55.7	68.5	1.888	0.100
4	789	156.4	24.9	47.0	57.8	1.884	0.143
平均値	679	134.6	25.9	48.8	60.0	1.887	0.107
標準偏差	68.2	13.5	2.3	4.4	5.4	—	0.022
変動係数	0.100	0.100	0.089	0.090	0.090	—	0.206
特性値	567.2	112.4	22.1	41.6	51.1	—	0.071

(b) T-50-12

No.	破壊時荷重 P (N)	曲げ応力 σ_b (N/mm²)	せん断応力 τ_e (N/mm²)	垂直応力 σ_{ve} (N/mm²)	主応力 σ_{pe} (N/mm²)	応力比 σ_{ve}/τ_e	G_{Me} (N/mm) 式 (7.1)
1	540	107.0	32.9	55.3	70.6	1.683	0.114
2	531	105.2	38.3	64.9	82.6	1.694	0.111
3	502	99.5	30.0	50.5	64.5	1.682	0.099
4	619	122.7	41.6	70.3	89.6	1.690	0.150
平均値	548	108.6	35.7	60.3	76.8	1.687	0.119
標準偏差	43.3	8.6	4.5	7.8	9.9	—	0.019
変動係数	0.079	0.079	0.127	0.129	0.128	—	
特性値	476.9	94.5	28.3	47.5	60.7	—	

(c) T-25-12

No.	破壊時荷重 P (N)	曲げ応力 σ_b (N/mm²)	せん断応力 τ_e (N/mm²)	垂直応力 σ_{ve} (N/mm²)	主応力 σ_{pe} (N/mm²)	応力比 σ_{ve}/τ_e	G_{Me} (N/mm) 式 (7.1)
1	308	61.0	30.8	49.1	63.9	1.593	0.067
2	311	61.6	29.2	46.3	60.5	1.584	0.068
3	332	65.8	39.9	64.5	83.6	1.618	0.078
4	409	81.1	35.2	55.3	72.4	1.572	0.118
平均値	340	67.4	33.8	53.8	70.1	1.592	0.082
標準偏差	40.9	8.1	4.1	7.0	8.9	—	0.021
変動係数	0.120	0.120	0.123	0.130	0.127	—	0.251
特性値	272.9	54.1	27.0	42.3	55.5	—	0.048

(d) T-90-12

No.	破壊時荷重 P (N)	曲げ応力 σ_b (N/mm²)	せん断応力 τ_e (N/mm²)	垂直応力 σ_{ve} (N/mm²)	主応力 σ_{pe} (N/mm²)	応力比 σ_{ve}/τ_e	G_{Me} (N/mm) 式 (7.1)
1	561	111.2	45.6	59.5	84.3	1.305	0.139
2	549	108.8	55.1	74.7	103.9	1.355	0.133
平均値	555	110.0	50.4	67.1	94.1	1.330	0.136

(e) T-90-12

No.	破壊時荷重 P (N)	曲げ応力 σ_b (N/mm²)	せん断応力 τ_e (N/mm²)	垂直応力 σ_{ve} (N/mm²)	主応力 σ_{pe} (N/mm²)	応力比 σ_{ve}/τ_e	G_{Me} (N/mm) 式 (7.1)
1	802	158.9	49.7	59.1	87.3	1.190	0.148
2	901	178.6	44.9	51.7	77.7	1.150	0.187
3	781	154.8	48.4	57.5	85.0	1.190	0.140
4	668	132.4	46.8	56.9	83.3	1.216	0.103
平均値	788	156.2	47.4	56.3	83.3	1.186	0.145
標準偏差	82.8	16.4	1.8	2.8	3.6	—	0.030
変動係数	0.105	0.105	0.037	0.050	0.043	—	0.207
特性値	652.2	129.3	44.6	51.7	77.5	—	0.096

3.1.2 評価事例 A-2

図 3.3 に，供試体図とひずみゲージの位置を，表 3.4 に，材料物性値を，表 3.5 に，試験パラメータをそれぞれ示す．鋼板（母材）に，厚さを変えた鋼当て板を接着している．接着用樹脂材料は 2 種類で検討している．当て板の端部から 5mm の位置にひずみゲージを設置し，破壊時荷重はひずみがゼロとなる時の荷重で評価されている．

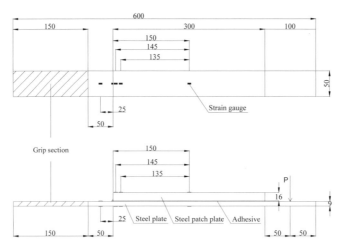

図 3.3 供試体図とひずみゲージの位置（SPB_B9P16E2，SPB_B9P16E3）

表 3.4 材料物性値

部位	鋼板（母材）	当て板	接着用樹脂材料
寸法（mm）	50×600×9	50×300×4.5, 9, 16	—
材質	構造用鋼材 SM490Y	構造用鋼材 SM490, SM490Y, SM490Y	エポキシ樹脂接着剤 E2, E3
弾性係数（kN/mm^2）	210.1	210.1	2.6, 3.6
降伏強度（N/mm^2）	410	506, 434, 410, 396	—
引張強度（N/mm^2）	554	605, 570, 554, 550	—

表 3.5 試験パラメータ

ケース	SPB_B9P16E2	SPB_B9P4.5E2	SPB_B9P9E3	SPB_B9P4.5E3
鋼板厚さ（mm）	8.7	8.7	8.7	8.7
当て板厚さ（mm）	15.9	4.5	9	4.5
接着用樹脂材料厚さ(mm)	0.34	0.34	0.34	0.34
試験数 N	3	3	3	3
接着用樹脂材料種類	E2	E2	E3	E3
破壊時荷重の評価方法	当て板端部ひずみゼロ	当て板端部ひずみゼロ	当て板端部ひずみゼロ	当て板端部ひずみゼロ

　この試験法は，接着接合部の破壊によって荷重は低下しないため，破壊時荷重を求めるために，当て板端部のひずみゲージのひずみの変化（ひずみゼロの点）から評価する．評価の一例として，**図 3.4** に，荷重と当て板端部から 5mm 位置のひずみの関係（SPB_B9P16E2）を示す．図より，全てのケースで，荷重の増加とともに，ひずみが大きくなるが，ピークを迎えた後，ゼロとなることがわかる．SPB_B9P16E2-1 では，5mm 位置でのひずみがゼロとなる点が明確に判別できなかったため，当て板端部から 15mm 位置のひずみで評価されている．図中には，試験中に，マイクロスコープで撮影された画像から接着用樹脂材料の破壊が確認された時の荷重（図中の凡例では目視と表記）も併記している．**図 3.5** に，マイクロスコープで確認された破壊時の状況（SPB_B9P16E2）を示す．**表 3.6** に，SPB_B9P16E2 における最大ひずみ，ひずみゼロ，破壊目視確認時の荷重の比較を示す．なお，ひずみ最大時には，接着用樹脂材料の破壊は確認されなかった．ひずみがゼロとなった後に，目視で破壊が確認されたこと，ひずみゼロ時の荷重は，目視で破壊が確認された荷重に近いことから，この評価事例では，破壊時荷重はひずみゼロの点での荷重としている．当て板端部のひずみの変化は $10×10^{-6}$ 程度と小さいことから，ひずみを精度よく計測することが重要となる．破壊形式は，凝集破壊であった．

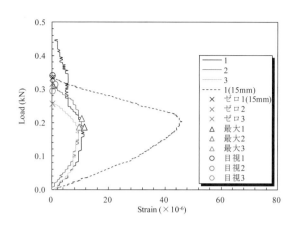

図 3.4 荷重と当て板端部から 5mm 位置のひずみの関係の一例（SPB_B9P16E2）

(a) SPB_B9P16E2-1

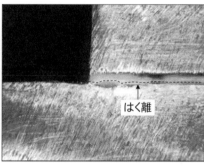

(b) SPB_B9P16E2-2

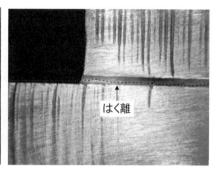

(c) SPB_B9P16E2-3

図 3.5 マイクロスコープ（目視）で確認された破壊時の状況（SPB_B9P16E2）

表 3.6 SPB_B9P16E2 における最大ひずみ，ひずみゼロ，破壊目視確認時の荷重の比較

ケース	最大ひずみ時（N）	ひずみゼロ時（N）	目視確認時（N）
SPB_B9P16E2-1	187.1	333.9	340.8
SPB_B9P16E2-2	212.6	316.4	314.2
SPB_B9P16E2-3	187.3	256.3	294.5
平均値	195.7	302.2	316.5

表 3.7 に，破壊時荷重，接着用樹脂材料の応力，エネルギー解放率をそれぞれ示す．試験数 3 の評価結果であるが，破壊時荷重，接着用樹脂材料の応力の変動係数は，数%～15%程度であり，エネルギー解放率の変動係数は，約 20%と大きくなるケースもみられた．

表 3.7 破壊時荷重，接着用樹脂材料の応力，エネルギー解放率

(a) SPB_B9P16E2

No.	破壊時荷重 P (N)	曲げ応力 σ_b (N/mm^2)	せん断応力 τ_e (N/mm^2)	垂直応力 σ_{ye} (N/mm^2)	主応力 σ_{pe} (N/mm^2)	応力比 σ_{ye}/τ_e	G_{Me} (N/mm) 式（7.1）
1	333.9	213.2	10.4	46.5	48.7	4.478	0.230
2	316.4	202.3	10.1	45.3	47.5	4.483	0.206
3	256.3	165.2	7.5	33.9	35.5	4.523	0.138
平均値	302.2	193.6	9.3	41.9	43.9	4.495	0.191
標準偏差	33.2	20.6	1.3	5.7	5.9	—	0.039
変動係数	0.110	0.106	0.139	0.135	0.135	—	0.204
特性値	247.7	159.9	7.2	32.6	34.1	—	0.127

(b) SPB_B9P4.5E2

No.	破壊時荷重 P (N)	曲げ応力 σ_b (N/mm²)	せん断応力 τ_e (N/mm²)	垂直応力 σ_{ye} (N/mm²)	主応力 σ_{pe} (N/mm²)	応力比 σ_{ye}/τ_e	G_{Me} (N/mm) 式 (7.1)
1	447.6	288.0	32.6	37.5	56.4	1.152	0.310
2	363.8	235.4	26.3	30.4	45.6	1.156	0.207
3	431.8	275.9	33.8	39.1	58.6	1.160	0.286
平均値	414.4	266.4	30.9	35.7	53.5	1.156	0.268
標準偏差	36.3	22.5	3.3	3.8	5.7	—	0.044
変動係数	0.088	0.084	0.105	0.106	0.106	—	0.164
特性値	354.8	229.5	25.6	29.5	44.3	—	0.196

(d) SPB_B9P9E3

No.	破壊時荷重 P (N)	曲げ応力 σ_b (N/mm²)	せん断応力 τ_e (N/mm²)	垂直応力 σ_{ye} (N/mm²)	主応力 σ_{pe} (N/mm²)	応力比 σ_{ye}/τ_e	G_{Me} (N/mm) 式 (7.1)
1	636.9	409.6	46.4	87.1	107.2	1.879	0.771
2	699.9	448.1	53.1	99.7	122.6	1.877	0.927
3	662.3	422.9	51.1	95.8	117.9	1.873	0.826
平均値	666.4	426.8	50.2	94.2	115.9	1.876	0.841
標準偏差	25.9	16.0	2.8	5.2	6.5	—	0.065
変動係数	0.039	0.037	0.056	0.056	0.056	—	0.077
特性値	623.9	400.7	45.6	85.6	105.3	—	0.735

(e) SPB_B9P4.5E3

No.	破壊時荷重 P (N)	曲げ応力 σ_b (N/mm²)	せん断応力 τ_e (N/mm²)	垂直応力 σ_{ye} (N/mm²)	主応力 σ_{pe} (N/mm²)	応力比 σ_{ye}/τ_e	G_{Me} (N/mm) 式 (7.1)
1	724.6	463.1	67.2	79.6	117.9	1.185	0.814
2	577.5	370.6	55.4	65.8	97.4	1.187	0.520
3	616.4	394.6	57.8	68.3	101.3	1.183	0.588
平均値	639.5	409.5	60.1	71.3	105.5	1.185	0.640
標準偏差	62.2	39.2	5.1	6.0	8.9	—	0.126
変動係数	0.097	0.096	0.085	0.084	0.084	—	0.196
特性値	537.4	345.2	51.8	61.4	90.9	—	0.434

3.2 試験法B ダブルストラップ接合部の引張試験 Double Strap – Tensile (DST)

3.2.1 評価事例B-1

図 3.6 に，供試体図とひずみゲージの位置を，表 3.8 に，材料物性値を，表 3.9 に，試験パラメータをそれぞれ示す．鋼板（母材）に，寸法を変えた鋼当て板を接着して供試体を作製している．試験法Bでは，接着接合部の破壊によって荷重がするため，破壊は最大荷重で評価されている．ただし，破壊が想定される箇所は，鋼板同士の突合せ部，当て板の端部の2箇所が考えられるため，この試験法では，突合せ部の破壊が先行するように供試体を設計しなければならない．なお，当て板端部で破壊が生じる場合，その評価方法は，試験法Cと同じである．なお，接着長 *l* が短い場合，当て板の伸び剛性が母材よりも大きい場合，当て板端部からの破壊が先行する可能性が高くなるため，当て板の伸び剛性を母材よりも小さくし，接着長を十分に確保するのがよい．

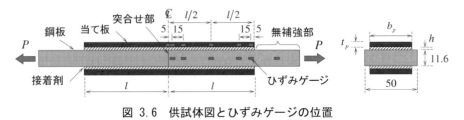

図 3.6 供試体図とひずみゲージの位置

表 3.8 材料物性値

部位	鋼板（母材）	当て板	接着用樹脂材料
寸法（mm）	2@50×300×12	50×150×9, 50×150×6, 50×150×4.5, 25×125×12, 25×125×6, 25×125×4.5	—
材質	SM490Y	SM490Y, SM490	エポキシ樹脂接着剤 E1
弾性係数（kN/mm^2）	221	212.8, 197.4, 197.3, 221, 197.4, 197.3	6.5
降伏強度（N/mm^2）	—	—	—
引張強度（N/mm^2）	—	—	—

表 3.9 試験パラメータ

No.	C25-4.5	C25-6	C25-12	C50-4.5	C50-6	C50-9
鋼板厚さ（mm）	11.6	11.6	11.6	11.6	11.6	11.6
当て板厚さ（mm）	4.45	6.25	11.6	4.25	6.25	8.75
接着用樹脂材料厚さ（mm）	0.41, 0.38	0.43, 0.41	0.43, 0.46	1.17, 1.07	0.87, 0.92	0.95, 1.03
試験数 N	2	2	2	2	2	2
接着用樹脂材料種類						
破壊時荷重の評価方法	最大荷重	最大荷重	最大荷重	最大荷重	最大荷重	最大荷重
破壊箇所						

ひずみ挙動の一例として，**図 3.7** に，引張応力と破壊側の当て板端部，突合せ部に生じるひずみの関係（C-50-6）を示す．図より，当て板端部，突合せ部では，荷重分担は，それぞれ鋼板（母材），当て板となるため，それに対応するひずみの値は小さいことがわかる．また，当て板端部近傍の鋼板図心のひずみ，突合せ部の当て板図心のひずみは，最大応力（最大荷重）に至るまで線形的にひずみが増加することがわかる．**表 3.10** に，破壊時荷重における当て板端部，突合せ部の接着用樹脂材料に生じる応力を示す．両者の主応力で，小さい方を( )で示している．C25-4.5，C25-6 では，突合せ部での主応力が大きいことから，突合せ部で破壊が生じることがわかる．当て板の剛性を高くすると，主応力は，相対的に突合せ部で低下し，当て板端部で増える特徴がある．なお，破壊形式は，凝集破壊を起点とした界面破壊であった．

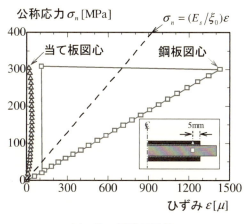
(a) 当て板端部近傍

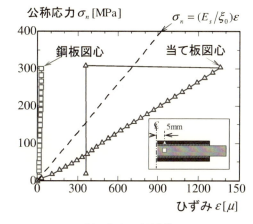
(b) 突合せ部近傍

図 3.7 引張応力と破壊側の当て板端部，突合せ部に生じるひずみの関係（C-50-6）

表 3.10 破壊時荷重における当て板端部，突合せ部の接着用樹脂材料に生じる応力

No.	破壊時荷重 P (kN)	せん断応力 τ_e (N/mm²)		垂直応力 σ_{ye} (N/mm²)		主応力 σ_{pe} (N/mm²)	
		当て板端部	突合せ部	当て板端部	突合せ部	当て板端部	突合せ部
C25-4.5	74.5	35.9	104.8	29.4	-35.6	(53.5)	88.5
	77.2	38.6	112.8	32.1	-38.8	(57.9)	95.1
C25-6	95.7	50.8	105.5	43.5	-36.7	(77.0)	88.8
	86.4	47.0	97.6	40.6	-34.1	(71.5)	82.0
C25-12	84.0	55.3	55.3	49.8	-19.0	85.6	(46.6)
	81.8	52.1	52.1	46.3	-17.8	80.2	(43.9)
C50-4.5	127.5	32.5	47.4	21.1	-13.1	44.7	(41.3)
	157.6	41.9	61.2	27.8	-17.1	58.1	(53.3)
C50-6	159.0	51.5	53.6	37.4	-15.8	73.5	(46.2)
	130.0	41.0	42.6	29.4	-12.5	58.2	(36.8)
C50-9	140.2	47.8	32.9	34.8	-9.5	68.3	(28.5)
	122.4	40.1	27.6	28.7	-7.9	56.9	(23.9)

　表 3.11 に，破壊時荷重，接着用樹脂材料の応力，エネルギー解放率を示す．前述したように，C25-4.5，C25-6 では，突合せ部での破壊，それ以外では，当て板端部での破壊であることから，それぞれ破壊箇所で評価している．なお，この評価事例では，試験数 N=2 であり，本試験法の条件を満たしていないため，参考情報として取り扱う．4章の最大主応力に基づいた破壊則の評価でこのデータを用いて考察する．

表 3.11 破壊時荷重，接着用樹脂材料の応力，エネルギー解放率

(a) C25-4.5*

No.	破壊時荷重 P (kN)	引張応力 σ_{sn} (N/mm²)	せん断応力 τ_e (N/mm²)	垂直応力 σ_{ye} (N/mm²)	主応力 σ_{pe} (N/mm²)	応力比 σ_{ye}/τ_e	G_{No} (N/mm) 式 (7.3)
1	74.5	128.4	104.8	-35.6	88.5	-0.340	0.942
2	77.2	133.1	112.8	-38.8	95.1	-0.344	1.011
平均値	75.9	130.8	108.8	-37.2	91.8	-0.342	0.977

(b) C25-6*

No.	破壊時荷重 P (kN)	引張応力 σ_{sn} (N/mm²)	せん断応力 τ_e (N/mm²)	垂直応力 σ_{ye} (N/mm²)	主応力 σ_{pe} (N/mm²)	応力比 σ_{ye}/τ_e	G_{No} (N/mm) 式 (7.3)
1	95.7	165.0	105.5	-36.7	88.8	-0.347	1.002
2	86.4	149.0	97.6	-34.1	82.0	-0.350	0.817
平均値	91.1	157.0	101.6	-35.4	85.4	-0.349	0.910

(c) C25-12*

No.	破壊時荷重 P (kN)	引張応力 σ_{sn} (N/mm²)	せん断応力 τ_e (N/mm²)	垂直応力 σ_{ye} (N/mm²)	主応力 σ_{pe} (N/mm²)	応力比 σ_{ye}/τ_e	G_{Ne} (N/mm) 式 (7.2)
1	84.0	144.8	55.3	49.8	85.6	0.900	0.275
2	81.8	141.0	52.1	46.3	80.2	0.890	0.261
平均値	82.9	142.9	53.7	48.1	82.9	0.895	0.268

(d) C50-4.5*

No.	破壊時荷重 P (kN)	引張応力 σ_{sn} (N/mm²)	せん断応力 τ_e (N/mm²)	垂直応力 σ_{ye} (N/mm²)	主応力 σ_{pe} (N/mm²)	応力比 σ_{ye}/τ_e	G_{Ne} (N/mm) 式 (7.2)
1	127.5	219.8	32.5	21.1	44.7	0.650	0.258
2	157.6	271.7	41.9	27.8	58.1	0.662	0.394
平均値	142.6	245.8	37.2	24.4	51.4	0.656	0.326

(e) C50-6*

No.	破壊時荷重 P (kN)	引張応力 σ_{sn} (N/mm^2)	せん断応力 τ_e (N/mm^2)	垂直応力 σ_{ye} (N/mm^2)	主応力 σ_{pe} (N/mm^2)	応力比 σ_{ye}/τ_e	G_{Ne} (N/mm) 式 (7.2)
1	159.0	274.1	51.5	37.4	73.5	0.725	0.484
2	130.0	224.1	41.0	29.4	58.2	0.717	0.323
平均値	144.5	249.1	46.3	33.4	65.9	0.721	0.403

(f) C50-9*

No.	破壊時荷重 P (kN)	引張応力 σ_{sn} (N/mm^2)	せん断応力 τ_e (N/mm^2)	垂直応力 σ_{ye} (N/mm^2)	主応力 σ_{pe} (N/mm^2)	応力比 σ_{ye}/τ_e	G_{Ne} (N/mm) 式 (7.2)
1	140.2	241.7	47.8	34.8	68.3	0.728	0.454
2	122.4	211.0	40.1	28.7	56.9	0.717	0.346
平均値	131.3	226.4	43.9	31.8	62.6	0.722	0.400

*2体の平均値であるため参考情報として取り扱う．

3.3 試験法C 両面に当て板が接着された鋼板の引張試験 Double Patch – Tensile (DPT)

3.3.1 評価事例 C-1

図 3.8 に，供試体図とひずみゲージの位置を，表 3.12 に，材料物性値を，表 3.13 に，試験パラメータをそれぞれ示す．鋼板（母材）に，厚さを変えた鋼当て板を接着している．当て板の端部から 5mm の位置にひずみゲージを設置し，破壊時荷重は最大荷重で評価されている．

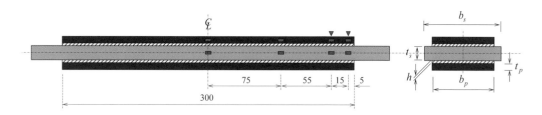

図 3.8 供試体図とひずみゲージの位置

表 3.12 材料物性値

部位	鋼板（母材）	当て板	接着用樹脂材料
寸法（mm）	50×600×12	50×150×9, 50×150×6, 50×150×4.5	−
材質	SM490Y	SM490Y, SM490	エポキシ樹脂接着剤 E1
弾性係数（kN/mm^2）	221	212.8, 197.4, 197.3	6.5
降伏強度（N/mm^2）	−	−	−
引張強度（N/mm^2）	−	−	−

表 3.13 試験パラメータ

No.	N50-4.5	N50-6	N50-9
鋼板厚さ（mm）	11.6	11.6	11.6
当て板厚さ（mm）	4.45	6.25	8.75
接着用樹脂材料の厚さ（mm）	1.27	1.08	0.96, 0.96
試験数 N	1	1	2
接着用樹脂材料の種類	E1	E1	E1
破壊時荷重の評価方法	最大荷重	最大荷重	最大荷重

表 3.14 に，破壊時荷重，接着用樹脂材料の応力，エネルギー解放率を示す．前述したように，C25-12，C50-4.5，C50-6，C50-9 は，DST 供試体であっても，当て板端部で破壊している．応力比が近い（0.65〜0.73），C50-4.5，C50-6，C50-9 では，この試験法 C の結果とほぼ同じエネルギー解放率であることがわかる．なお，この評価事例では，試験数 N=1，2 であり，本試験法の条件を満たしていないため，参考情報として取り扱う．4 章の最大主応力に基づいた破壊則の評価でこのデータを用いて考察する．

表 3.14 破壊時荷重，接着用樹脂材料の応力，エネルギー解放率*

No.	破壊時荷重 P (kN)	引張応力 σ_{sn} (N/mm²)	せん断応力 τ_e (N/mm²)	垂直応力 σ_{ye} (N/mm²)	主応力 σ_{pe} (N/mm²)	応力比 σ_{ye}/τ_e	G_{Ne} (N/mm) 式 (7.2)
N50-4.5	159.9	275.7	39.1	25.0	53.5	0.639	0.405
N50-6	153.0	263.8	44.5	31.0	62.6	0.695	0.448
N50-9_1	144.9	249.8	49.1	35.7	70.1	0.726	0.485
N50-9_2	137.3	236.7	46.6	33.8	66.4	0.726	0.436

*1, 2 体の実験値であるため参考情報として取り扱う．

3.3.2 評価事例 C-2

図 3.9 に，供試体図とひずみゲージの位置を，表 3.15 に，材料物性値を，表 3.16 に，試験パラメータをそれぞれ示す．鋼板（母材）に，厚さを変えた鋼当て板を接着している．接着用樹脂材料は 2 種類で検討している．当て板の端部から 5mm，15mm の位置にひずみゲージを設置し，破壊時荷重は，当て板端部のひずみの変化で評価されている．なお，破壊を片側から先行して生じるように，一方の当て板端部近傍に，鋼板を挟んでボルトで固定している．

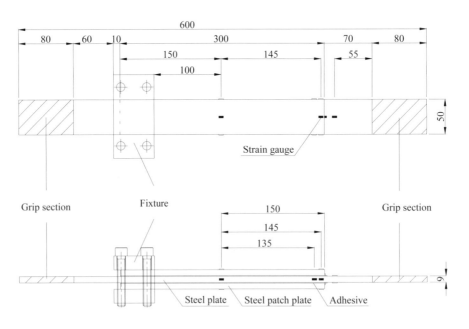

図 3.9 供試体図とひずみゲージの位置

表 3.15　材料物性値

部位	鋼板（母材）	当て板	接着用樹脂材料 E2	接着用樹脂材料 E3
寸法（mm）	50×600×9	50×300×16	—	—
材質	構造用鋼材 SM490Y	構造用鋼材 SM490Y	エポキシ樹脂接着剤 E2	エポキシ樹脂接着剤 E3
弾性係数（kN/mm²）	210.1	210.1	2.6	3.6
降伏強度（N/mm²）	410	396	—	—
引張強度（N/mm²）	554	550	—	—

表 3.16　試験パラメータ

No.	DPT_B9B16E2	DPT_B9B16E3
鋼板厚さ（mm）	8.7	8.7
当て板厚さ（mm）	15.9	15.9
接着用樹脂材料の厚さ（mm）	0.53	0.47
試験数 N	3	3
接着用樹脂材料の種類	E2	E3
破壊時荷重の評価方法	当て板端部ひずみゼロ	当て板端部ひずみ最大

　この試験法は，接着接合部の破壊によって荷重は低下しないため，破壊時荷重を求めるために，当て板端部のひずみゲージのひずみの変化から評価している．評価の一例として，**図 3.10** に，引張応力と破壊側の当て板端部（端部から 5mm の位置）に生じるひずみの関係を，**図 3.11** に，マイクロスコープ（目視）で確認された破壊時の状況をそれぞれ示す．

　まず，DPT_B9P16E2（E2）では，荷重の増加とともにひずみが大きくなるが，ピークを迎えた後，急激にひずみがゼロになること，また，ひずみがゼロとなる時の引張応力（荷重）は 3 体ともほぼ同じであることがわかる．マイクロスコープで破壊が観察された時の破壊は，ひずみゼロの時であった．したがって，DPT_B9P16E2（E2）では，破壊時荷重は，当て板端部のひずみがゼロとなる時の荷重としている．

　一方，DPT_B9P16E3（E3）でも同様に，荷重の増加とともにひずみが大きくなり，ピークを迎えた後，急激にひずみがゼロになるが，鋼板の降伏強度付近に近かったため，鋼材の降伏の影響が考えられた．そこで，より詳細に判定するために，マイクロススコープによって破壊の状況を側面から観察した．**表 3.17** に，DPT_B9P16E3 における破壊時荷重の判定例を示す．**図 3.10 (b)** に，破壊が判別された時の引張応力（荷重）を×印で示している．図表より，破壊は，降伏強度以下で生じていること，また，その位置はひずみのピークに近いが，若干ずれていることがわかる．ここでは，安全側の評価になるが，ひずみのピーク時の荷重を破壊時荷重とした．

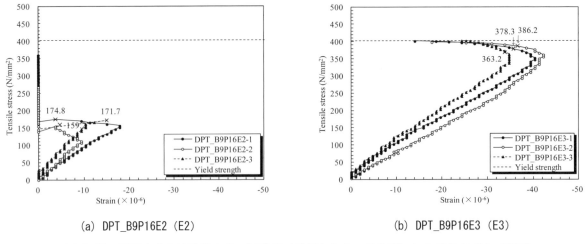

(a) DPT_B9P16E2 (E2)　　　　　　　　(b) DPT_B9P16E3 (E3)

図 3.10　引張応力と破壊側の当て板端部（端部から 5mm の位置）に生じるひずみの関係

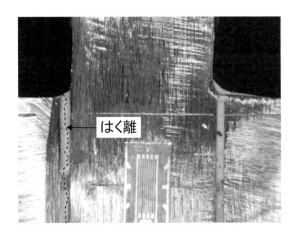

(a) DPT_B9P16E2-1 (P=75.2kN)　　　　(b) DPT_B9P16E3-2 (P=166.6kN)

図 3.11　マイクロスコープ（目視）で確認された破壊時の状況

表 3.17　DPT_B9P16E3 における破壊時荷重の判定例

判定方法	マイクロスコープによる目視		最大ひずみ	
No.	破壊時荷重 P (kN)	引張応力 σ_{sn} (N/mm^2)	破壊時荷重 P (kN)	引張応力 σ_{sn} (N/mm^2)
1	163.2	378.3	151.9	352.1
2	166.6	386.2	155.9	361.4
3	156.4	363.2	156.4	363.2
平均値	162.1	375.9	154.8	358.9

表 3.18 に，破壊時荷重，接着用樹脂材料の応力，エネルギー解放率を示す．試験数は N=3 であるが，破壊時荷重，エネルギー解放率の変動係数は小さいことがわかる．

表 3.18 破壊時荷重，接着用樹脂材料の応力，エネルギー解放率

(a) DPT_B9P16E2 (E2)

No.	破壊時荷重 P (kN)	引張応力 σ_{sn} (N/mm^2)	せん断応力 τ_e (N/mm^2)	垂直応力 σ_{ye} (N/mm^2)	主応力 σ_{pe} (N/mm^2)	応力比 σ_{ye}/τ_e	G_{Ne} (N/mm) 式 (7.2)
1	75.2	174.8	29.5	20.1	41.3	0.680	0.248
2	68.3	159.2	27.0	18.4	37.7	0.681	0.205
3	74.2	171.7	31.1	21.6	43.7	0.695	0.240
平均値	72.5	168.6	29.2	20.0	40.9	0.685	0.231
標準偏差	3.0	6.8	1.7	1.3	2.5	―	0.018
変動係数	0.042	0.040	0.058	0.065	0.060	―	0.080
特性値	72.5	168.6	29.2	20.0	40.9	―	―

(b) DPT_B9P16E3 (E3)

No.	破壊時荷重 P (kN)	引張応力 σ_{sn} (N/mm^2)	せん断応力 τ_e (N/mm^2)	垂直応力 σ_{ye} (N/mm^2)	主応力 σ_{pe} (N/mm^2)	応力比 σ_{ye}/τ_e	G_{Ne} (N/mm) 式 (7.2)
1	151.9	352.1	77.3	56.9	110.8	0.735	1.009
2	155.9	361.4	77.6	56.7	111.0	0.731	1.063
3	156.4	363.2	77.2	56.2	111.0	0.728	1.073
平均値	154.8	358.9	77.4	56.6	110.7	0.732	1.048
標準偏差	2.0	4.9	0.2	0.3	0.4	―	0.028
変動係数	0.013	0.014	0.003	0.005	0.003	―	0.027
特性値	154.8	358.9	77.4	56.6	110.7	―	1.048

3.4 試験法 D　シングルラップ接合部の引張　Single Lap – Tensile (SLT)

3.4.1 評価事例 D-1

図 3.12 に，供試体図とひずみゲージの位置を，表 3.19 に，材料物性値を，表 3.20 に，試験パラメータをそれぞれ示す．鋼板（母材）同士を接着長 50mm として，接着接合している．当て板の端部から 25mm，50mm の位置に，また，供試体の中心および中心から ±20mm の位置にひずみゲージを設置している．破壊時荷重は，最大荷重で評価されている．

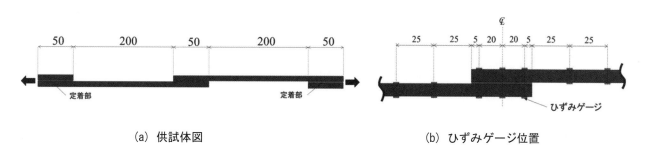

(a) 供試体図　　　　　　　　　　　(b) ひずみゲージ位置

図 3.12 供試体図とひずみゲージの位置

表 3.19 材料物性値

部位	鋼板（母材）	当て板	接着用樹脂材料
寸法 (mm)	300×50×12	300×50×12	―
材質	SM490Y	SM490Y	エポキシ樹脂接着剤 E1
弾性係数 (kN/mm^2)	212.0	212.0	6.5
降伏強度 (N/mm^2)	381	381	―
引張強度 (N/mm^2)	―	―	―

表 3.20 試験パラメータ

ケース	UC-12
鋼板厚さ (mm)	11.6
当て板厚さ (mm)	11.6
接着用樹脂材料の厚さ (mm)	0.44, 0.61
試験数 N	2
接着用樹脂材料の種類	E1
破壊時荷重の評価方法	最大荷重

図 3.13 に，部材表面に生じる応力分布を示す．図中には，理論解が示されており，実験結果は，ほぼ理論値どおりであることがわかる．上下面に設置したひずみゲージから曲げひずみを求め，曲げモーメントを計算して，当て板端部に生じる曲げモーメント，せん断力を推定する．表 3.21 に，作用断面力の推定結果を示す．

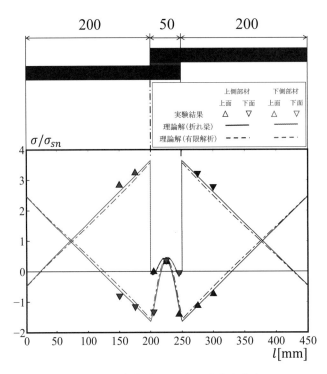

図 3.13 部材表面に生じる応力分布

表 3.21 作用断面力の推定結果

No.	破壊時荷重 P (kN)	せん断力 Q_{cr} (kN)	曲げモーメント M_{cr} (kN・m)
UC-12_1	33.6	-1.32	-0.169
UC-12_2	39.2	-1.56	-0.200
平均値	36.4	-1.44	-0.1845

表 3.22 に，破壊時荷重，接着用樹脂材料の応力，エネルギー解放率を示す．試験数は N=2 であるが，破壊時荷重，エネルギー解放率のばらつきは小さいことがわかる．なお，この評価事例では，試験数 N=2 であり，本試験法の条件を満たしていないため，参考情報として取り扱う．4 章の最大主応力に基づいた破壊則の評価でこのデータを用いて考察する．

表 3.22 破壊時荷重, 接着用樹脂材料の応力, エネルギー解放率*

No.	破壊時荷重 P (kN)	引張応力 σ_{sn} (N/mm^2)	せん断応力 τ_e (N/mm^2)	垂直応力 σ_{ye} (N/mm^2)	主応力 σ_{pe} (N/mm^2)	応力比 σ_{ye}/τ_e	G_{Se} (N/mm) 式 (7.4)
UC-12_1	33.6	57.9	41.6	58.8	80.3	1.413	0.252
UC-12_2	39.2	67.6	41.9	59.6	81.2	1.424	0.351
平均値	36.4	62.8	41.7	59.2	80.8	1.418	0.302

*2体の平均値であるため参考情報として取り扱う.

3.4.2 評価事例 D-2

図 3.14 に, 供試体図とひずみゲージの位置を, 表 3.23 に, 材料物性値を, 表 3.24 に, 試験パラメータをそれぞれ示す. 鋼板 (母材) 同士を接着長 100mm として, 接着接合している. 当て板の端部から 25mm, 50mm の位置に, また, 供試体の中心および中心から±45mm の位置にひずみゲージを設置している. 破壊時荷重は, 最大荷重で評価されている.

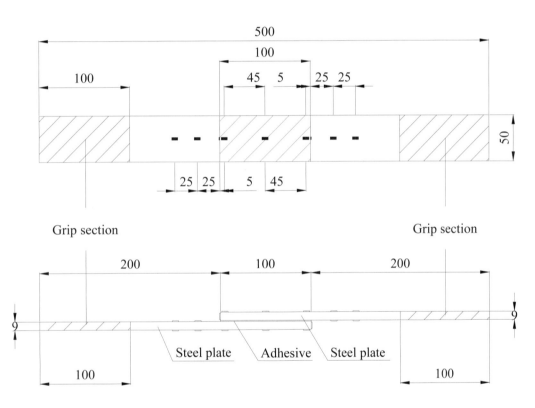

図 3.14 供試体図とひずみゲージの位置

表 3.23 材料物性値

部位	鋼板 (母材)	当て板	接着用樹脂材料
寸法 (mm)	300×50×9	300×50×9	―
材質	構造用鋼材 SM490Y	構造用鋼材 SM490Y	エポキシ樹脂接着剤 E2, E3
弾性係数 (kN/mm^2)	212.0	212.0	2.6, 3.6
降伏強度 (N/mm^2)	410	410	―
引張強度 (N/mm^2)	554	554	―

表 3.24 試験パラメータ

ケース	SLT_B9P9E2	SLT_B9P9E3
鋼板厚さ (mm)	8.5	8.6
当て板厚さ (mm)	8.5	8.6
接着用樹脂材料の厚さ (mm)	0.38, 0.41	0.46, 0.40, 0.39
試験数 N	2	3
接着用樹脂材料の種類	E2	E3
破壊時荷重の評価方法	最大荷重	最大荷重

図 3.15 に，破壊時荷重（$P=22.0$kN）における供試体の曲げモーメント図を示す．図より，実験値は理論値とほぼ同じであること，また，供試体両端部では曲げモーメントがゼロとはならないことがわかる．したがって，供試体の長さ l_1, l_2 を補正することで調整する（この例の場合，13mm 短くなる）．表 3.25 に，作用断面力の推定結果を示す．この断面力を用いて，接合部の強度を評価する．

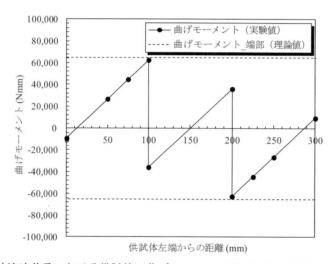

図 3.15 破壊時荷重における供試体の曲げモーメント図（SLT_B9P9E2-1, P=22.0kN）

表 3.25 作用断面力の推定結果

(a) SLT_B9P9E2

No.	破壊時荷重 P (kN)	せん断力 Q_{cr} (kN)	曲げモーメント M_{cr} (kN・m)
1	22.0	0.722	-0.0622
2	22.1	0.609	-0.0684
3	30.8	1.304	-0.0856
平均	25.0	0.789	-0.0721

(b) SLT_B9P9E3

No.	破壊時荷重 P (kN)	せん断力 Q_{cr} (kN)	曲げモーメント M_{cr} (kN・m)
1	75.4	2.701	-0.2053
2	76.9	2.692	-0.2106
3	78.7	2.830	-0.2115
平均	77.0	2.761	-0.2111

表 3.26 に，破壊時荷重，接着用樹脂材料の応力，エネルギー解放率を示す．SLT_B9P9E2 では，3 体目の試験で，相対的に破壊時荷重が大きくなり，ばらつきが大きくなった．SLT_B9P9E3 では，破壊時荷重，エネルギー解放率のばらつきは小さいことがわかる．

表 3.26 破壊時荷重，接着用樹脂材料の応力，エネルギー解放率

(a) SLT_B9P9E2

No.	破壊時荷重 P (kN)	引張応力 σ_{sn} (N/mm²)	せん断応力 τ_e (N/mm²)	垂直応力 σ_{ve} (N/mm²)	主応力 σ_{pe} (N/mm²)	応力比 σ_{ve}/τ_e	G_{Se} (N/mm) 式 (7.4)
1	22.0	51.9	-18.6	24.1	34.2	1.296	0.096
2	22.1	52.0	-18.9	25.1	35.2	1.331	0.097
3	30.8	72.1	-27.0	34.8	49.5	1.289	0.181
平均値	25.0	58.6	-21.5	28.0	39.7	1.305	0.125
標準偏差	4.1	9.5	3.9	4.8	7.0	—	0.040
変動係数	0.165	0.162	-0.182	0.173	0.177	—	0.318
特性値	18.2	43.1	-27.9	20.1	28.2	—	0.060

(b) SLT_B9P9E3

No.	破壊時荷重 P (kN)	引張応力 σ_{sn} (N/mm²)	せん断応力 τ_e (N/mm²)	垂直応力 σ_{ve} (N/mm²)	主応力 σ_{pe} (N/mm²)	応力比 σ_{ve}/τ_e	G_{Se} (N/mm) 式 (7.4)
1	75.4	177.5	-66.4	85.6	121.8	1.291	1.058
2	76.9	180.8	-72.8	94.0	133.6	1.291	1.111
3	78.7	184.9	-74.2	95.2	135.7	1.283	1.125
平均値	77.0	182.8	-73.5	94.6	134.7	1.287	1.118
標準偏差	1.4	3.0	3.4	4.2	6.1	—	0.029
変動係数	0.018	0.017	-0.046	0.045	0.046	—	0.026
特性値	74.8	177.8	-79.0	87.6	124.6	—	1.071

4. 各試験で得られた特性値の最大主応力に基づいた破壊則との関係

3 章では，3 種類の接着用樹脂材料（エポキシ樹脂接着剤）に対して，各試験法の評価事例を示した．ここでは，各接着剤について，各試験法の結果の比較と最大主応力の破壊則による評価を示す．

4.1 各試験法の結果の比較

接着用樹脂材料（エポキシ樹脂接着剤）について，試験法ごとにまとめた結果を，表 4.1〜表 4.3 にそれぞれ示す．

図 4.1 に，接着用樹脂材料の応力比に対する破壊時における主応力を示す．応力比の評価範囲が広い場合，変動係数（ばらつき）が大きくなる傾向がみられ，特に，E3 では変動係数が最も小さく，10%であった．

表 4.1 接着剤 E1 における比較

(a) 試験法 A

	破壊時荷重 P (kN)	せん断応力 τ_e (N/mm²)	垂直応力 σ_{ve} (N/mm²)	主応力 σ_{pe} (N/mm²)	応力比 σ_{ve}/τ_e	G_{No} (N/mm) 式 (7.3)
平均値	585.0	30.6	53.4	67.5	1.788	0.116
標準偏差	168.0	6.1	7.0	9.2	—	0.031
変動係数	0.29	0.20	0.13	0.14	—	0.27
特性値	309.5	20.5	41.9	52.4	—	0.064

(b) 試験法 B

	破壊時荷重 P (kN)	せん断応力 τ_e (N/mm²)	垂直応力 σ_{ve} (N/mm²)	主応力 σ_{pe} (N/mm²)	応力比 σ_{ve}/τ_e	G_{No} (N/mm) 式 (7.3)
平均値	83.5	105.2	-36.3	73.7	-0.345	0.943
標準偏差	8.3	5.4	1.7	11.0		0.078
変動係数	0.10	0.05	-0.05	0.15		0.08
特性値	69.8	96.4	-39.1	55.7		0.816

(c) 試験法 C*

	破壊時荷重 P (kN)	せん断応力 τ_e (N/mm^2)	垂直応力 σ_{ve} (N/mm^2)	主応力 σ_{pe} (N/mm^2)	応力比 σ_{ve}/τ_e	G_{No} (N/mm) 式（7.3）
平均値	131.7	44.6	33.1	64.2	0.732	0.369
標準偏差	26.3	6.4	8.3	11.4	—	0.077
変動係数	0.20	0.14	0.25	0.18	—	0.21
特性値	88.6	34.2	19.6	45.4	—	0.242

*供試体（C25-12，C50-4.5，C50-6，C50-9）は，試験法 B であるが，破壊は端部であるため，試験法 C で比較している．

(d) 試験法 D*

供試体名	破壊時荷重 P (kN)	せん断応力 τ_e (N/mm^2)	垂直応力 σ_{ve} (N/mm^2)	主応力 σ_{pe} (N/mm^2)	応力比 σ_{ve}/τ_e	G_{No} (N/mm) 式（7.3）
平均値	36.4	42.2	59.9	81.6	1.420	0.339

*試験数 N=2 であるため，平均値のみとした．

表 4.2　接着剤 E2 における比較

(a) 試験法 A

供試体名	破壊時荷重 P (kN)	せん断応力 τ_e (N/mm^2)	垂直応力 σ_{ve} (N/mm^2)	主応力 σ_{pe} (N/mm^2)	応力比 σ_{ve}/τ_e	G_{No} (N/mm) 式（7.3）
平均値	—	20.1	38.8	48.7	2.825	0.230
標準偏差	—	11.1	5.7	7.5	—	0.057
変動係数	—	0.550	0.147	0.155	—	0.246
特性値	—	2.0	29.4	36.3	—	0.137

(b) 試験法 C

	破壊時荷重 P (kN)	せん断応力 τ_e (N/mm^2)	垂直応力 σ_{ve} (N/mm^2)	主応力 σ_{pe} (N/mm^2)	応力比 σ_{ve}/τ_e	G_{No} (N/mm) 式（7.3）
平均値	72.5	29.2	20.0	40.9	0.685	0.231
標準偏差	3.0	1.7	1.3	2.5	—	0.018
変動係数	0.042	0.058	0.065	0.060	—	0.080
特性値	67.6	26.5	17.9	36.9	—	0.201

(c) 試験法 D

	破壊時荷重 P (kN)	せん断応力 τ_e (N/mm^2)	垂直応力 σ_{ve} (N/mm^2)	主応力 σ_{pe} (N/mm^2)	応力比 σ_{ve}/τ_e	G_{Se} (N/mm) 式（7.4）
平均値	25.0	-21.5	28.0	39.7	1.305	0.125
標準偏差	4.1	3.9	4.8	7.0	—	0.040
変動係数	0.165	-0.182	0.173	0.177	—	0.318
特性値	18.2	-27.9	20.1	28.2	—	0.060

表 4.3　接着剤 E3 における比較

(a) 試験法 A

	破壊時荷重 P (kN)	せん断応力 τ_e (N/mm^2)	垂直応力 σ_{ve} (N/mm^2)	主応力 σ_{pe} (N/mm^2)	応力比 σ_{ve}/τ_e	G_{No} (N/mm) 式（7.3）
平均値	652.9	55.2	82.7	110.7	1.531	0.741
標準偏差	49.5	6.5	12.8	9.4	0.346	0.142
変動係数	0.076	0.117	0.154	0.085	0.226	0.191
特性値	571.7	44.6	61.8	95.4	0.964	0.508

(b) 試験法 C

	破壊時荷重 P (kN)	せん断応力 τ_e (N/mm²)	垂直応力 σ_{ye} (N/mm²)	主応力 σ_{pe} (N/mm²)	応力比 σ_{ye}/τ_e	G_{Ne} (N/mm) 式 (7.2)
平均値	154.8	77.4	56.6	110.7	0.732	1.048
標準偏差	2.0	0.2	0.3	0.4	—	0.028
変動係数	0.013	0.003	0.005	0.003	—	0.027
特性値	154.8	77.4	56.6	110.7	—	1.048

(c) 試験法 D

	破壊時荷重 P (kN)	せん断応力 τ_e (N/mm²)	垂直応力 σ_{ye} (N/mm²)	主応力 σ_{pe} (N/mm²)	応力比 σ_{ye}/τ_e	G_{Se} (N/mm) 式 (7.4)
平均値	77.0	-73.5	94.6	134.7	1.287	1.118
標準偏差	1.4	3.4	4.2	6.1	—	0.029
変動係数	0.018	-0.046	0.045	0.046	—	0.026
特性値	74.8	-79.0	87.6	124.6	—	1.071

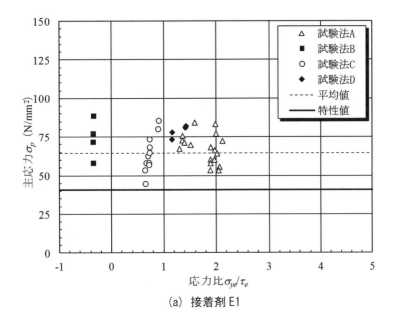

(a) 接着剤 E1

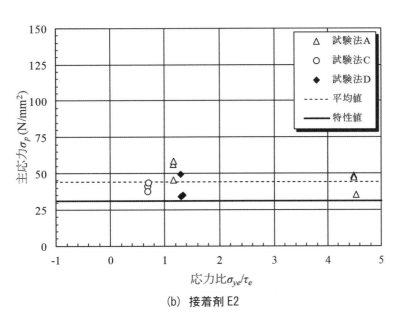

(b) 接着剤 E2

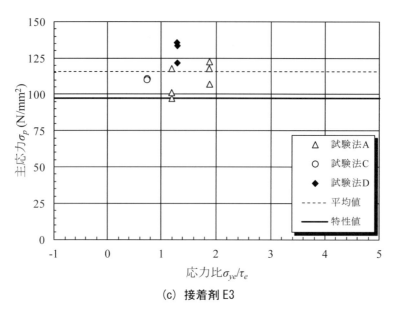

(c) 接着剤 E3

図 4.1 接着用樹脂材料の応力比に対する破壊時における主応力

4.2 最大主応力の破壊則による評価

図 4.2 に，接着用樹脂材料の破壊時における垂直応力とせん断応力の関係をそれぞれ示す．図より，接着剤 E1 では，試験法 B では，破壊基準の平均値より高めに評価されているものの，主応力破壊基準の平均値で概ね評価されていることがわかる．各接着剤の主応力の特性値（95%信頼性区間）で評価した場合，全ての試験結果は，その範囲内で評価されることがわかる．

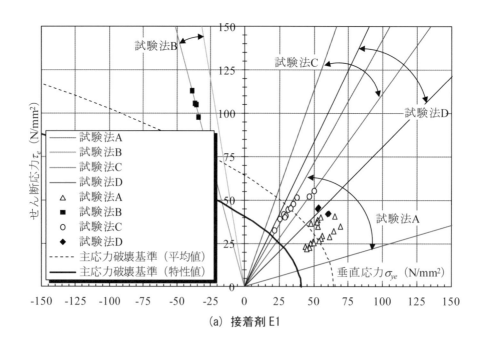

(a) 接着剤 E1

C：鋼板と当て板の接着接合部における強度の評価方法（案）に基づく評価事例　　　179

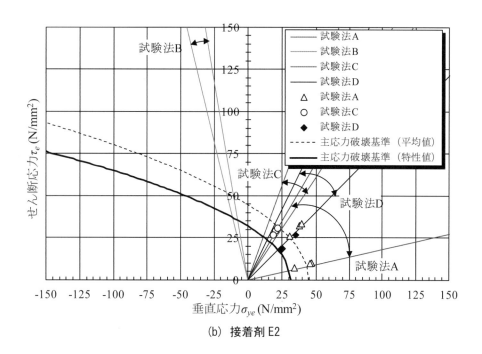

(b) 接着剤 E2

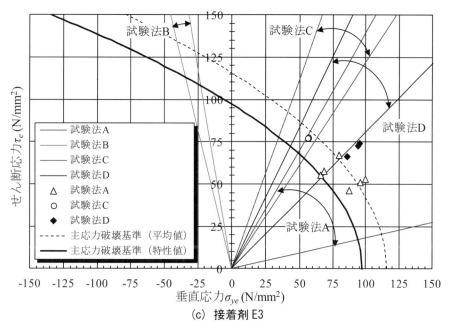

(c) 接着剤 E3

図 4.2　接着用樹脂材料の破壊時における垂直応力とせん断応力の関係

参考文献

1) 清水優, 石川敏之, 堀井久一, 服部篤史, 河野広隆：当て板接着された突合せ鋼板のはく離強度の評価, 鋼構造論文集, Vol.22, No.86, pp.1-11, 2015.

2) Shimizu, M., Ishikawa, T., Hattori, A., and Kawano, H., Failure Criteria for Debonding of Patch Plate Bonded onto Steel Members Subjected to Bending, Journal of JSCE, Vol.2, pp.310-322, 2014.

3) 坂本貴大, 石川敏之：シングルラップ接着接合のはく離破壊評価に関する研究, 構造工学論文集, Vol.63A, pp.483-492, 2017.

以上

D：補強用 FRP が下面接着された道路橋RC床版の疲労耐久性

1. はじめに

補強用 FRP を道路橋鉄筋コンクリート床版（以下 RC 床版）に下面接着することは，繰返し移動荷重を受ける RC 床版の疲労補強に対しても有効である．補強用 FRP を引張応力の作用面に接着することで，既設鉄筋やコンクリートの応力振幅の低減や，コンクリートのひび割れ面の開口挙動を拘束してコンクリートのすり磨きによる劣化を抑制し，疲労耐久性を向上させる効果がある．

補強用 FRP による RC 床版の補強設計は，道路橋示方書に準拠して設計曲げモーメントを負荷したときの既設鉄筋およびコンクリートの発生応力度が許容応力度以下となるように，補強用 FRP の種類や補強量（ヤング係数および繊維目付量，積層数，配置間隔）を決定する方法や，補強対象床版を模擬した試験床版に補強用 FRP を接着補強して輪荷重走行試験を行い床版の疲労耐久性を確認の上，補強仕様を決定する手法などが取られているが，統一的な設計手法が確立されていないのが現状である．

ここでは，RC 床版支間中央部に適用する FRP シートを RC 床版下面に接着補強する工法について，輪荷重走行試験結果に対して比較的精度良く疲労耐久性を評価する手法が近年の研究で提案されており，その概要について関連する論文から述べる．

2. 工法概要

道路橋の RC 床版は，車両の大型化や重交通の影響によりひび割れなどの疲労損傷が発生しやすい．また，古い基準で設計・施工された RC 床版は，床版厚や鉄筋量が現行の基準で設計されたものより少なく，疲労耐久性を満足していないものも多い．RC 床版の疲労損傷は，輪荷重の繰返し走行により一方向ひび割れから二方向ひび割れの発生，細網化，ひび割れの貫通，版の梁状化へと段階的に移行し最終的には押抜きせん断破壊による抜け落ちに至る．そのため，従来から縦桁増設工法，鋼板接着工法や上面増厚工法などの各種工法で対策が行われてきた．近年では，施工性がよく橋面上の通行止めを必要としない FRP シート，FRP ストランドシートおよび FRP プレートを RC 床版下面に接着し補強する例が増加している．

FRP シート下面接着工法は，炭素繊維などの連続繊維を一方向に配列したシートを床版の引張応力作用面にエポキシ樹脂などの含浸接着樹脂を含浸させながら接着し，床版コンクリートと一体化する工法である．RC 床版の補強では，炭素繊維シート接着工法の施工事例が多いが，電化区間の鉄道を跨ぐ橋りょうなどでは工事中や完成後の電気的なトラブルを避けるため，絶縁性に優れたアラミド繊維シートが用いられる事例もある．FRP シート接着工法は，鋼橋およびコンクリート橋のいずれの RC 床版に対しても利用されている．床版支間中央部の補強が主たる適用範囲であるが，張出床版など主桁上の負曲げモーメントに対する補強に適用された例もある．FRP シート接着工法の標準断面を**図 2.1** に，接着方法を**図 2.2** に示す．

当初は，床版下面全面に主鉄筋方向および配力鉄筋方向の FRP シートを接着していたが，近年は主鉄筋方向および配力鉄筋方向の FRP シートを間隔をあけて格子状に接着する（格子接着）事例が増えている．格子接着では，FRP シートを接着していない窓部からコンクリートが直接目視で確認できること，床版内部の水分が排出され滞水が防止できるなどの維持管理上の利点があるとされている[1]．

FRP ストランドシートおよび FRP プレート下面接着工法は，連続繊維を繊維結合材で成形・硬化させた FRP ストランドシート（**写真 2.1**）および FRP プレート（**写真 2.2**）を，パテ状の接着剤で床版下面に接着

一体化させる工法である．FRPストランドシートおよびFRPプレートはあらかじめ工場でFRP化された材料であり，一般に不陸修正剤と接着剤を兼ねた樹脂パテ等による各方向1回の貼付け作業となることから，現場での含浸作業が不要で施工性能・品質が向上し，床版下面に格子張り配置とすることで，目視点検による維持管理性の向上および床版上面の滞水に対する排水性の確保などの利点があるとされている．FRPストランドシートおよびFRPプレートによる補強例を**写真 2.3**，**写真 2.4**に示す．

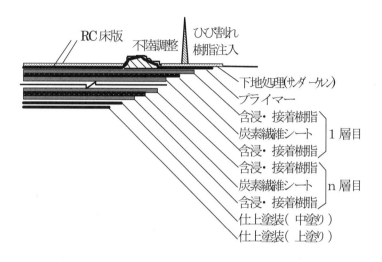

図 2.1 FRPシート接着工法標準断面図

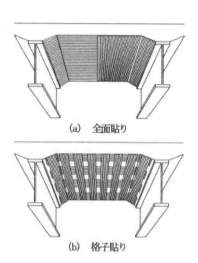

図 2.2 FRPシートの接着方法[1]

写真 2.1 FRPストランドシート

写真 2.2 FRPプレート

3. RC床版の疲労耐久性評価の現状

昭和40～50年代に道路橋RC床版の陥没損傷が顕在化し，各種機関での研究によりその損傷過程が明らかにされ，それが疲労現象の一種であることがわかった．RC床版の疲労耐久性を検証する手段としては，古くは荷重点を固定して疲労荷重を負荷する定点型試験やこれを改良した多点移動型試験のような繰返し載荷形式の試験が行われてきた．これらの繰返し形式の疲労試験では，実橋のRC床版のひび割れパターンや破壊モードなどの損傷状態が十分に再現されず，また，これらの試験法から推定される疲労寿命は実橋の床版の疲労寿命より相当大きく，かい離が著しかった．そこで，実橋のRC床版の疲労損傷過程を再現できる輪荷重走行試験機が開発され，RC床版の損傷メカニズムの解明に大きく寄与してきた．

写真 2.3 FRP ストランドシート補強例

写真 2.4 FRP プレート補強例

写真 2.5 クランク式輪荷重走行試験機

　輪荷重走行試験機は，荷重輪により任意の荷重を作用させながら往復運動するもので国内に十数台が設置されている．輪荷重走行試験機はその構造から，フライホイール等の回転力を往復運動に変換し鉄輪を介して載荷を行うクランク式輪荷重走行試験機（**写真 2.5**）と駆動装置を搭載した移動台車のゴムタイヤを介して載荷を行う自走式試験機に大別される．それぞれの試験機で，載荷能力，走行範囲，輪の大きさ，載荷板の有無と構造，設置できる床版の寸法に違いがある．

　松井らの研究[2]によれば，RC床版の疲労寿命は，梁状化した床版の押抜きせん断耐力（以下，押抜きせん断耐力と略す）P_{sx} を用いて式(1)で表わされる．

$$\log\left(\frac{P}{P_{sx}}\right) = -0.07835 \log N + C \tag{1a}$$

$$P_{sx} = 2B(\tau_{smax} \cdot X_m + \sigma_{tmax} \cdot C_m) \tag{1b}$$

$$B = b + 2d_d \tag{1c}$$

ここに，　　N：載荷回数

　　　　　　C：定数（乾燥時 C=1.52，湿潤時　C=1.24）

　　　　　　P：載荷荷重

P_{sx}：梁状化した床版の押抜きせん断耐力

B：輪荷重に対する床版の有効幅

τ_{smax}：コンクリートの最大せん断応力度

$$(\tau_{smax} = 0.252\sigma_{ck} - 0.00251\sigma_{ck^2})$$

σ_{tmax}：コンクリートの最大引張応力度

$$(\sigma_{tmax} = 0.269\sigma_{ck^{2/3}})$$

b：載荷板の配力筋方向の辺長

X_m：引張側コンクリートを無視した場合の，主筋断面の中立軸深さ

ここでコンクリートのヤング係数 E_c は，次式で計算した．

$$E_c = 900(\sigma_{ck} - 29.4) + 20580$$

d_d：引張側配力筋の有効高さ

C_m：主筋のかぶり厚さ

上述の S-N 式は，大阪大学のクランク式輪荷重走行試験機を用いた疲労試験結果から得られたものであるが，いずれの輪荷重走行試験機でも，P_{sx} を用いて概ね同様の S-N 関係式が得られているものの，S-N 関係の勾配 $1/m$ や定数 C は試験機により異なり統一されていないのが現状である [3]．

輪荷重走行試験を行う場合，一定の荷重で走行させると破壊までの試験期間が長くなることがあり，設定した載荷回数ごとに荷重をステップ状に増加させる荷重漸増載荷試験が行われることが多い．この場合，繰返し変動荷重に対してマイナー則が適用できるものとして，式(1)より各荷重ステップでの載荷回数を一定の評価荷重 P_0 に換算した式(2)で示す等価累積載荷回数 N_{eq} を算定して評価している．ここに，n_i は荷重 P_i での載荷回数である．

$$N_{eq} = \sum_{i=1,j}\left(n_i \cdot \left(\frac{P_i}{P_0}\right)^{m=\frac{1}{0.07835}}\right) \tag{2}$$

4. FRP シート下面接着補強による RC 床の疲労耐久性向上効果の評価

4.1 既往の研究成果と課題

蔡らは，FRP シートの補強効果を式(1)の S-N 関係式に容易に取り入れる方法についての検討を行い，補強後の RC 床版の寿命を比較的精度よく予測できる手法を提案している [4), 5)]．式(1a)において，FRP シート補強により，FRP シートの引張剛性による中立軸の移動に加えて式(3a)，(3b)に示すようにコンクリートの見かけの引張強度 σ_{tmax} が実際のコンクリートの引張強度の 1.5 倍に増加するとみなして P'_{sx} を算定する方法，および式(4)に示すように配力鉄筋によるかぶりコンクリートの破壊に対する抵抗力が FRP シート補強により増加するとの考えから，押抜きせん断耐力 P_{sx} の算定に載荷面直下の配力鉄筋によるはく離破壊耐力を加えた押抜きせん断耐力 P'_{sxi} を用いる方法を提案している．

$$P'_{sxi} = 2B(\tau_{smax} \cdot X_m + \sigma'_{tmax} \cdot C_m) \tag{3a}$$

$$\sigma'_{tmax} = 1.5\sigma_{tmax} \tag{3b}$$

$$P'_{sxi} = 2B(\tau_{smax} \cdot X_m + \sigma_{tmax} \cdot C_m) + 2[0.25\sigma_{tmax}C_d(a + 2d_m)] \tag{4}$$

これらの方法では，見かけのコンクリート強度の算定式(3b)，および式(4)の右辺第 2 項の FRP シート補強により増加するかぶりコンクリートの耐荷力の算定において FRP シートの材料特性（ヤング係数，引張強度，繊維目付量など），FRP シートの積層数，接着方法（全面貼，格子貼）などの物理的性質が反映されておら

ず，FRPシートの種類や積層数にかかわらず押抜きせん断耐力が増加し，長寿命化することになる．

4.2 補強メカニズムに基づく疲労耐久性向上効果（寿命増加率）の評価
(1) FRPシートによる補強メカニズムの検討

小林らは，RC床版下面にFRPシートを接着・補強した場合の疲労耐久性向上効果を，補強メカニズムに基づき評価する方法について検討を行い，FRPシートの物理的性質を用いた算定式により，FRPシート補強床版の疲労寿命を比較的精度よく予測できる手法を提案している[6]．

RC床版の疲労寿命は，押抜きせん断耐力P_{sx}を用いて式(1)で表されるので，補強後も式(1)のような梁状化したRC床版の押抜きせん断耐力で示されるS-N関係式が成り立つものとして，FRPシート補強がRC床版の疲労寿命に及ぼす影響を検討している．式(1)より，FRPシートの補強効果が以下の3つのメカニズムによるものと考え定式化されている．

a) 補強により押抜きせん断耐力P_{sx}が増加し床版の寿命が長くなる．
b) 補強により断面に作用する最大せん断力が低下し床版の寿命が長くなる．
c) 補強によりひび割れ面の劣化が抑制され定数項Cが増加し床版の寿命が長くなる．

なお，文献6)においては，大阪大学のクランク式輪荷重走行試験機を用いた試験結果を用いて検討が行われており，S-N関係式の異なる他の輪荷重走行試験機を用いた場合や実橋での適用については，今後の課題であるとされている．

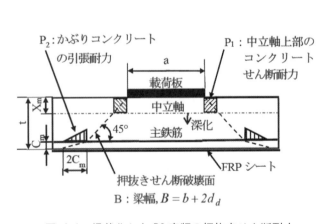
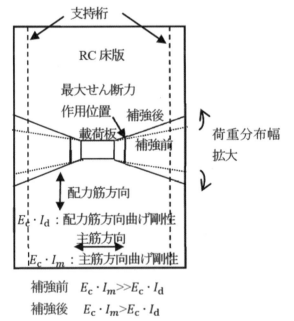

図 4.1 梁状化したRC床版の押抜きせん断耐力　　図 4.2 梁状化したRC床版の押抜きせん断耐力

a) 圧縮有効断面増加によるP_{sx}の増加

FRPシートを床版下面に接着することにより，中立軸が床版下面側に移動する．図4.1に示すように主筋方向断面の中立軸の深さX_mが大きくなると，中立軸上部のコンクリートの負担せん断力が増加し，床版の押抜きせん断耐力が大きくなる．

b) 異方性度の改善による最大せん断力の低減

RC床版は，配力鉄筋方向の鉄筋量が少なくコンクリートのひび割れ後は主鉄筋方向に比べて配力鉄筋方

向の曲げ剛性が小さい直交異方性板となっている．配力鉄筋方向の曲げ剛性が低下すると，荷重を分担する床版の主鉄筋方向の有効幅が減少し，最大せん断力が増加する．FRP シートを床版下面の配力鉄筋方向に接着することで配力鉄筋方向の曲げ剛性が回復し床版の異方性度が改善され，**図 4.2** に示すように荷重の分担幅が拡大し，同じ荷重を載荷した時の断面の最大せん断力が低下する．

c）補強によるひび割れ面の劣化抑制効果

既往の RC 床版の輪荷重走行試験機による疲労試験では，滞水環境下では，すりみがきやたたきによるひび割れ面の劣化が促進され，乾燥時に比べ疲労耐久性が大幅に低下することが知られている [7]．ただし湿潤時でも RC 床版の S-N 線の傾きは変わらず，低寿命側に平行移動する [8]．このため式(1)では湿潤時と乾燥時では定数 C が異なる値となる．FRP シートを床版下面に接着すると，ひび割れを跨いだシートがひび割れを拘束し，既往の研究によれば補強後の活荷重によるひび割れ開閉量が減少している [9]．ひび割れの開閉を拘束することで，すりみがきやたたきによるひび割れ面の劣化を抑制し，湿潤時とは逆に RC 床版の疲労耐久性を向上する効果が得られ，これは式(1)では定数項 C の値がシート補強によって増加することで示されると考えられる．

以上の 3 つの補強効果を考慮して，補強床版の寿命増加率 α_f として式(5)が考えられる．

$$\alpha_f = \alpha_n \cdot \alpha_q \cdot \alpha_c \tag{5}$$

ここに，　　α_f　：FRP シート補強による寿命増加率

　　　　　　α_n　：FRP シート補強よる中立軸の移動に伴う P_{sx} の増加による寿命増加率

　　　　　　α_q　：床版の異方性度の改善による補強効果

　　　　　　α_c　：ひび割れの拘束効果による寿命増加率

(2) FRP シート補強床版の疲労寿命算定手順

FRP シートで補強した RC 床版の疲労寿命は，式(1)で算定した，母床版の疲労寿命に式(5)の寿命増加率（α_f）乗じることで推定できる．ここでは，FRP シート補強床版の疲労寿命算定法について，その手順を示す．

a）床版の断面諸量の算定

母床版および FRP シート補強床版の，主筋方向断面の中立軸高さ，主筋方向および配力筋方向の断面二次モーメントを算定する．この時，コンクリートの引張強度は無視し，FRP シートは床版下面に完全合成されているものとして平面保持が成り立つものとする．また，コンクリートのヤング係数は $E_c = 900(\sigma_{ck} - 29.4) + 20580$ とする．FRP シートの間隔をあけて格子状に接着する場合には，FRP シートの幅と間隔を考慮した平均厚さを FRP シートの厚さとする．

b）α_n の算定

前項で算定した補強前後の主筋方向断面の中立軸高さを用いて母床版および補強後の床版の押抜きせん断耐力を算定する．式(6)により α_n を算定する．

$$\alpha_n = \left(\frac{P_{sxr}}{P_{sx}}\right)^{12.76} \tag{6}$$

ここに，　　P_{sx}：母床版の押抜きせん断耐力

　　　　　　P_{sxr}：補強後の床版の押抜きせん断耐力

c）α_q の算定

補強前後の主筋方向断面の最大せん断力を有限要素解析などにより算定し，式(7)により α_q を算定する．

$$\alpha_q = \left(\frac{Q_0}{Q_r}\right)^{12.76} \tag{7}$$

ここに，　　Q_0：補強前の無次元化最大せん断力

　　　　　　Q_r：補強後の無次元化最大せん断力

床版の支持スパン 1.8m 単純支持，載荷板 120×300mm の場合は，主筋方向および配力筋方向の断面二次モーメントから補強前後の剛比 γ を算定し，式(8)により補強前後の無次元化最大せん断力(近似値)を算定することができる．ここで，γ は，主筋方向と配力筋方向の曲げ剛性をそれぞれ I_m, I_d として $\gamma = I_d/I_m$ とする．

$$Q^* = 0.139r^2 - 0.397r + 1.261 \tag{8}$$

ここに，　　γ　：主筋方向と配力筋方向の床版の曲げ剛性の比

d)　α_c の算定

補強前後の主筋方向断面の断面二次モーメントから式(9)より α_c を算定する．

$$\alpha_c = \left(\frac{I_{mr}}{I_{m0}}\right)^9 \tag{9}$$

ここに，　　I_{m0}：補強前の主筋方向の断面二次モーメント

　　　　　　I_{mr}：補強後の主筋方向の断面二次モーメント

e)　FRP シート補強床版の疲労寿命の算定

評価荷重 P に対する母床版の疲労寿命を式(1)により計算し，上記により求めた寿命増加率 $\alpha_f = \alpha_n \alpha_q \alpha_c$ を乗じて FRP シート補強床版の疲労寿命を算定する．ただし，$\alpha_n \alpha_q$ が 1.8 から 3.7 の範囲外では本手法の適用外であり，特に $\alpha_n \alpha_q$ が 3.7 を超える場合は，FRP シートの補強量が過大で補強効果が算定値より低くなる可能性があるので注意を要する．

(3) FRP シート補強床版の S-N 関係

前節で述べた母床版の寿命と寿命増加率から FRP シート補強床版の疲労寿命を算定する方法は，補強により母床版がどの程度延命化されるかを推定する上で有用な手法である．一方で，補強床版の S-N 関係としては示されていないので，構造諸元が異なる母床版やこれらの床版を補強した場合の疲労耐久性を比較する上では，RC 床版の S-N 関係式である式(1)の形で補強床版の S-N 関係式が示されていることは有用である．そこで，FRP シート補強床版の見かけの押抜きせん断耐力が増加するものして，FRP シート補強床版の S-N 関係について検討する．

母床版の押抜きせん断耐力 P_{sx0}，補強後の床版の見かけの押抜きせん断耐力を P'_{sxr} とし，補強前および補強後の床版の S-N 関係はそれぞれ式(10), (11)で示されるとする．

$$\log\left(\frac{P}{P_{sx0}}\right) = -0.07835\log(N_0) + C \tag{10}$$

$$\log\left(\frac{P}{P'_{sxr}}\right) = -0.07835\log(\alpha_f N_0) + C \tag{11}$$

式(10), 式(11)より式(12)が得られる．

$$\log\left(\frac{P'_{sxr}}{P_{sx0}}\right) = -0.07835\log(\alpha_f) \tag{12}$$

したがって，FRP シート補強床版の見かけの押抜きせん断耐力 P'_{sxr} は，式(13)で示される．

$$P'_{sxr} = \alpha_f{}^{0.07835} P_{sx0} \tag{13}$$

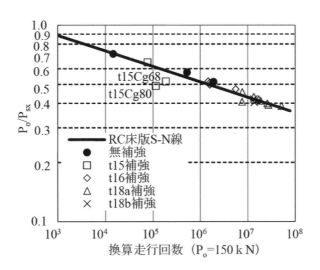

図 4.3　P'$_{sxr}$による補強床版の S-N 関係

図 4.3 は，補強床版の押抜きせん断耐力を式(13)で算定した場合の，S-N 関係を示したものである．補強量が過大ではく離破壊が先行したとして回帰で除外した 2 体（t15Cg68，t15Cg80）を除いて，補強床版の破壊時の換算走行回数は，式(1)の RC 床版の S-N 関係式の近傍にプロットされ良い相関を見せている．したがって，前節の手法で寿命増加率 α_f を算定し，式(13)により FRP シート補強床版の見かけの押抜きせん断耐力を評価することにより，FRP シート補強床版の S-N 関係は，式(1)の RC 床版の S-N 関係式を用いて示せることが分かった．

5. 今後の課題

補強用 FRP が下面接着補強された，道路橋 RC 床版の疲労耐久性について，4.2 に示すように，補強材の物理的性質を用いた力学的なモデルにより，既往の輪荷重走行試験結果に対して FRP シート補強床版の疲労寿命を比較的精度よく予測できることが分かった．

一方，既往の実験によれば載荷荷重が大きな場合には輪荷重の繰返し走行により補強用 FRP のはく離範囲が徐々に拡大する疲労はく離が確認されている．補強用 FRP を床版下面全面に接着する方法と，間隔あけて接着補強される場合があるが，板厚が厚く補強材の単位幅あたりの引張剛性が高い CFRP プレートをより離散的に配置した場合にはコンクリートと FRP 補強材の間に生じる付着応力が高くなりはく離が進行しやすいとの報告もある．したがって，補強用 FRP の剛性や幅などの特性を考慮して，FRP 補強材とコンクリート界面に発生する繰返し付着応力による疲労はく離の発生限界および疲労はく離の進展速度と疲労はく離が床版の疲労耐久性に及ぼす影響について検討する必要があると考えられる．

ここで示した疲労寿命の算定法は，大阪大学の輪荷重走行試験機を用いて行われた FRP シート補強床版のデータを用いて検討が行われており，S-N 関係式の異なる他の輪荷重走行試験機による試験結果を統一的に評価するには至っていない．また，母床版に 2 方向ひび割れを発生させた後に補強を行った RC 床版の試験結果を用いて定式化が行われているが，算定式には母床版の劣化度を考慮していない．補強前の RC 床版の劣化度は，補強後の床版の寿命に影響を及ぼすと考えられる．特に，著しく劣化の進行し残存寿命の短い床版を補強した場合には，ここで示した算定法よりも補強床版の疲労寿命が短くなることが予測される．した

がって，他の輪荷重走行試験機の試験結果も含めた統一的設計手法の提案，近年盛んになりつつある弾塑性有限要素解析を用いた解析結果との検証，補強前の RC 床版の劣化度を考慮した補強床版の寿命予測手法の提案および適用限界の設定は，今後の課題である．

参考文献

1) 岡田昌澄，大西弘志，松井繁之，小林朗：格子配置された炭素繊維シートによる床版補強効果，第三回道路橋床版シンポジウム講演論文集，pp.175-180，2003.

2) 松井繁之：橋梁の寿命予測，安全工学，Vol.30，No.6，pp.432-440，1991.

3) 土木学会鋼構造委員会道路橋床版の合理化検討小委員会：道路橋床版の要求性能と維持管理技術，土木学会，2008.

4) H.K.Chai：Improvement of RC slab fatigue durability by FRP sheet strengthening，大阪大学学位論文，2005.

5) 松井繁之：道路橋床版　設計施工と維持管理，森北出版，2007.

6) 小林朗，松井繁之：連続繊維シート接着により補強された道路橋 RC 床版の疲労寿命算定法に関する一検討，構造工学論文集，Vol.61A，pp.1261-1271，2016.

7) 松井繁之：床版損傷に対する水の振舞い，第 43 回土木学会年次学術講演会，I-3，pp.6-7，1988.

8) 松井繁之：移動荷重を受ける道路橋 RC 床版の疲労強度と水の影響について，コンクリート工学協会第 9 回コンクリート工学年次講演会論文集，pp. 627-632，1987.

9) 森成道，松井繁之，若下藤紀，西川和廣：炭素繊維シートによる床版下面補強効果に関する研究，橋梁と基礎，No.3，pp.25-32，1995.

E：連続繊維シートの曲げ引張試験方法（案）

注：土木学会発刊のコンクリートライブラリー101「連続繊維シートを用いたコンクリート構造物の補修補強指針」（2000年）に参考試験方法として掲載されていた方法を，本指針にも関連する参考試験方法として転載した．原文のまま転載しているため，一部の用語は本指針の用語とは整合していない部分がある点に留意されたい．

1. **適用範囲**　本試験方法（案）は，コンクリート部材の補修補強に用いられる連続繊維シートの曲げ引張試験方法について規定する．

2. **引用規格**　次に掲げる規格は，本試験方法（案）に引用されることによって，本試験方法（案）の規定の一部を構成する．これらの引用規格は，その最新版を適用する．

     JSCE-E 541　連続繊維シートの引張試験方法（案）

     JIS Z 8401　数値の丸め方

3. **定義**

  a) **試験部**　供試体の中で試験の対象となる部分，定着部および固定部に挟まれた部分

  b) **定着部**　試験機から荷重を試験部に伝達するための供試体端部にタブを接着した部分

  c) **固定部**　試験機から荷重を試験部に伝達するための供試体端部にピンタブを接着した部分

  d) **タブ**　試験機からの荷重を試験部に伝達するために，供試体の定着部に装着される冶具

  e) **ピンタブ**　試験機からの荷重を試験部に伝達するために，供試体の固定部に装着される固定ピン挿入用の開口部を有する冶具

  f) **最大曲げ引張荷重**　曲げ引張試験中に試験部に加わる最大の引張荷重

  g) **試験速度**　試験中につかみ具が移動する速度

4. **供試体**

4.1　供試体の作製　連続繊維シート材料に含浸接着樹脂を含浸させた所定の曲率の曲げ部を有する引張供試体は，次に示す手順より作製する．

  a)　JSCE-E 541 の 4.2 に示される A 形供試体または B 形供試体の作製法に準じて含浸接着樹脂を塗布・含浸させた連続繊維シートを準備する（A 形供試体の場合，JSCE-E 541 の 4.2.1 の a)〜b)，B 形供試体の場合，JSCE-E 541 の 4.2.2 の a)〜e)の手順に従う）．

  b)　半硬化時に供試体を A 形供試体の場合 12.5mm 幅に供試体を切り出し，B 形供試体の場合 10〜15mm の繊維束を切り出す．切り出した供試体を，規定の曲率の角部を有する板上で室温（23±2℃）にて 7 日以上養生硬化する．角部の角度は 90° を標準とする．

4.2　供試体の定着部　供試体の定着部は，JSCE-E 541 の 4.2 に準拠し適切なタブを接着することを原則とする．

4.3　供試体の固定部　供試体の固定部は，厚さ 1〜2mm，幅 50mm，長さ 100mm 以上の鋼製タブを，連続繊維シートが中心になるように接着した後，固定ピン挿入用の開口部を設ける．なお，曲げ引張強度が大きく固定部のタブ抜けが生じる場合，タブに鉄パイプを使用し，供試体端部を膨張コンクリートによって固着することが望ましい．

4.4 供試体の数 供試体の数は，試験の目的に応じて適切に定めるものとする．ただし，5個以上とする．

5. 試験機 曲げ引張試験に用いる試験機は供試体の最大荷重以上の載荷能力を有し，規定の載荷速度で載荷が可能な装置とし，図1に示すように所定の曲率で90°折り曲げた供試体を固定して所定の曲率の曲げ冶具で押さえ，引張力を加えることができる構造とする．

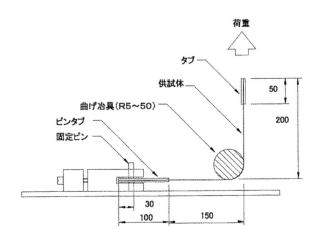

図1 試験方法の概要（単位：mm）

6. 試験方法

6.1 供試体の寸法 供試体の直線部の幅を，定着側で2か所，固定側で2か所，おのおの0.1mmまで測定する．

6.2 供試体の取付け 供試体の取付けは，固定部のピンタブを専用冶具に固定し，供試体の曲げ部をそれと同一の曲率を有する曲げ冶具に添わせた後，定着部のタブを引張試験機の冶具に固定する．供試体は引張荷重軸と供試体の長軸が一直線上になり，かつ供試体の曲げ部と冶具の曲げ部が重なるように固定する．ただし，これまでの試験結果において，供試体の曲げ部は供試体自体の伸びや冶具の緩み等で，破断時までに定着部方向へ微小距離移動することがわかっており，供試体のセッティングは破断時に供試体の曲げ部が冶具に当たるようあらかじめ固定部側に移動させてセットすることが望ましい．

6.3 試験温度 試験温度は20±5℃を標準とする．ただし，供試体が温度変化に敏感でない場合，5～35℃の範囲で試験を行ってもよい．また，特別な施工条件や使用環境に用いる場合はその施工条件および使用環境を考慮して試験温度を定めることとする．

6.4 載荷速度 載荷速度は，試験部のひずみ速度が1分間につき1.0～2.0%程度になるようにする．

6.5 試験の範囲 載荷試験は試験部が破断するまで行い，荷重は最大引張荷重まで連続的または等間隔で計測・記録する．

7. 試験結果の整理

7.1 データの取扱い 試験部で破壊した供試体の結果のみ用いる．明らかにタブ部において破壊または抜けたと判断される場合には，その試験結果は破棄し，同一ロットから追加して作製した供試体の試験により試験部で破壊したデータが所定の個数以上になるようにする．

7.2 曲げ引張強度 曲げ引張強度は，式（1）により計算し，JIS Z 8401により有効数字3けたに丸める．

$$f_{fur} = \frac{F_u}{A} \quad \cdots\cdots\cdots\cdots\cdots\cdots\cdots\cdots\cdots\cdots\cdots\cdots\cdots (1)$$

ここに，f_{fur}：曲げ引張強度（N/mm²）

F_u：最大曲げ引張荷重（N）

A：供試体の断面積で JSCE-E 541 の 7.3 に規定する方法により算出する（mm²）

8. **報告**　報告は次の事項について行う．

a）連続繊維シートの種類

b）含浸樹脂の種類

c）曲げ部の曲率半径

d）供試体の作製方法（個々の供試体の寸法，接着部分の寸法，硬化条件等）

e）供試体の数

f）試験時の荷重速度またはクロスヘッドの移動速度

g）各供試体の曲げ引張強度およびそれらの平均値

h）破壊の状態

i）その他特記すべき事項

FRP接着により補修・補強した構造物の性能照査例

Part A：コンクリート構造物

1. FRP接着による単柱式道路橋橋脚の耐震補強

1. 対象構造物

FRP接着による橋脚の耐震補強に関する性能照査例として，単柱式道路橋鉄筋コンクリート橋脚(以下「RC橋脚」)を選定した．図1.1および図1.2にRC橋脚の構造諸元を示す．

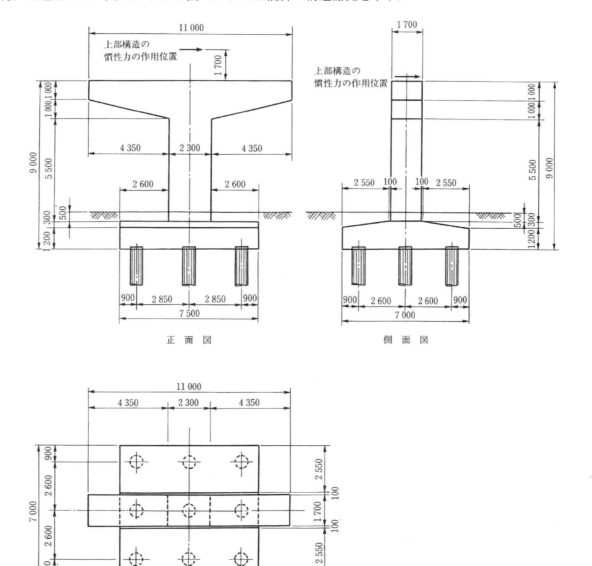

図 1.1 性能照査対象のRC橋脚

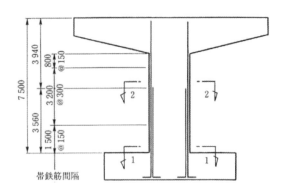

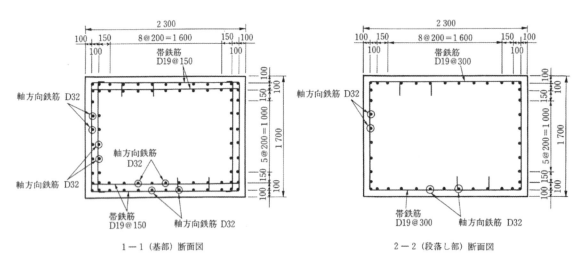

図 1.2 既設橋脚の配筋図

2. 設計・照査の方針

破壊・崩壊に対する安全性に関する要求性能は,「道路橋示方書・同解説　Ⅴ耐震設計編（平成 24 年 3 月）（以降,道示Ⅴ編（H24）と称す）」に定める地震動に対して,橋脚が鉄筋コンクリート部材として保有している.

　①部材の曲げ耐力
　②部材のせん断耐力
　③部材のじん性能

に関する性能照査により評価するものとした.

3. 材料
3.1 コンクリート

　　　　設計基準強度（圧縮強度の特性値）　　　　：f'_{ck}=24（N/mm^2）
　　　　設計圧縮強度（安全性（断面破壊））　　　：f'_{cd}=18.5（N/mm^2）

3.2 鉄筋

種　類　　　　　　　　： SD 295

引張強度の特性値　　　： f'_{suk}=440 (N/mm^2)

引張降伏強度の特性値 ： f'_{syk}=295 (N/mm^2)

ヤング係数　　　　　　： E_s=2.0×10^5 (N/mm^2)

3.3 補強用 FRP

3.3.1 補強用 FRP の選定

補強用 FRP は，構造特性，施工性および維持管理の容易さ等に関する要求性能を考慮し対象構造物に適したものを選定することが望ましい．実工事においては，補強目的に応じて複数の補強用 FRP を選定することは稀ではあるが，ここでは性能照査例として曲げ補強，せん断補強およびじん性補強用の補強用 FRP を別々に選定した．

曲げ補強には構造特性のうち引張強度の特性値とヤング係数が大きく効率的な構造補強が可能であり施工性に優れる炭素繊維を用いた FRP ストランドシートを，せん断補強には同じく構造特性のうち引張強度の特性値とヤング係数が大きく効率的な構造補強が可能であり隅角部において曲げ配置が必要なことから炭素繊維を用いた FRP シートを（※FRP ストランドシートは構造物の施工面の曲率に制約がある），また，じん性補強には構造特性のうち伸度が大きく効率的な構造補強が可能であることからアラミド繊維を用いた FRP シートをそれぞれ選定するものとした．

3.3.2 FRP シートおよび FRP ストランドシートの諸元

この照査例で用いる FRP シートおよび FRP ストランドシートの諸元は，表 3.1 に示すとおりとした．

表 3.1 FRP シートおよび FRP ストランドシートの諸元

	単 位	FRP の種類		
		曲げ補強	せん断補強	じん性補強
		炭素繊維を用いた FRP ストランドシート	炭素繊維を用いた FRP シート	アラミド繊維を用いた FRP シート
目付け量	g/m^2	600	300	623
厚さ	mm	0.333	0.167	0.430
引張強度の特性値	N/mm^2	3,400	3,400	2,100
ヤング係数	kN/mm^2	245	245	118
破断伸度	%	1.4	1.4	1.8

4. 安全係数の設定

「コンクリート標準示方書・設計編（2017年制定）（以降，コン示・設計編（2017）と称す」を参考として，レベル2地震動に対する安全性の照査に用いる各安全係数を**表4.1**に示すとおり設定した.

表 4.1 安全性の照査に用いる安全係数設定表

材料区分	材料係数 γ_m	材料修正係数 ρ_m	部材係数 γ_b	構造解析係数 γ_a	作用係数 γ_f	構造物係数 γ_i
コンクリート	1.3		1.3			
鋼　　材	1.0	1.0	1.15	1.0	1.0	1.0
補強用 FRP	1.2		1.25 (1.3)*			

* （ ）内は，じん性率の算定に用いる.

5. 照査荷重

5.1 上部構造死荷重反力

上部構造は，

形　　　式：単純鋼Iげた橋

支　間　長：26.0 m

幅　　　員：全幅員 11.0 m

支承の種類：鋼製支承板支承

支 持 条 件：固定

であると想定し，これによる上部構造死荷重反力は以下のとおりとした.

上部構造からの死荷重反力：　R_D= 3 000 (kN)

また，地震動作用時の慣性力に寄与する死荷重反力は，支承条件が橋軸方向および橋軸直角方向共に固定であるとして，

橋 軸 方 向：W_u= 3000 (kN)

橋軸直角方向：W_u= 3000 (kN)

とした.

5.2 橋脚躯体の重量

照査対象とする橋脚躯体の重量は，

脚柱上端までの重量：W_1 = 735 (kN)

脚柱単位長当りの重量：w_p = 95.8 (kN / m)

橋 脚 躯 体 の 総 重 量：W_p = 1290 (kN)

とした.

5.3 地震力の設定

5.3.1 固有周期の仮定

RC橋脚が持つ橋軸方向および橋軸直角方向の固有周期は，「道示V編（H24）」に基づき，設計振動単位が1基の下部構造とそれが支持している上部構造部分からなる場合の1自由度系の振動体として算出した結

果，以下のとおりとした.

橋 軸 方 向：$T = 0.56$ 秒

橋軸直角方向：$T = 0.58$ 秒

5.3.2　設計水平震度の設定

設計水平震度は，「道示 V 編（H24）」に定める耐震性能 2 に適用する照査地震動がレベル 2 であることから，ここでは，「道示 V 編（H24）」に定める地震時保有水平耐力法に用いるタイプ II の設計地震動を適用するものとし，

地域区分が A1 地域であり，地域別補正係数が $c_{IIz} = 1.0$

耐震設計上の地盤種別が III 種地盤

と仮定し，次のように設定した.

設計水平震度：$k_h = 1.50$

6.　既設 RC 橋脚の耐震安全性の照査

既設 RC 橋脚の耐震安全性の照査結果を**表 6.1**に示す.

これより，段落し部においては，破壊モードは曲げ破壊モードとなるように，せん断耐力は照査結果が 1.0 以下になるように，曲げ耐力は照査結果が 1.2 以上になるように，また，基部においては，保有じん性能の照査結果が 1.0 以下となるようにそれぞれ補強を行う必要がある.

表 6.1　既設 RC 橋脚躯体の照査結果一覧表

安全性の照査		照査式	橋軸方向	橋軸直角方向
段落し部	破壊モード	$\gamma_i \cdot V_{mu}/V_{yd} < 1.0$	1.17	1.18
			せん断破壊モード	せん断破壊モード
	せん断耐力	$\gamma_i \cdot V_d/V_{yd} < 1.0$	3.29	2.94
	曲げ耐力	$(M_{Ty0}/h_t)/(M_{By0}/h_B) > 1.2$	1.09	0.99
基　　部	破壊モード	$\gamma_i \cdot V_{mu}/V_{yd} < 1.0$	0.51	0.46
			曲げ破壊モード	曲げ破壊モード
	保有じん性能	$\gamma_i \cdot \mu_{rd}/\mu_{fd} < 1.0$	1.61	1.69

7.　FRP による補強後の耐震安全性の照査

7.1　補強方法および耐震安全性照査荷重の設定

7.1.1　補強方法の設定

既設 RC 橋脚躯体の照査結果を踏まえ，数回の試算ののち，照査対象項目が所要の安全度を満足するように，FRP による補強を以下のように設定した.

①段落し部のせん断補強

橋 軸 方 向：「炭素繊維を用いた FRP シート（目付け量 300g/m²）1 層」を横方向に貼り付ける.

橋軸直角方向：同　上

②段落し部の曲げ補強

橋 軸 方 向：「炭素繊維を用いた FRP ストランドシート（目付け量 600g/m²）2 層」を縦方向に貼り

付ける．

橋軸直角方向：「炭素繊維を用いた FRP ストランドシート（目付け量 600g/m²）5 層」を縦方向に貼り
付ける．

③基部のじん性補強

橋 軸 方 向：「アラミド繊維を用いた FRP シート（目付け量 623g/m²）1 層」を横方向に貼り付ける．

橋軸直角方向：同　上

7.1.2　照査荷重の設定

7.1.2.1　設計水平震度

橋脚躯体基部の設計じん性率 μ_{fd} は，上記のじん性補強を施すことにより，後述の 7.4 に示すように，

橋 軸 方 向：μ_{fd}=6.63

橋軸直角方向：μ_{fd}=7.79

へ向上する結果が得られた．

したがって，地震動作用時において，橋脚躯体の弾性応答と弾塑性応答との間に吸収エネルギー一定則を
適用すると，各応答時の水平震度には，

$$k_{he}=\left(\frac{1}{\sqrt{2\mu_{fd}-1}}\right)\cdot k_h$$

ここで，　k_{he}　：弾塑性応答時の設計等価水平震度

k_{he}　：弾性応答時の設計水平震度

μ_{fd}　：補強用 FRP で補強された部材の設計じん性率

の関係があることから，この照査例で対象としているレベル 2 地震動時の設計水平震度は，上記の橋脚躯体
基部のじん性補強の効果を考慮して，

橋 軸 方 向：k_{he}=0.48

橋軸直角方向：k_{he}=0.45

へ低減した設計等価水平震度とした．

7.1.2.2　上部構造死荷重反力および橋脚躯体重量

上部構造死荷重反力は，既設橋脚の耐震安全性照査時と同様，

橋 軸 方 向：W_u=3 000 (kN)

橋軸直角方向：W_u=3 000 (kN)

とし，また，地震動作用時の慣性力に寄与する橋脚躯体の重量は，1 次モードで振動時の有効重量を 50%と
して，

橋脚躯体の総重量：W_{pe}=1 290×0.50=645 (kN)

が上部工死荷重反力作用位置に集中しているものと仮定した．

7.2 段落し部のせん断耐力に関する照査

7.2.1 照査方針

RC橋脚躯体段落し部のせん断耐力に関する安全性の照査は，帯鉄筋の配置間隔が300 mmに減少している断面について行った（**図1.2**）．FRPによって補強された部材断面のせん断耐力の算出およびその安全性に関する照査は，「FRP接着による構造物の補修・補強指針（案）（以降，本指針と称す）」によった（参照先：**8.2.4.2 コンクリート部材の照査**）．

7.2.2 炭素繊維を用いたFRPシートで補強された段落し部の設計せん断耐力の算定

7.2.2.1 設計せん断耐力の算定式

炭素繊維を用いたFRPシートにより補強された部材の設計せん断耐力 V_{fyd} は，本指針の式（8.2.1）により求めた．

$$V_{fyd} = V_{cd} + V_{sd} + V_{fd} \tag{8.2.1}$$

ただし，　V_{cd}：せん断補強鋼材および補強用FRPを用いない棒部材の設計せん断耐力

　　　　　V_{sd}：せん断補強鋼材により受け持たれる設計せん断耐力

　　　　　V_{fd}：補強用FRPにより受け持たれる設計せん断耐力

せん断補強鋼材および補強用FRPを用いない棒部材の設計せん断耐力 V_{cd} は，本指針の式（8.2.2）により求めた（記号の説明を省略しているものは本指針を参照のこと）．

$$V_{cd} = \beta_d \cdot \beta_p \cdot \beta_n \cdot f_{vcd} \cdot b_w \cdot d / \gamma_b \tag{8.2.2}$$

せん断補強鋼材により受け持たれる設計せん断耐力 V_{sd} は，本指針の式（8.2.4）により求めた．

$$V_{sd} = \left[A_w \cdot f_{wyd} (\sin \alpha_s + \cos \alpha_s) / s_s \right] \cdot z / \gamma_b \tag{8.2.4}$$

また，補強用FRPにより受け持たれる設計せん断耐力 V_{fd} は，本指針の式（8.2.5）により求めた．

$$V_{fd} = K \cdot \left[A_f \cdot f_{fud} (\sin \alpha_f + \cos \alpha_f) / s_f \right] \cdot z / \gamma_b \tag{8.2.5}$$

ここに，　A_f：区間 s_f におけるFRPシートの総断面積 (mm²)

　　　　　s_f：補強用FRPの配置間隔 (mm)

　　　　　f_{fud}：補強用FRPの設計引張強度 (N/mm²)

　　　　　K：補強用FRPのせん断補強効率

　　　　　　　　$K = 1.68 - 0.67R$　　ただし，$0.4 \leq K \leq 0.8$

　　　　　ここで，$R = \left(\rho_f \cdot E_f \right)^{1/4} \left(\dfrac{f_{fud}}{E_f} \right)^{2/3} \left(\dfrac{1}{f'_{cd}} \right)^{1/3}$　ただし，$0.5 \leq R \leq 2.0$

　　　　　　　f'_{cd}：コンクリートの設計基準強度 (N/mm²)

　　　　　　　ρ_f：補強用FRPによる補強量比

　　　　　　　　　$\rho_f = A_f / (b_w \cdot s_f)$

　　　　　　　　　　b_w：部材断面の幅 (mm)

　　　　　　　E_f：補強用FRPのヤング係数 (kN/mm²)

　　　　α_f：補強用FRPが部材軸となす角度

　　　　z：圧縮応力の合力の作用位置から引張鋼材の図心までの距離で，一般に $d/1.15$ としてよい．

　　　　γ_b：部材係数で，一般に1.25としてよい．

7.2.2.2 炭素繊維を用いた FRP シートで補強された橋軸方向の設計せん断耐力

せん断補強鋼材および補強用 FRP を用いない棒部材の設計せん断耐力 V_{cd} は，補強前の設計せん断耐力として，以下のとおりとなる．

$$V_{cd}=\beta_d \cdot \beta_p \cdot \beta_n \cdot f_{vcd} \cdot b_w \cdot d/\gamma_b$$

$$=0.889 \times 0.654 \times 1.082 \times 0.529 \times 2\,300 \times 1\,600/1.3$$

$$=942 \times 10^3 \,(\text{N})$$

$$=942\,(\text{kN})$$

ただし，$\beta_n=1+M_0/M_d=1+1\,073/13\,122=1.082$

ここで，　M_0：設計曲げモーメント M_d に対する引張縁において，軸方向力によって発生する応力を打ち消すのに必要なモーメントで，$M_0=N'_d \cdot h/6$ により求めた．

$$M_0=3\,788 \times 1.700/6=1\,073\,(\text{kN·m})$$

　　　　　N'_d：設計軸方向圧縮力であり，ここでは，$N'_d=3\,000+788=3\,788\,(\text{kN})$ とした．

　　　　　h　：部材高で，$h=1.700\,(\text{m})$ とした．

　　　M_d：設計曲げモーメントであり，ここでは，β_n を小さく評価するために，橋脚基部の設計曲げモーメントを用いるものとし，以下の値とした．

$$M_d =(3\,000+645) \times 0.48 \times 7.500$$

$$=13\,122\,(\text{kN·m})$$

せん断補強鋼材により受け持たれる設計せん断耐力 V_{sd} は，以下のとおりである．

$$V_{sd}=\left[A_w \cdot f_{wyd}(\sin \alpha_s + \cos \alpha_s)/s_s\right] \cdot z/\gamma_b$$

$$=(573.0 \times 295/300) \times 1391/1.15$$

$$=682 \times 10^3\,(\text{N})$$

$$=682\,(\text{kN})$$

補強用 FRP により受け持たれる設計せん断耐力 V_{fd} は，せん断耐力向上を目的として使用する補強用 FRP を「炭素繊維を用いた FRP シート（目付け量 300g/m²）1 層」とするとき，本指針より以下のとおりとなる．

$$V_{fd}=K \cdot \left[A_f \cdot f_{fud}(\sin \alpha_f + \cos \alpha_f)/s_f\right] \cdot z/\gamma_b$$

$$=0.8 \times (334 \times 2\,833/1\,000) \times 1391/1.25$$

$$=842 \times 10^3\,(\text{N})$$

$$=842\,(\text{kN})$$

ここに，　A_f＝2 (面)×1 (枚) × (厚) 0.167 (mm/枚) ×1 000 (mm)=334 (mm²)

　　　　s_f=1 000 (mm)

　　　　$f_{fud}=f_{fuk}/\gamma_{mf}=3\,400/1.2=2\,833\,(\text{N/mm}^2)$

　　　　$K=1.68-0.67R=1.68-0.67 \times 0.839=1.12 \to 0.8$

　　　　ただし，$R =\left(\rho_f \cdot E_f\right)^{1/4}\left(\dfrac{f_{fud}}{E_f}\right)^{2/3}\left(\dfrac{1}{f'_{cd}}\right)^{1/3}$

$$=(0.000145 \times 245)^{1/4} \times \left(\frac{2\,833}{245}\right)^{2/3} \times \left(\frac{1}{18.5}\right)^{1/3}$$

$$=0.839$$

　　　　$f'_{cd}=18.5\,(\text{N/mm}^2)$

$\rho_f = A_f/(b_w \cdot s_f) = 334/(2\,300 \times 1\,000) = 0.000145$

$b_w = 2\,300$ (mm)

$E_f = 2.45 \times 10^5$ (N/mm^2) = 245 (kN/mm^2)

$\alpha_f = 90°$

$z = d/1.15 = 1\,600/1.15 = 1\,391$ (mm)

$\gamma_b = 1.25$

よって，炭素繊維を用いた FRP シートで補強した段落し部橋軸方向の設計せん断耐力 V_{fyd} は，次のとおりとなる．

$V_{fyd} = V_{cd} + V_{sd} + V_{fd}$

$\quad = 942 + 682 + 842 = 2\,466$ (kN)

7.2.2.3　炭素繊維を用いた FRP シートで補強された橋軸直角方向の設計せん断耐力

せん断補強鋼材および補強用 FRP を用いない棒部材の設計せん断耐力 V_{cd} は，補強前の設計せん断耐力として，以下のとおりとなる．

$V_{cd} = \beta_d \cdot \beta_p \cdot \beta_n \cdot f_{vcd} \cdot b_w \cdot d/\gamma_b$

$\quad = 0.821 \times 0.597 \times 1.096 \times 0.529 \times 1\,700 \times 2\,200/1.3$

$\quad = 818 \times 10^3$ (N)

$\quad = 818$ (kN)

ただし，$\beta_n = 1 + M_0/M_d = 1 + 1\,452/15\,090 = 1.096$

ここで，M_0：設計曲げモーメントM_dに対する引張縁において，軸方向力によって発生する応力を打ち消すのに必要なモーメントで，$M_0 = N'_d \cdot h/6$ により求めた．

$M_0 = 3\,788 \times 2.300/6 = 1\,452$ (kN·m)

N'_d：設計軸方向圧縮力であり，ここでは，$N'_d = 3\,000 + 788 = 3\,788$ (kN) とした．

h：部材高で，$h = 2.300$ (m) とした．

M_d：設計曲げモーメントであり，ここでは，β_nを小さく評価するために，橋脚躯体基部の設計曲げモーメントを用いるものとし，以下の値とした．

$M_d = (3\,000 + 645) \times 0.45 \times 9.200$

$\quad = 15\,090$ (kN·m)

せん断補強鋼材により受け持たれる設計せん断耐力 V_{sd} は，以下のとおりである．

$V_{sd} = \left[A_w \cdot f_{wyd}(\sin \alpha_s + \cos \alpha_s)/s_s \right] \cdot z/\gamma_b$

$\quad = (573.0 \times 295/300) \times 1\,913/1.15$

$\quad = 937 \times 10^3$ (N)

$\quad = 937$ (kN)

補強用 FRP により受け持たれる設計せん断耐力V_{fd}は，せん断耐力向上を目的として使用する補強用 FRP を「炭素繊維を用いた FRP シート（目付け量 300g/m^2）1 層」とするとき，本指針より以下のとおりとなる．

$V_{fd} = K \cdot \left[A_f f_{fud}(\sin \alpha_f + \cos \alpha_f)/s_f \right] \cdot z/\gamma_b$

$\quad = 0.8 \times (334 \times 2\,833/1\,000) \times 1\,913/1.25$

$\quad = 1\,158 \times 10^3$ (N)

$$=1\,158\,(kN)$$

ここに，$A_f=2\,(面)\times1\,(枚)\times0.167\,(厚)\times1\,000\,(mm/枚)=334\,(mm^2)$

$\qquad s_f=1\,000\,(mm)$

$\qquad f_{fud}=f_{fuk}/\gamma_{mf}=3\,400/1.2=2\,833\,(N/mm^2)$

$\qquad K=1.68-0.67R=1.68-0.67\times0.905=1.07\rightarrow0.8$

$\qquad$ ただし，$R=\left(\rho_f\cdot E_f\right)^{1/4}\left(\dfrac{f_{fud}}{E_f}\right)^{2/3}\left(\dfrac{1}{f'_{cd}}\right)^{1/3}$

$\qquad\qquad\qquad=(0.000196\times245)^{1/4}\times\left(\dfrac{2\,833}{245}\right)^{2/3}\times\left(\dfrac{1}{18.5}\right)^{1/3}$

$\qquad\qquad\qquad=0.905$

$\qquad\qquad f'_{cd}=18.5\,(N/mm^2)$

$\qquad\qquad \rho_f=A_f/\left(b_w\cdot s_f\right)=334/(1\,700\times1\,000)=0.000196$

$\qquad\qquad b_w=1\,700\,(mm)$

$\qquad\qquad E_f=2.45\times10^5\,(N/mm^2)=245\,(kN/mm^2)$

$\qquad \alpha_f=90°$

$\qquad z=d/1.15=2\,200/1.15=1\,913\,(mm)$

$\qquad \gamma_b=1.25$

よって，炭素繊維を用いた FRP シートで補強した段落し部橋軸方向の設計せん断耐力 V_{fyd} は，次のとおりとなる．

$$V_{fyd}=V_{cd}+V_{sd}+V_{fd}$$
$$=818+937+1\,158=2\,913\,(kN)$$

7.2.3　段落し部の破壊モードと破壊に関する安全性の照査

7.2.3.1　破壊モードの判定方法

補強用 FRP でせん断補強を施した躯体段落し部の破壊モードの判定は，以下の式で行った．

$\qquad \gamma_i\cdot V_{mu}/V_{yd}<1.0 \qquad\ldots\ldots\quad$ 曲げ破壊モード

$\qquad \gamma_i\cdot V_{mu}/V_{yd}>1.0 \qquad\ldots\ldots\quad$ せん断破壊モード

ここに，V_{mu} ：部材が曲げ耐力 M_u に達するときの部材各断面のせん断力

$\qquad\quad V_{yd}$ ：各断面の設計せん断耐力

$\qquad\quad \gamma_i$ ：構造物係数で，1.0 とする．

7.2.3.2　橋軸方向の破壊モードと破壊に関する安全度

段落し部橋軸方向の破壊モードは，

$\qquad \gamma_i\cdot V_{mu}/V_{fyd}=1.0\times2\,252/2\,466$

$\qquad\qquad\qquad=0.91<1.0$

ただし，$V_{mu}=M_u/l_a=16\,890/7.500=2\,252\,(kN)$

$\qquad\quad M_u$ ：橋脚躯体基部断面における終局曲げ耐力であり，設計軸方向力 $N'_d=4\,290\,(kN)$ 作用下で既設帯鉄筋とじん性補強用 FRP による横方向拘束効果を見込んだコンクリートの応力度～ひずみ関係を適用して求めた $M_u=16\,890\,(kN\cdot m)$ とした．

l_a　：橋脚躯体のせん断支間長で，l_a=7.500 (m) とした.

であるから，曲げ破壊モードとなる.

したがって，段落し部橋軸方向の破壊モードは，補強前の既設状態においては橋脚躯体基部に対してせん断破壊先行であったものが，補強用 FRP によるせん断補強の結果，橋脚躯体基部の曲げ破壊先行へ破壊モードの移行が行われたことになる.

7.2.3.3　橋軸直角方向の破壊モードと破壊に対する安全度

橋軸方向と同様の方法で破壊モードの判定および破壊に対する安全度を照査する.

段落し部橋軸直角方向の破壊モードは，

$$\gamma_i \cdot V_{mu}/V_{fyd} = 1.0 \times 2\,399/2\,913$$
$$= 0.82 < 1.0$$

ただし，$V_{mu} = M_u/l_a = 22\,070/9.200 = 2\,399$ (kN)

M_u　：橋脚躯体基部断面における終局曲げ耐力であり，橋軸方向と同様の考え方により求めた M_u=22 070 (kN·m) とした.

l_a　：橋脚躯体のせん断支間長で，l_a=7.500+1.700=9.200 (m) とした.

であるから，曲げ破壊モードとなる.

したがって，段落し部橋軸直角方向の破壊モードは，橋脚躯体基部の曲げ破壊先行へ移行が行われたことになる.

7.3　段落し部の曲げ耐力に関する照査

7.3.1　照査方針

橋脚躯体の段落し部は，保有する曲げ耐力に関する安全性の照査において基部の保有曲げ耐力に比して不足していると判断された曲げ耐力を補強用 FRP によって向上させ，その向上した曲げ耐力に関する安全性の照査を行う必要がある.

段落し部の曲げ耐力に関する照査は，補強後の躯体基部断面と段落し断面の両者において断面に配置されている軸方向鉄筋のうち最外縁の鉄筋が降伏する初降伏曲げモーメントを対比することとし，以下により行った.

$$\frac{M_{Ty0}/h_t}{M_{By0}/h_B} > 1.2$$

ここに，M_{Ty0}　：橋脚躯体の段落し部照査断面における補強後の初降伏曲げモーメント (kN·m)

h_t　：橋脚躯体の段落し部照査断面から上部構造の慣性力の作用位置までの高さ (m)

M_{By0}　：橋脚躯体基部断面における補強後の初降伏曲げモーメント (kN·m)

h_B　：橋脚躯体基部から上部構造の慣性力の作用位置までの高さ (m)

このとき，曲げ補強のために貼付ける補強用 FRP のはく離の有無を検討し，補強用 FRP の負担する引張応力度の有効性を照査しておくこととした. なお，段落し部のせん断補強および曲げ補強を施した後の状態における軸方向鉄筋の定着の有効性に関しても照査を行うこととした.

7.3.2 段落し部の曲げ耐力に関する安全性の照査

7.3.2.1 炭素繊維を用いたFRPストランドシートで補強された橋軸方向の曲げ耐力の安全性

補強前における曲げ耐力照査の結果明らかとなった段落し部の不足曲げ耐力 ΔM は，補強前の曲げ耐力照査式より，

$$\Delta M = 1.2 M_{By0} \frac{h_t}{h_B} - M_{Ty0}$$

ただし，M_{By0}，h_B，M_{Ty0}，h_t：補強前の曲げ耐力照査に用いた諸値

で算出することができる．また，この不足曲げ耐力を補うために必要となる補強用FRPの補強量 A_f と必要積層数 n_p の目安は，以下の式によって求めることができる．

$$A_f = \frac{\Delta M \times 1\,000\,000}{7/8 \cdot \sigma_{fd} \cdot h} \ (\text{mm}^2)$$

$$n_p = \frac{A_f}{t_f \cdot b_f} \ (\text{枚})$$

ここで，A_f ：必要となる補強用FRPの断面積 (mm^2)

   σ_{fd} ：補強用FRPの段落し部曲げ補強用設計強度 (N/mm^2) で，$\sigma_{fd} = \sigma_{syk} \times h/d$ (N/mm^2) を目安とする．ただし，はく離破壊応力度を超えないものとする．

   h ：部材高さ (mm)

   t_f ：補強用FRPの厚さ (mm/枚)

   b_f ：補強用FRPの貼付幅 (mm)

したがって，補強前における段落し部橋軸方向の曲げ耐力に関する安全性の照査において算定した段落し部断面および躯体基部断面の諸値が，

  $M_{By0} = 12\,392 \ (\text{kN·m})$，$h_B = 7.500 \ (\text{m})$

  $M_{Ty0} = 8\,768 \ (\text{kN·m})$，$h_t = 4.880 \ (\text{m})$

であるから，不足曲げ耐力 ΔM は，以下のとおりである．

$$\Delta M = 1.2 M_{By0} \frac{h_t}{h_B} - M_{Ty0}$$

$$= 1.2 \times 12\,392 \times \frac{4.880}{7.500} - 8\,768 = 908 \ (\text{kN·m})$$

これより，段落し部橋軸方向の曲げ耐力向上に必要となる補強量 A_f と n_p の目安は，以下のようになる．

$$A_f = \frac{\Delta M \times 1\,000\,000}{7/8 \cdot \sigma_{fd} \cdot h} = \frac{908 \times 1\,000\,000}{7/8 \times 313 \times 1\,700} = 1\,950 \ (\text{mm}^2)$$

$$n_p = \frac{A_f}{t_f \cdot b_f} = \frac{1\,950}{0.333 \times 2\,300} = 2.55 \ (\text{枚}) \qquad \rightarrow 試算の結果，2 (枚)とした．$$

ここで，$\sigma_{fd} = \sigma_{syk} \times h/d = 295 \times 1\,700/1\,600 = 313 \ (\text{N/mm}^2)$

   $h = 1\,700 \ (\text{mm})$

   $t_f = 0.333 \ (\text{mm})$

   $b_f = 2\,300 \ (\text{mm})$

以上より，段落し部橋軸方向の曲げ補強を目的として「炭素繊維を用いたFRPストランドシート（目付け

量 600g/m²）2 層」を縦方向に貼り付けることとした．

この曲げ補強により，当該断面の曲げ性能は

初降伏曲げモーメント　　：M_{Ty0} =10 207 (kN·m)

補強用 FRP の引張応力度　：σ_f　＝　214 (N/mm²)

となる．このとき，躯体基部のじん性補強後の初降伏曲げモーメントは，じん性補強による拘束効果増加の影響が小さいことから補強前の値を用いるものとする．

したがって，段落し部橋軸方向の曲げ耐力に関する安全性は，

$$\frac{M_{Ty0}/h_t}{M_{By0}/h_B}=\frac{10\ 207/4\ 880}{12\ 392/7.500}=\frac{2\ 092}{1\ 652}=1.27 > 1.2$$

と得られ，所要の安全度を有していることとなる．

7.3.2.2　炭素繊維を用いた FRP ストランドシートで補強された橋軸直角方向の曲げ耐力の安全性

補強後の段落し部橋軸直角方向の曲げ耐力の安全性の照査は，橋軸方向と同様の考え方で行った．

補強前における曲げ耐力照査の結果明らかとなった段落し部の不足曲げ耐力ΔM，および，この不足曲げ耐力を補うための炭素繊維シートの必要補強量A_fとn_pの目安は，それぞれ以下のとおりである．

$$\Delta M=1.2M_{By0}\frac{h_t}{h_B}-M_{Ty0}$$

$$=1.2\times16\ 062\times\frac{6.580}{9.200}-11\ 365=2\ 420\ (\text{kN·m})$$

ただし，M_{By0}, h_B, M_{Ty0}, h_t：補強前の曲げ耐力照査に用いた諸値は次のとおり．

M_{By0}=16 062 (kN·m)，h_B=9.200 (m)

M_{Ty0}= 11 365 (kN·m)，h_t=6.580 (m)

$$A_f=\frac{2\ 420\times1\ 000\ 000}{7/8\times308\times2\ 300}=3\ 904\ (\text{mm}^2)$$

$$n_p=\frac{3\ 904}{0.333\times1\ 700}=6.90\ (\text{枚})\qquad \rightarrow 試算の結果，5\ (枚)とした．$$

ここで，$\sigma_{fd}=\sigma_{syk}\times h/d=295\times2\ 300/2\ 200=308\ (\text{N/mm}^2)$

h=2 300 (mm)

t_f=0.333 (mm)

b_f=1 700 (mm)

以上より，段落し部橋軸直角方向の曲げ補強を目的として「炭素繊維を用いた FRP ストランドシート（目付け量 600g/m²）5 層」を縦方向に貼り付けることとした．

段落し部橋軸直角方向の曲げ耐力に関する安全性は，この曲げ補強により当該断面の曲げ性能が，

初降伏曲げモーメント　　：M_{Ty0} = 13 930 (kN·m)

炭素繊維シート引張応力度：σ_f　＝　135 (N/mm²)

となり，また，基部の初降伏曲げモーメントを橋軸方向と同じ理由により，じん性補強前の値とすると，

$$\frac{M_{Ty0}/h_t}{M_{By0}/h_B}=\frac{13\ 930/6.580}{16\ 062/9.200}=\frac{2\ 117}{1\ 746}=1.21 > 1.2$$

と得られ，所要の安全度を有していることとなる．

7.3.3 はく離破壊の有無に関する検討

7.3.3.1 検討方法

曲げ補強した段落し断面が目標とした初降伏曲げモーメントに達した時，貼付した補強用 FRP が曲げによってはく離破壊する可能性の有無は，本指針により，式（8.2.7）により判定した（参照先：**8.2.5.2 コンクリート部材の照査**）．

$$\sigma_f \leq \sqrt{\frac{2G_f E_f}{n_f t_f}}$$

(8.2.7)

ここに，σ_f ：最大曲げモーメントによる曲げひび割れ位置の補強用 FRP に作用する引張応力度 (N/mm²)

G_f ：補強用 FRP とコンクリートの付着に関する界面はく離破壊エネルギーであり，一般に 0.5 (N/mm) としてよい．

E_f ：補強用 FRP のヤング係数 (N/mm²)

n_f ：補強用 FRP の積層数

t_f ：補強用 FRP の1層当たりの厚さ (mm)

7.3.3.2 橋軸方向のはく離破壊の有無に関する検討

段落し部橋軸方向断面が初降伏曲げモーメントに達したときの補強用 FRP に作用する引張応力度 σ_f は，曲げ補強に用いた補強用 FRP が「炭素繊維を用いた FRP ストランドシート（目付け量 600g/m²）2 層」であり，σ_f=214 (N/mm²) であるから，判定式は次のとおりとなる．

$$\sqrt{\frac{2G_f E_f}{n_f t_f}} = \sqrt{\frac{2 \times 0.5 \times 2.45 \times 10^5}{2 \times 0.333}} = 606 (\text{N/mm}^2) > \sigma_f$$

したがって，段落し部橋軸方向断面の曲げ補強に用いた補強用 FRP は，部材断面が初降伏曲げモーメントに達した時にはく離破壊することなく，所要の引張耐力を発揮することができる．

7.3.3.3 橋軸直角方向のはく離破壊の有無に関する検討

段落し部橋軸直角方向断面が初降伏曲げモーメントに達したときの補強用 FRP に作用する引張応力度 σ_f は，曲げ補強に用いた補強用 FRP が「炭素繊維を用いた FRP ストランドシート（目付け量 600g/m²）5 層」であり，σ_f=135 (N/mm²) であるから，判定式は次のとおりとなる．

$$\sqrt{\frac{2G_f E_f}{n_f t_f}} = \sqrt{\frac{2 \times 0.5 \times 2.45 \times 10^5}{5 \times 0.333}} = 384 (\text{N/mm}^2) > \sigma_f$$

したがって，段落し部橋軸直角方向断面の曲げ補強に用いた補強用 FRP は，部材断面が初降伏曲げモーメントに達したときにはく離破壊することなく，所要の引張耐力を発揮することができる．

7.3.4 段落し部軸方向鉄筋の定着に関する安全性の照査

7.3.4.1 照査方法

軸方向鉄筋の定着に関する照査は，「コン示・設計編（2017）」により，照査対象の橋脚躯体段落し部の軸方向引張鉄筋が引張応力を受けているコンクリートに定着されていることから，次の (i) あるいは (ii) のい

ずれかを満足することの照査により行うこととした（参照先：7編　**2.5.4 軸方向鉄筋の定着**）.

(i) 鉄筋切断点から計算上不要となる断面までの区間では，設計せん断耐力が設計せん断力の 1.5 倍以上あること.

(ii) 鉄筋切断部での連続鉄筋による設計曲げ耐力が設計曲げモーメントの 2 倍以上あり，かつ切断点から計算上不要となる断面までの区間で，設計せん断耐力が設計せん断力の 4/3 倍以上あること.

7.3.4.2　橋軸方向の定着に関する安全性

(i) による照査

設計せん断耐力　　　　　V_{fyd}=2 466 (kN)

設計せん断力　　　　　V_d　=(3 000+645)×0.48=1 750 (kN)

　　　　　　∴　V_{fyd}<1.5·V_d=1.5×1 750=2 625 (kN)

(ii) による照査

設計曲げ耐力　　　　　M_{ud}=16 890 (kN·m)

設計曲げモーメント　M_d =1 750×$\left(7.500-3.580\right)$=6 860 (kN·m)

　　　　　　∴　M_{ud}>2·M_d=2×6 860=13 720 (kN·m)

設計せん断耐力　　　　　V_{fyd}=2 466 (kN)

設計せん断力　　　　　V_d　=(3 000+645)×0.48=1 750 (kN)

　　　　　　∴　V_{fyd}>4/3·V_d=4/3×1 750=2 333 (kN)

したがって，段落し部橋軸方向断面の軸方向鉄筋は，所定の耐力条件下で定着されている.

7.3.4.3　橋軸直角方向定着に関する安全性

(i) による照査

設計せん断耐力　　　　　V_{fyd}=2 913 (kN)

生じ得るせん断力　　　　V_d =(3 000+645)×0.45=1 640 (kN)

　　　　　　∴　V_{fyd}>1.5·V_d=1.5×1 640=2 460 (kN)

したがって，段落し部橋軸直角方向断面の軸方向鉄筋は，所定の耐力条件下で定着されている.

7.4　基部のじん性能に関する照査

7.4.1　照査方針

橋脚躯体の基部は，補強前の橋脚躯体基部に関する照査と同様の考え方に基づき，曲げ破壊に関する安全性および復旧性に関する性能の照査に替わり，橋脚躯体基部の設計塑性率と保有する設計じん性率とを対比するじん性能の照査を行うものとした.

7.4.2　設計塑性率の設定

7.4.2.1　設定方法

地震動作用時において，橋脚躯体の弾性応答と弾塑性応答との聞に吸収エネルギー一定則を適用すると，設計塑性率 μ_{rd} は，以下のように設定することができる.

$$\mu_{rd} = \frac{1}{2}\left\{\left(\frac{k_h}{k_{he}}\right)^2 + 1\right\}$$

ここで，　k_h　：弾性応答時の設計水平震度

　　　　　k_{he}　：弾塑性応答時の設計等価水平震度

7.4.2.2　橋軸方向の設計塑性率

橋脚躯体基部が弾性応答を示すものとして設定した設計水平震度 k_h は，

　　$k_h = 1.50$

であり，一方，橋脚躯体基部のじん性補強に伴い当該部が弾塑性応答を示すことを前提として設定した設計等価水平震度 k_{he} は，

　　$k_{he} = 0.48$

である．したがって，橋軸方向の設計塑性率 μ_{rd} は，次のとおりとなる．

$$\mu_{rd} = \frac{1}{2}\left\{\left(\frac{k_h}{k_{he}}\right)^2 + 1\right\}$$

$$= \frac{1}{2}\left\{\left(\frac{1.50}{0.48}\right)^2 + 1\right\} = 5.38$$

7.4.2.3　橋軸直角方向の設計塑性率

橋軸直角方向の設計塑性率 μ_{rd} は，橋軸方向と同様，設計の対象とする水平震度と等価水平震度を

　　$k_h = 1.50$

　　$k_{he} = 0.45$

と設定したことから，次のとおりとなる．

$$\mu_{rd} = \frac{1}{2}\left\{\left(\frac{k_h}{k_{he}}\right)^2 + 1\right\}$$

$$= \frac{1}{2}\left\{\left(\frac{1.50}{0.45}\right)^2 + 1\right\} = 6.06$$

7.4.3　アラミド繊維を用いた FRP シートで補強された部材の設計じん性率の算定

7.4.3.1　算定方法

補強用 FRP で補修補強された部材の設計じん性率 μ_{fd} は，本指針により，式（8.4.1）により求めた（参照先：8.4.2 コンクリート部材の照査）．

$$\mu_{fd} = \left[1.16 \cdot \frac{(0.5 \cdot V_c + V_s)}{V_{mu}} \cdot \left\{1 + \alpha_0 \frac{\varepsilon_{fu} \cdot \rho_f}{V_{mu}/(B \cdot z)}\right\} + 3.58\right] / \gamma_{bf} \leq 10 \tag{8.4.1}$$

ここに，　V_c　：せん断補強鋼材を用いない棒部材のせん断耐力で，設計せん断耐力の算定式において，材料係数 γ_m および部材係数 γ_b を，ともに 1.0 として求める．

　　　　　V_s　：せん断補強鋼材により受け持たれるせん断耐力で，設計せん断耐力の算定式において，材料係数 γ_m および部材係数 γ_b を，ともに 1.0 として求める．

　　　　　V_{mu}　：部材が現有曲げ耐力 M_u に達するときの最大せん断力

この場合，鉄筋やコンクリートに用いる材料係数 γ_m と材料修正係数 ρ_m および部材係数 γ_b を，すべて 1.0 として算定する．

α_0 ：部材のじん性率の算出に用いる係数で，帯鉄筋によりせん断補強されている部材に対しては α_0 として帯鉄筋のヤング係数 E_s を用いて $\alpha_0=E_s$ としてよい．

B ：部材の幅 (mm)

z ：圧縮応力の合力の作用位置から引張鋼材図心位置までの距離で，一般に d を有効高さとするとき， $d/1.15$ としてよい．

γ_{bf} ：μ_{fd} 算出に用いる部材係数で，一般に 1.3 としてよい．

ε_{fu} ：補強用 FRP の終局ひずみで，補強用 FRP の設計引張強度 f_{fud} をヤング係数の特性値 E_f で除した値

$$\varepsilon_{fu}=f_{fud}/E_f=\left(f_{fuk}/\gamma_{mf}\right)/E_f$$

ただし， f_{fuk} ：補強用 FRP の引張強度の特性値 (N/mm²)

γ_{mf} ：補強用 FRP の材料係数で，一般に 1.2 としてよい．

E_f ：補強用 FRP のヤング係数の特性値 (N/mm²)

ρ_f ：補強用 FRP のせん断補強量比

$$\rho_f=A_f/\left(S_f B\right)=2\cdot n_f t_f S'_f/\left(S_f B\right)$$

ただし， S_f ：補強用 FRP の配置間隔 (mm)

n_f ：補強用 FRP の枚数

t_f ：補強用 FRP1 枚の厚さ (mm)

S'_f ：補強用 FRP の幅 (mm)

7.4.3.2 橋軸方向の設計じん性率

アラミド繊維を用いた FRP シートで補強された橋脚躯体基部橋軸方向の設計じん性率 μ_{fd} は，じん性能向上を目的として「アラミド繊維を用いた FRP シート（目付け量 623g/m²）1 層」を横方向に，橋脚基部から 1.5D 区間（1.5×2.300=3.450m）に貼り付けることとし，以下のとおりとなる．

$$\mu_{fd}=\left[1.16\cdot\frac{(0.5\cdot V_c+V_s)}{V_{mu}}\cdot\left\{1+\alpha_0\frac{\varepsilon_{fu}\cdot\rho_f}{V_{mu}/(B\cdot z)}\right\}+3.58\right]/\gamma_{bf}$$

$$=\left[1.16\times\frac{\left(0.5\times1\,806\times10^3+3\,136\times10^3\right)}{2\,339\times10^3}\times\left\{1+2.0\times10^5\frac{0.0148\times0.000374}{2\,339\times10^3/(2\,300\times1\,391)}\right\}+3.58\right]/1.3$$

$$=6.63<10$$

ここに， $V_c=1\,806$ (kN)

ただし，基部の設計せん断耐力の算定において， $\gamma_m=1.0$, $\gamma_b=1.0$ とした値

$V_s=3\,136$ (kN)

ただし，基部の設計せん断耐力の算定において， $\gamma_m=1.0$, $\gamma_b=1.0$ とした値

$V_{mu}=2\,339$ (kN)

ここで， $V_{mu}=M_u/l_a=17\,542/7.500=2\,339$ (kN)

M_u ：橋脚躯体基部断面における現有曲げ耐力であり，設計軸方向力 $N'_d=4\,290$ (kN)作用下で，既設帯鉄筋による横拘束効果を見込んだコンクリートの応力度～ひずみ

関係を適用し，γ_{mc}=1.0，γ_{ms}=1.0，ρ_{ms}=1.0，γ_b=1.0として求めたM_u=17 542 (kN·m)とした．

l_a ：橋脚躯体のせん断支間長で，l_a=7.500 (m)とした．

α_0=2.0×10^5 (N/mm^2)

B=2 300 (mm)

z=d/1.15=1 600/1.15=1 391 (mm)

γ_{bf}=1.3

ε_{fu}=f_{fud}/E_f=$\dfrac{1\ 750}{1.18\times10^5}$=0.0148

ただし，f_{fuk}=2100 (N/mm^2)

γ_{mf}=1.2

f_{fud}=f_{fuk}/γ_{mf}=2 100/1.2=1 750 (N/mm^2)

E_f=1.18×10^5 (N/mm^2)

ρ_f=$2\cdot n_f t_f S'/(S\cdot B)$=$\dfrac{2\times1\times0.430\times1\ 700}{1\ 700\times2\ 300}$=0.000374

ただし，S=1 700 (mm)

S'=1 700 (mm)

n_f=1 (枚)

t_f=0.430 (mm)

7.4.3.3 橋軸直角方向の設計じん性率

アラミド繊維を用いた FRP シートで補強された橋脚躯体基部橋軸直角方向の設計じん性率 μ_{fd}は，橋軸方向と同様に，以下のとおりとなる．

$$\mu_{fd}=\left[1.16\cdot\frac{(0.5\cdot V_c+V_s)}{V_{mu}}\cdot\left\{1+\alpha_0\frac{\varepsilon_{fu}\cdot\rho_f}{V_{mu}/(B\cdot z)}\right\}+3.58\right]/\gamma_{bf}$$

$$=\left[1.16\times\frac{(0.5\times1\ 719\times10^3+4\ 312\times10^3)}{2\ 619\times10^3}\times\left\{1+2.0\times10^5\frac{0.0148\times0.000506}{2\ 619\times10^3/(1\ 700\times1\ 913)}\right\}+3.58\right]/1.3$$

$$=7.79<10$$

ここに，V_{cd}=1 719 (kN)

ただし，基部の設計せん断耐力の算定において，γ_m=1.0，γ_b=1.0 とした値

V_{sd}=4 312 (kN)

ただし，基部の設計せん断耐力の算定において，γ_m=1.0，γ_b=1.0 とした値

V_{mu}=2 619 (kN)

ここで，V_{mu}=M_u/l_a=24 095/9.200=2 619 (kN)

M_u ：橋脚躯体基部断面における現有曲げ耐力であり，設計軸方向力 N'_d=4 290 (kN)作用下で，既設帯鉄筋による横拘束効果を見込んだコンクリートの応力度～ひずみ関係を適用し，γ_{mc}=1.0，γ_{ms}=1.0，ρ_{ms}=1.0，γ_b=1.0として求めた M_u=24 095(kN·m)とした．

l_a ：橋脚躯体のせん断支間長で，l_a=9.200(m)とした．

α_0=2.0×10^5 (N/mm^2)

B=1 700 (mm)

z=d/1.15=2 200/1.15=1 913 (mm)

γ_{bf}=1.3

ε_{fu}=f_{fud}/E_f=$\dfrac{1\ 750}{1.18×10^5}$=0.0148

ただし，f_{fuk}=2100 (N/mm^2)

γ_{mf}=1.2

f_{fud}=f_{fuk}/γ_{mf}=2 100/1.2=1 750 (N/mm^2)

E_f=1.18×10^5 (N/mm^2)

ρ_f=2·n_f·t_f·S'/(S·B)=$\dfrac{2×1×0.430×2\ 300}{2\ 300×1\ 700}$=0.000506

ただし，S=2 300 (mm)

S'=2 300 (mm)

n_f=1 (枚)

t_f=0.430 (mm)

7.4.4　じん性能の照査

7.4.4.1　照査方法

塑性化する部材のじん性能の照査は，本指針の次式により行った．

γ_i·μ_{rd}/μ_{fd}≦1.0

ただし，μ_{rd}　：部材の設計塑性率

μ_{fd}　：補強用 FRP で補強した部材の設計じん性率

7.4.4.2　橋軸方向のじん性能

橋脚躯体基部の橋軸方向のじん性能は，

γ_i·μ_{rd}/μ_{fd}=1.0×5.38/6.63

=0.81<1.0

となり，所要の安全度を保有している．

7.4.4.3　橋軸直角方向のじん性能

橋脚躯体基部の橋軸直角方向のじん性能は，

γ_i·μ_{rd}/μ_{fd}=1.0×6.06/7.79

=0.78<1.0

となり，所要の安全度を保有している．

7.5　[参考] 残留変位に関する照査

7.5.1　照査方針

この照査例では，すでに復旧性の照査に替わるものとして，じん性能の照査を実施した．ここでは，参考

として「道示V編（H24）」に定められている残留変位の照査を行うものとした（参照先：**6.4.6 鉄筋コンクリート橋脚の照査**）.

照査式は以下のとおりとした.

$\delta_R/\delta_{Ra} \leq 1.0$

ここで，δ_R ：橋脚の許容残留変位 (m)で，原則として橋脚下端から上部構造の慣性力の作用位置までの高さの 1/100 とした.

δ_{Ra} ：橋脚の残留変位 (m)で，次式により求めた.

$\delta_R = C_R(\mu_R - 1)(1 - r)\delta_y$

ただし，C_R ：残留変位補正係数で，鉄筋コンクリート橋脚では 0.6 とした.

μ_R ：橋脚の応答塑性率で，次の値とした.

$$\mu_R = \frac{1}{2}\left\{\left(\frac{k_{hc}W}{P_a}\right)^2 + 1\right\}$$

k_{hc} ：弾性応答時の照査に用いる設計水平震度

W ：地震時等価重量 (kN)で，曲げ破壊モード時では次のとおりとした.

W=上部構造重量W_u+0.5×橋脚躯体の重量

P_a ：橋脚の保有水平耐力 (kN)で，曲げ破壊モード時の保有水平耐力 P_u，または，せん断耐力P_sとした.

r ：橋脚の降伏剛性に対する降伏後の2次剛性の比で，鉄筋コンクリート橋脚では 0 とした.

δ_y ：橋脚の降伏変位 (m)で，引張鉄筋に作用する力の合力位置で軸方向鉄筋が引張降伏するときの変位とした.

7.5.2 残留変位に関する安全性の照査

7.5.2.1 橋軸方向の安全性

橋軸方向の残留変位に関する安全性の照査結果は以下のとおりである.

δ_R/δ_{Ra}=0.051/0.075

　　　　=0.68<1.0

ただし，δ_{Ra}=7.500×1/100=0.075 (m)

δ_R=0.6×(3.71-1)(1-0)×0.0312=0.051 (m)

ここで，$\mu_R = \frac{1}{2}\left\{\left(\frac{k_{hc}W}{P_a}\right)^2 + 1\right\} = \frac{1}{2}\left\{\left(\frac{1.5 \times 3\,645}{2\,159}\right)^2 + 1\right\} = 3.71$

k_{hc}=1.50

W=3 000 − 0.50×1 290=3 645 (kN)

$P_a = M_u/l_a$=16 190/7.500=2 159 (kN)

δ_y=0.0312 (m)

したがって，設定した補強用FRPによるじん性補強は，「道示V編（H24）」に定める残留変位に関する安全性を確保することができる.

7.5.2.2 橋軸直角方向の安全性

橋軸直角方向の残留変位に関する安全性の照査結果は以下のとおりである.

$$\delta_R/\delta_{Ra}=0.035/0.092$$

$$=0.38<1.0$$

ただし, $\delta_{Ra}=9.200\times1/100=0.092\ (m)$

$$\delta_R=0.6\times(3.09-1)(1-0)\times0.0279=0.035\ (m)$$

ここで, $\mu_R=\dfrac{1}{2}\left\{\left(\dfrac{k_{hc}W}{P_a}\right)^2+1\right\}=\dfrac{1}{2}\left\{\left(\dfrac{1.5\times3\,645}{2\,403}\right)^2+1\right\}=3.09$

$k_{hc}=1.50$

$W=3\,000-0.50\times1\,290=3\,645\ (kN)$

$P_a=M_u/l_a=22\,110/9.200=2\,403\ (kN)$

$\delta_y=0.0279\ (m)$

したがって，設定した補強用 FRP によるじん性補強は，「道示 V 編（H24）」に定める残留変位に関する安全性を確保することができる.

7.6 FRP による補強後の橋脚の照査結果

FRP による補強後の RC 橋脚躯体の照査結果一覧を**表 7.1** に示す.

表 7.1　FRP によるによる補強後の RC 橋脚躯体の照査結果一覧表

安全性の照査		照査式	橋軸方向	橋軸直角方向
段落し部	破壊モード	$\gamma_i\cdot V_{mu}/V_{yd}<1.0$	0.91 曲げ破壊モード	0.82 曲げ破壊モード
	曲げ耐力	$(M_{Ty0}/h_t)/(M_{By0}/h_B)>1.2$	1.27	1.21
基　部	破壊モード	$\gamma_i\cdot V_{mu}/V_{yd}<1.0$	当初 0.51 曲げ破壊モード	当初 0.46 曲げ破壊モード
	保有じん性能	$\gamma_i\cdot\mu_{rd}/\mu_{fd}<1.0$	0.81	0.78
	残留変位	$\delta_R/\delta_{Ra}<1.0$	0.68	0.38

8. 補強計画

以上の性能照査結果を基にして策定した補強用FRPによるRC橋脚躯体の補強計画は，**図 8.1**に示すとおりである．また，その仕様詳細は，**表 8.1**にまとめたとおりである．

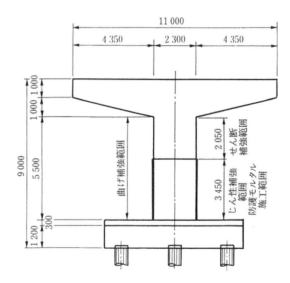

図 8.1 RC橋脚躯体の補強計画図

表 8.1 RC橋脚躯体の補強仕様表

補強部位	曲げ補強	せん断・じん性補強	耐外衝防護工
段落し部	橋軸方向「炭素繊維を用いたFRPストランドシート（目付け量600g/m²）2層」 橋軸直角方向「炭素繊維を用いたFRPストランドシート（目付け量600g/m²）5層」	橋軸直角・橋軸直角方向とも「炭素繊維を用いたFRPシート（目付け量300g/m²）1層」	—
一般部	曲げ補強の定着確保を目的として躯体全長に貼付	せん断破壊先行の防止を目的として躯体全高を巻立て	—
基部	（注）補強用FRPは，曲げ補強，せん断・じん性補強の順で施工のこと	橋軸直角・橋軸直角方向とも「アラミド繊維を用いたFRPシート（目付け量623g/m²）1層」	モルタル厚30mm塗布

2. FRPシート接着によるRC桁の曲げ補強

1. 橋梁諸元
（1）橋梁形式　　　：2径間 RC 単純 T 桁橋（図 1.1）
（2）支間長　　　　：15.950m
（3）主桁本数　　　：3本
（4）橋長　　　　　：33.100m
（5）幅員　　　　　：6.000m
（6）設計活荷重　　：A活荷重

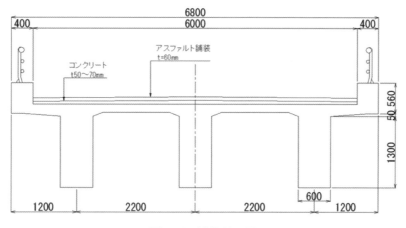

図 1.1　橋梁断面図

2. 設計・照査の方針
　TL-14 で設計された橋梁に対し，設計活荷重が A 活荷重に変更された橋梁の炭素繊維シート接着による曲げモーメントが作用する部材の断面破壊に関する照査例を示す．照査するケースは，8.2.5.2（ⅱ）②の補強用 FRP のはく離破壊を限界状態とした場合と 8.2.5.2（ⅱ）①の部分的なはく離は生じるものの，補強用 FRP の破断を限界状態として照査した場合の 2 通りの照査例を示す．
　断面破壊に関する照査位置は，作用モーメントが最大となる支間中央のみとした．

3. 設計条件
（1）死荷重算出条件　　　　　　　：表 3.1
（2）作用曲げモーメント　　　　　：表 3.2
（3）主桁断面・断面諸元　　　　　：図 3.1
（4）使用材料
　　　コンクリート設計基準強度　　：21.0N/mm^2
　　　鉄筋の種類　　　　　　　　　：SR235（降伏強度 235N/mm^2）
　　　補強用 FRP 諸元　　　　　　：表 3.3
（5）部分安全係数　　　　　　　　：表 3.4

表 3.1 死荷重算出条件

項目	条件
アスファルト舗装	幅6m, 厚さ0.06m
勾配調整(コンクリート)	幅6m, 厚さ0.06m
高欄(鋼製)	1.2kN/m
地覆	3.822kN/m
添加物	0.5kN/m

表 3.2 作用曲げモーメント (kN・m)

	項目	作用曲げモーメント
死荷重時	自重	979.5
	橋面荷重	272.7
	雪荷重	72.1
	合計	1324.3
活荷重時	A活荷重	766.6

表 3.3 補強用FRP諸元

項目	はく離破壊ケース	破断ケース
補強用FRP種類	高弾性型炭素繊維シート	高強度型炭素繊維シート
繊維目付量(g/m^2)	300	300
設計厚さ(mm)	0.143	0.167
引張強度の特性値(N/mm^2)	1,900	3,400
引張弾性係数(N/mm^2)	640,000	245,000
積層数	3	1

表 3.4 部分安全係数 (安全性)

	材料係数 コンクリート γ_{mc}	材料係数 鉄筋 γ_{ms}	材料係数 補強用FRP γ_{mf}	部材係数 γ_b	構造物係数 γ_i	作用係数 γ_f	作用修正係数 ρ_f
死荷重時	1.3	1.0	1.2	1.15	1.1	1.1	1.0
活荷重時						1.2	1.65

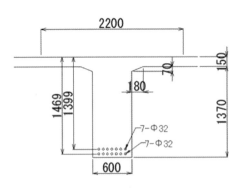

図 3.1 主桁断面図

4. 設計応答値の算定

断面破壊時の設計曲げモーメントを作用係数，作用修正係数を乗じて算出する．

$M_d = \gamma_f \times \rho_f \times$（死荷重時作用モーメント）$+ \gamma_f \times \rho_f \times$（活荷重時作用モーメント）

$= 1.1 \times 1.0 \times 1324.3 + 1.2 \times 1.65 \times 766.6$

$= 2974.6 \text{ kN} \cdot \text{m}$

5. 補強前の断面破壊に対する照査

補強前の設計断面耐力 M_{ud} を算出し，安全性の照査を行う．部材係数 γ_b は補強した部材と同様に 1.15 を用いた．

$$M_{ud} = \frac{3684.3}{\gamma_b} = \frac{3684.3}{1.15} = 3203.8 (\text{kN} \cdot \text{m})$$

断面破壊に対する照査は，以下となる．

$$\gamma_i \frac{M_d}{M_{ud}} = 1.1 \times \frac{2974.6}{3203.8} = 1.02 < 1.0 \qquad \text{NG}$$

結果，設計曲げモーメントの設計断面耐力に対する比に構造物係数を乗じた値が 1.0 以上となり，補強が必要である．

6. 補強後の断面破壊に対する照査

6.1 補強後の断面破壊の限界値を補強用 FRP のはく離破壊としたケース

8.2.5.2（ⅱ）②の補強用 FRP のはく離破壊を限界状態とした場合の断面破壊に対する照査を行う．8.2.5.2（2）の解説および**制定資料**の 5.3 より，補強用 FRP のはく離破壊の限界値は，界面はく離破壊エネルギー $G_f = 0.5 \text{N/mm}$ を用いた．

補強用 FRP は材料コストを最小とするために断面剛性（$E_f \cdot t_f$）が最小となるように数回の試算により選定し，**表** 3.3 に示す目付量 300g/m² の高弾性型炭素繊維シート 3 層を桁下面幅 600mm に貼付けるものとした（**図** 6.1）．

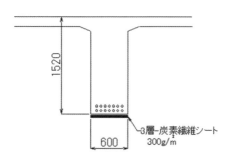

図 6.1 補強断面図（はく離破壊ケース）

補強後の設計断面耐力の算出において補強用 FRP は既に発生している死荷重時の作用に対して補強効果は得られない．そのため，死荷重曲げモーメントが生じた際の貼付け位置の表面ひずみ ε_l を減じてファイバーモデルにより計算を行った．**図** 6.2 に，桁断面内の発生ひずみの概念図を示す．また，コンクリートおよび鉄筋の応力－ひずみ曲線は**コンクリート標準示方書**の設計断面耐力を算定する場合に使用する応力－ひず

み曲線を用いた．補強用 FRP の応力－ひずみ曲線は線形とし，補強用 FRP のはく離破壊時の限界応力 $\Delta\sigma$ を 8.2.5.2 の式(8.2.8)より算出した．各材料の応力－ひずみ関係を**図 6.3** にそれぞれ示す．

$$\Delta\sigma = \sqrt{\frac{2G_f E_f}{n_f t_f}} = \sqrt{\frac{2\times 0.5 \times 640000}{3 \times 0.143}} = 1221\,(\text{N/mm}^2)$$

(a) 死荷重時ひずみ分布　　　　　　　　　(b) 合成荷重時ひずみ分布

図 6.2　桁断面内の発生ひずみの概念図

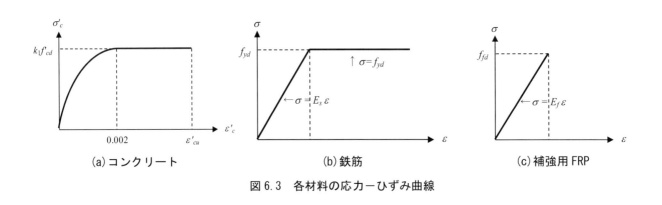

(a) コンクリート　　　　　　(b) 鉄筋　　　　　　(c) 補強用 FRP

図 6.3　各材料の応力－ひずみ曲線

ファイバーモデルによる設計断面耐力の算出の結果を示す．

$$M_{ud} = \frac{3992.6}{\gamma_b} = \frac{3992.6}{1.15} = 3471.8\,(\text{kN}\cdot\text{m})$$

断面破壊に対する照査は，以下となる．

$$\gamma_i \frac{M_d}{M_{ud}} = 1.1 \times \frac{2974.6}{3471.8} = 0.94 < 1.0$$

結果，補強により設計曲げモーメントの設計断面耐力に対する比に構造物係数を乗じた値が 1.0 以下となることが確認された．

6.2　補強後の断面破壊の限界値を補強用 FRP の破断としたケース

はく離防止を行うことを前提として，断面破壊に対する照査を行うものとする．桁周方向に 1 層高強度型炭素繊維シート 200g/m² を貼り付けるものとする（**図 6.4**）．既往の研究によれば，これにより，はく離を防止できるとされる[1]．

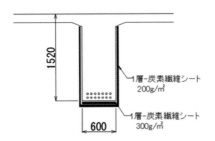

図 6.4 補強断面図（破断ケース）

8.2.5.2（ii）①より，初期はく離は生じるもののはく離が生じないとして，炭素繊維シートの引張強度の特性値に 0.90 を乗じた値を炭素繊維シートの限界値として算出する．

$$\Delta\sigma = \frac{\sigma_f \cdot 0.90}{\gamma_{mf}} = \frac{3400 \times 0.90}{1.2} = 2550 \, (\text{N/mm}^2)$$

ファイバーモデルによる設計断面耐力の算出の結果を示す．

$$M_{ud} = \frac{4006.9}{\gamma_b} = \frac{4006.9}{1.15} = 3484.3 \, (\text{kN} \cdot \text{m})$$

断面破壊に対する照査は，以下となる．

$$\gamma_i \frac{M_d}{M_{ud}} = 1.1 \times \frac{2974.6}{3484.3} = 0.94 < 1.0$$

照査の結果，補強により設計曲げモーメントの設計断面耐力に対する比に構造物係数を乗じた値が 1.0 以下となることが確認された．

6.3 断面破壊に対する照査の課題

本補強設計例においては，断面破壊を補強用 FRP のはく離のケースと破断のケースで実施し，補強量が大きく異なる結果を得た．前者は，はく離破壊時の補強用 FRP の限界値が小さく，結果として補強量が後者と比して多くなった．界面はく離破壊エネルギーに関する研究は，既往の研究によれば，補強用 FRP の断面剛性を増加させると有効長が長くなり，界面はく離破壊エネルギーも増加することが明らかとなっている [2]．経済性を考慮して最適な補強設計を行うためには，界面はく離破壊エネルギーを適切に定めることが必要である．

参考文献

1) 土木研究所，炭素繊維補修・補強工法技術研究会：コンクリート部材の補修・補強に関する共同研究報告書（Ⅲ）－炭素繊維シート接着工法による道路橋コンクリート部材の補修・補強に関する設計・施工指針（案）－，1999．

2) 吉澤弘之，呉智深，袁鴻，金久保利之：連続繊維シートとコンクリートの付着挙動に関する検討，土木学会論文集，No.662，V-49，pp.105-119，2000.11

3. FRPプレート(緊張あり)接着によるPC単純T桁橋の曲げ補強

1. 橋梁諸元
（1）橋梁形式　　　：ポストテンション方式PC単純T桁橋（図1.1）
（2）橋長　　　　　：26.850m
（3）支間長　　　　：26.160m
（4）幅員　　　　　：5.800m
（5）主桁本数　　　：4本
（6）設計活荷重　　：A活荷重

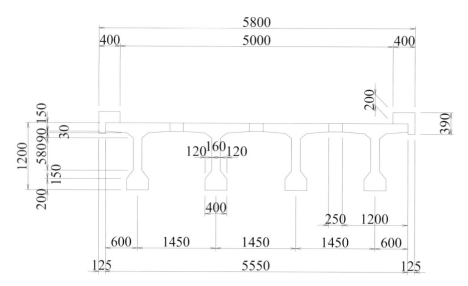

図1.1　橋梁断面図

2. 設計・照査の方針

本橋はポストテンション方式PC単純T桁橋で，活荷重の変更（TL-14からA活荷重）にともない安全性の照査（断面破壊に対する照査）および使用性の照査（主桁応力度に対する照査）を行った結果，安全性の確保および使用性を確保することができなかったので，主桁の曲げ補強を行うこととした．

主桁の曲げ補強としては，CFRPシート接着工法，鋼板接着工法，主桁下面増厚工法等が考えられるが，ここでは，プレストレスを与えることで死荷重時の主桁応力度を改善することができるプレストレス補強工法を採用し，プレストレスを与える材料としてCFRPプレート緊張材を使用した．

3. 設計条件
3.1 使用材料
（1）コンクリート（主桁）
　　　圧縮強度の特性値：f'_{ck}=40 N/mm²
　　　弾性係数　　　　：E_c=31 kN/mm²
　　　終局ひずみ　　　：ε'_c=0.0035

（2）PC 鋼材（主桁）44φ5

 使用本数 　　　　　：$n=3$（本/桁）
 鋼材断面積 　　　　：$A_p=863.9$（mm^2）
 引張強さ 　　　　　：$f_{pu}=1650$（N/mm^2）
 降伏点応力度 　　　：$f_{py}=1450$（N/mm^2）
 降伏ひずみ 　　　　：$\varepsilon_p=0.015$（$0.93f_{py}$の時，図 3.1）
 弾性係数 　　　　　：$E_P=200$（kN/mm^2）
 有効引張応力度 　　：$\sigma_{pe}=798.2$（N/mm^2）

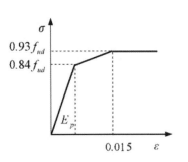

図 3.1　PC 鋼材の応力ーひずみ関係

（3）CFRP プレート緊張材（補強材料）

 補強本数 　　　　　：$n=2$（本/桁）
 プレート幅 　　　　：$b=75$（mm）
 プレート厚 　　　　：$t=3$（mm）
 プレート断面積 　　：$A_{cf}=225$（mm^2）
 引張強さ 　　　　　：$f_{ftu}=1600$（N/mm^2）
 弾性係数 　　　　　：$E_f=120$（kN/mm^2）
 有効引張応力度 　　：$\sigma_{cfe}=864.8$（N/mm^2）
 設計破断ひずみ 　　：$\varepsilon_{cf}=\dfrac{f_{ftu}}{E_{cf}}/\gamma_{mf}=\dfrac{1600}{120000}/1.2=0.011$

3.2　作用断面力

照査対象の断面に作用する曲げモーメントを表 3.1 に示す．

表 3.1　作用曲げモーメント

項目	記号	単位	値
死荷重時	M_d	kN・m	1145.1
活荷重時	M_l	kN・m	1063.7
合計	M	kN・m	2208.8

3.3　部分安全係数

安全性の照査に用いる部分安全係数を表 3.2 に示す．

表 3.2　部分安全係数

		材料係数 コンクリート γ_{mc}	材料係数 鋼材 γ_{ms}	材料係数 補強用 FRP γ_{mf}	部材係数 γ_b	構造物係数 γ_i	構造解析係数 γ_a	荷重係数 γ_f	荷重修正係数 ρ_f
安全性	死荷重時	1.3	1.05	1.2	1.15	1.1	1.0	1.1	1.0
	活荷重時							1.2	1.65
使用性		1.0	1.0	1.0	1.0	1.0	1.0	1.0	1.0

※死荷重時：d，活荷重時：l

4. 補強前の照査
4.1 安全性の照査
（1）曲げ破壊時の釣り合い条件と中立軸χの算定

図 3.1 の PC 鋼材の応力－ひずみ関係を考慮して，PC 鋼材の引張耐力 T_P を，次式により算出する．

$T_p = 0.93 \times f_{pu} \times n \times A_p = 0.93 \times 1650 \times 3 \times 863.9 = 3976963.7$ N

図 4.1 に示す，力の釣合い条件から $C=T_p$ であることを考慮し，圧縮縁から中立軸までの距離χとすると，釣り合い式は以下のようになる．

$C = 0.8 \times 0.85 \times f'_{cd} \times B \times \chi = T_p$

$\chi = \dfrac{T_p}{0.8 \times 0.85 \times f'_{cd} \times B} = \dfrac{3976963.7}{0.8 \times 0.85 \times 30.8 \times 1200} = 158.4$ （mm）

$\chi = 158.4 \times 0.8 = 126.7$ （mm） ≦ 床版厚 = 165 （mm）

ここに，f'_{cd}　：コンクリートの設計圧縮強度．次式により算定される．

$f'_{cd} = \dfrac{f'_{ck}}{\gamma_{mc}} = \dfrac{40}{1.3} = 30.8$ （N/mm²）

γ_{mc}：コンクリートの材料係数

B　：主桁のフランジ幅．$B=1200$ （mm）とした．

y'　：PC 鋼材から主桁上縁までの距離．$y'=1120$ （mm）とした．

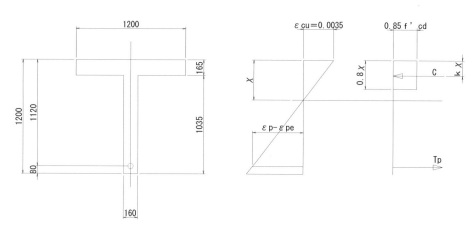

図 4.1　補強前の部材断面における曲げ破壊時のひずみ分布と力の釣合い

（2）部材断面の曲げ耐力 M_{ud} の算定

照査する部材断面の曲げ耐力 M_{ud} は，次式で算定できる．

$M_{ud} = T_p \times (y' - k \times \chi) / \gamma_b$

ここに，γ_b　：部材係数．$\gamma_b = 1.15$ とした．

また，圧縮域が長方形なので $k \times \chi = 0.4 \times \chi$ となる．

$M_{ud} = (3976963.7 \times (1120 - 0.4 \times 158.4)) / 1.15$

$= 3654108590$ （N・mm） $= 3654.1$ （kN・m）

（3）設計曲げモーメントの算定

照査する部材断面の設計曲げモーメント M_d は，**表 3.1** の作用曲げモーメントに，**表 3.2** の部分安全係数を考慮して，次式により算定する．

$$M_d = \gamma_{fd} \times \rho_{fd} \times M_d + \gamma_{fl} \times \rho_{fl} \times M_l$$

$$= 1.1 \times 1.0 \times M_d + 1.2 \times 1.65 \times M_l$$

$$= 1.1 \times 1145.1 + 1.98 \times 1063.7 = 3365.6 \ (kN \cdot m)$$

（4）曲げ破壊に対する照査

次式により曲げ破壊の照査を行う．

$$\gamma_i \times \frac{M_d}{M_{ud}} \leq 1.0$$

$$\gamma_i \times \frac{M_d}{M_{ud}} = 1.1 \times \frac{3365.6}{3654.1} = 1.013 > 1.0$$

以上の結果より，既設 PC 桁は，断面破壊の安全性の照査を満足しないことが確認された．

4.2 使用性の照査

使用性の照査では，曲げ応力度に対する照査を行う．

（1）圧縮応力度の制限値

$$0.4 \times f'_{ck} = 0.4 \times 40 = 16 \ (N/mm^2)$$

（2）引張応力度の制限値

表 4.1 に PC 構造に対するコンクリート縁引張応力度の制限値を示す．

表 4.1　コンクリートの縁引張応力度の制限値 [1]

使用状態	断面高さ (m)	設計基準強度 f'_{ck} （N/mm²）					
		30	40	50	60	70	80
永続作用 + 変動作用	0.25	2.3	2.7	3.0	3.4	3.7	4.0
	0.5	1.7	2.0	2.3	2.6	2.9	3.1
	1.0	1.3	1.6	1.8	2.1	2.3	2.5
	2.0	1.1	1.3	1.5	1.7	1.9	2.0
	3.0 以上	1.0	1.2	1.3	1.5	1.7	1.8

表 4.1 より，設計基準強度 40N/mm²，桁高 1.2m の引張応力度の制限値は，1.54N/mm² となる．

（3）設計曲げモーメントの算定

使用性の照査における設計曲げモーメントは，**表 3.1** の作用曲げモーメントに，**表 3.2** の部分安全係数を考慮して，次式により算定する．

$$M_{ds} = \gamma_{fd} \times \rho_{fd} \times (M_d + M_{pe}) + \gamma_{fl} \times \rho_{fl} \times M_l$$

$$= 1.0 \times 1.0 \times (M_d + M_{pe}) + 1.0 \times 1.0 \times M_l$$

$$= 1145.1 + (-1393.7) + 1063.7 = 815.1 \ (kN \cdot m)$$

ここに，M_{pe} ：PC 鋼材の偏心モーメント．次式で算定され，−1393.7 kN・m とした．

$$M_{pe} = P_e \times e$$

P_e ：PC 鋼材の有効プレストレス．$P_e = 2068.7$ （kN）とした．

e ：PC 鋼材の偏心量．$e = -0.647$ （m）とした．

（4）曲げ応力度の算定

主桁断面における上縁，下縁の応力度は，以下のように算定される．

$$上縁の応力度：\sigma_{md} = \frac{P_e}{A_c} + \frac{M_{ds}}{W_u} = \frac{2068.7}{0.451} + \frac{815.1}{0.170} = 9.4 \ (N/mm^2)$$

下縁の応力度： $\sigma_{md} = \dfrac{P_e}{A_c} + \dfrac{M_{ds}}{W_l} = \dfrac{2068.7}{0.451} + \dfrac{815.1}{-0.111} = -2.8$ （N/mm²）

ここに，A_c　：主桁断面積．$A_c = 0.451$ （m²）とした．

　　　　W_u　：断面係数（上縁）．$W_u = 0.170$ （m³）とした．

　　　　W_l　：断面係数（下縁）．$W_l = -0.111$ （m³）とした．

（5）曲げ応力度の照査

次式により曲げ応力度の照査を行う．

$\gamma_i \times \dfrac{\sigma_{md}}{\sigma_{ma}} \leq 1.0$

ここに，σ_{md}：設計曲げモーメントより定まるコンクリートの応力度

　　　　σ_{ma}：コンクリートの応力度の制限値（圧縮：16N/mm²，引張：-1.54N/mm²）

上縁の応力度照査： $\gamma_i \times \dfrac{\sigma_{md}}{\sigma_{ma}} = 1.0 \times \dfrac{9.4}{16.0} = 0.585 < 1.0$　　　　OK

下縁の応力度照査： $\gamma_i \times \dfrac{\sigma_{md}}{\sigma_{ma}} = 1.0 \times \dfrac{-2.8}{-1.54} = 1.790 > 1.0$　　　　NG

以上の結果より，既設 PC 桁の応力度は制限値を満足しないことが確認された．

そこで，既設 PC 桁の安全性の確保および応力度は制限値を満足させるために，CFRP プレート緊張材を2枚設置し，プレストレスを導入することで桁の曲げ補強を行うこととした．

5. CFRP プレート補強後の照査

5.1 安全性の照査

（1）曲げ破壊時の釣り合い条件と中立軸 χ の算定

CFRP プレート緊張材は最外縁に設置され，その設計破断ひずみは PC 鋼材の降伏ひずみに比べて小さいことから，曲げ破壊は，コンクリートの上縁ひずみが終局ひずみに達した後，CFRP プレート緊張材の引張破壊となる．そこで，図 5.1 に示すように，PC 鋼材の引張応力は，CFRP プレート緊張材が設計破断ひずみとの釣合いを考慮して $0.82 f_{pu}$ とし，PC 鋼材の引張力，CFRP プレート緊張材の引張耐力をそれぞれ算出する．

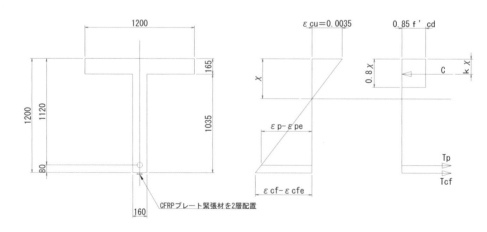

図 5.1　補強後の部材断面における曲げ破壊時のひずみ分布と力の釣合い条件

PC 鋼材の引張力 T_p は次式より算定される.

$$T_p = 0.82 \times f_{pu} \times n \times A_p$$
$$= 0.82 \times 1650 \times 3 \times 863.9 = 3506.6 \times 10^3 \ （N）$$

CFRP プレート緊張材の引張耐力は次式より算定される.

$$T_{cf} = f_{ftu}/\gamma_{mf} \times n \times A_{cf}$$
$$= 1600/1.2 \times 2 \times 3 \times 225.0 = 600000.0 \ （N）$$

ここに, γ_{mf}：CFRP プレート緊張材の材料係数. $\gamma_{mf} = 1.2$ とした.

したがって, 引張側の合力 ΣT は T_p と T_{cf} の和で与えられ, 以下となる.

$$\Sigma T = T_p + T_{cf} = 3506570.1 + 600000.0 = 4106570.1 \ （N）$$

図 5.1 より, 力の釣合い条件から $C = \Sigma T$ を考慮し, 圧縮縁から中立軸までの距離 χ とすれば, 釣り合い式は以下のようになる.

$$C = 0.8 \times 0.85 \times f'_{cd} \times B \times \chi = \Sigma T$$

$$\chi = \frac{\Sigma T}{0.8 \times 8.85 \times f'_{cd} \times B} = \frac{4106570.1}{0.8 \times 0.85 \times 30.8 \times 1200} = 163.6 \ （mm）$$

$$0.83\chi = 163.6 \times 0.8 = 130.8 \leq 床版厚 = 165 \ （mm）$$

（2）部材断面の耐力 M_{ud} の算定

照査する部材断面の曲げ耐力 M_{ud} は, 次式で算定できる.

$$M_{ud} = T_p \times (y' - k \times \chi) / \gamma_b$$

また, 圧縮域が長方形なので $k \times \chi = 0.4 \times \chi$ となる.

$$M_{ud} = (4106570.1 \times (1120 - 0.4 \times 163.6)) / 1.15$$
$$= 3765820132 \ （N \cdot mm） = 3765.8 \ （kN \cdot m）$$

（3）設計曲げモーメントの算定

照査する部材断面の設計曲げモーメント M_d は, 補強前の照査と同値で, 以下となる.

$$M_d = 3365.6 \ （kN \cdot m）$$

（4）曲げ破壊に対する照査

次式により曲げ破壊の照査を行う.

$$\gamma_i \times \frac{M_d}{M_{ud}} \leq 1.0$$

$$\gamma_i \times \frac{M_d}{M_{ud}} = 1.1 \times \frac{3365.6}{3765.8} = 0.983 < 1.0$$

以上の結果より, 補強した PC 桁は, 断面破壊の安全性の照査を満足することが確認された.

5.2 使用性の照査

使用性の照査では, 曲げ応力度に対する照査を行う.

（1）圧縮応力度の制限値

$$0.4 \times f'_{ck} = 0.4 \times 40 = 16 \ （N/mm^2）$$

（2）引張応力度の制限値

補強前の照査と同様に, 設計基準強度 40N/mm², 桁高 1.2m の引張応力度の制限値は, 1.54N/mm² となる.

（3）設計曲げモーメントの算定

使用性の照査における設計曲げモーメントは，**表3.1**の作用曲げモーメントに，**表3.2**の部分安全係数を考慮して，次式により算定する．

$$M_d = \gamma_{fd} \times \rho_{fd} \times (M_d + M_{pe} + M_{cfe}) + \gamma_{fl} \times \rho_{fl} \times M_l$$

$$= 1.0 \times 1.0 \times (M_d + M_{pe} + M_{cfe}) + 1.0 \times 1.0 \times M_l$$

$$= 1145.1 + (-1393.7) + (-293.3) + 1063.7 = 521.8 \ (kN \cdot m)$$

ここに，M_{pe}　：PC鋼材の偏心モーメント．次式で算定され，-1393.7 kN・m とした．

$$M_{pe} = P_e \times e$$

P_e　：PC鋼材の有効プレストレス．$P_e = 2068.7$（kN）とした．

e　：PC鋼材の偏心量．$e = -0.647$（m）とした．

M_{cfe}　：CFRPプレートの偏心モーメント．次式で算定され，-293.3（kN・m）とした．

$$M_{cfe} = P_{cfe} \times e_{cf}$$

P_{cfe}　：CFRPプレートの有効プレストレス．$P_{cfe} = 389.2$（kN）とした．

e_{cf}　：CFRPプレートの偏心量．$e_{cf} = -0.754$（m）とした．

（4）曲げ応力度の算定

主桁断面における上縁，下縁の応力度は，以下のように算定される．

上縁の応力度：$\sigma_{md} = \dfrac{P_e}{A_c} + \dfrac{M_d}{W_u} = \dfrac{2068.7}{0.451} + \dfrac{521.8}{0.170} = 7.6$（N/mm²）

下縁の応力度：$\sigma_{md} = \dfrac{P_e}{A_c} + \dfrac{M_d}{W_l} = \dfrac{2068.7}{0.451} + \dfrac{521.8}{-0.111} = -0.12$（N/mm²）

ここに，A_c　：主桁断面積．$A_c = 0.451$（m²）とした．

W_u　：断面係数（上縁）．$W_u = 0.170$（m³）とした．

W_l　：断面係数（下縁）．$W_l = -0.111$（m³）とした．

（5）曲げ応力度の照査

次式により曲げ応力度の照査を行う．

$$\gamma_i \times \dfrac{\sigma_{md}}{\sigma_{ma}} \leq 1.0$$

ここに，σ_{md}　：設計曲げモーメントより定まるコンクリートの応力度

σ_{ma}　：コンクリートの応力度の制限値（圧縮：16N/mm²，引張：-1.54N/mm²）

上縁の応力度照査：$\gamma_i \times \dfrac{\sigma_{md}}{\sigma_{ma}} = 1.0 \times \dfrac{7.6}{16.0} = 0.478 \ < \ 1.0$　　　　　OK

下縁の応力度照査：$\gamma_i \times \dfrac{\sigma_{md}}{\sigma_{ma}} = 1.0 \times \dfrac{-0.12}{-1.54} = 0.075 < \ 1.0$　　　　　OK

以上の結果より，補強PC桁の応力度は制限値を満足することが確認された．

参考文献

1) 土木学会：2012年制定コンクリート標準示方書［設計編］8編プレストレストコンクリート 7.2 応力度の制限値，2013.3

Part B：鋼構造物

1. FRP シート接着によるトラス橋下弦材の断面欠損補修（引張力）

1. 橋梁諸元
（1）橋梁形式　　：鋼 3 径間連続トラス橋（図 1.1, 図 1.2）
（2）橋格　　　　：1 等橋
（3）支間長　　　：67.8+90.4+67.8 m
（4）橋長　　　　：227.5 m
（5）幅員　　　　：10.0 m

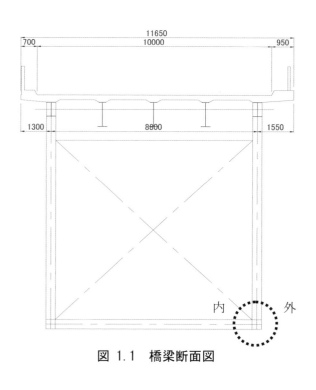

図 1.1　橋梁断面図

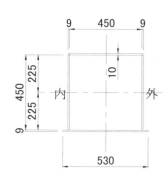

図 1.2　下弦材断面図

2. 設計・照査の方針

引張軸力を受けるトラス橋の下弦材が腐食によって断面欠損した部位に対して，炭素繊維の FRP シートを接着して補修する事例を示す．照査は，溶接接合された箱断面の部位（上下フランジ，左右ウェブ）ごとではなく，公称断面として行う方針[1]とした．また，照査は，最も欠損断面積の大きい断面において実施し，欠損部の断面全体を覆うように FRP シートを接着する．**表 2.1** に鋼材の諸元を，**表 2.2** に断面寸法と劣化後の板厚を，**表 2.3** に照査対象の部材に生じる断面力（軸方向引張力）を，**表 2.4** に部分安全係数をそれぞれ示す．なお，この性能照査例は，部材の安全性の照査であり，部材に作用する断面力に対して，部分安全係数を考慮して照査を行うこととした．

表 2.1 鋼材の諸元

項目	記号	単位	値
鋼種	—	—	SS400
弾性係数	E_s	N/mm^2	200000
降伏強度の特性値	f_{yk}	N/mm^2	235

表 2.2 断面寸法と劣化後の板厚

Top	幅	mm	450.0
	設計板厚	mm	10.0
	計測板厚	mm	8.5
Bottom	幅	mm	530.0
	設計板厚	mm	9.0
	計測板厚	mm	8.5
Web 内	幅	mm	450.0
	設計板厚	mm	9.0
	計測板厚	mm	8.7
Web 外	幅	mm	450.0
	設計板厚	mm	9.0
	計測板厚	mm	8.1
断面積	公称断面積 A_s	mm^2	17370
	最小断面積 A_{sd}	mm^2	15890

表 2.3 照査対象の部材に生じる断面力（軸方向引張力）

項目	記号	単位	値
死荷重時軸力	P_d	kN	1252.8
活荷重時軸力	P_l	kN	706.8
合計軸力	P	kN	1959.6

表 2.4 部分安全係数

	材料係数			部材係数	構造物係数	作用係数	作用修正係数
	鋼材 γ_{ms}	補強用 FRP γ_{mf}	接着用材料 γ_{nm}	γ_b	γ_i	γ_f	ρ_f
死荷重時(d)	1.05	1.20	1.30	1.30	1.10	1.10	1.00
活荷重時(l)						1.20	1.65

※作用係数 γ_f，作用修正係数 ρ_f には，死荷重時で d，活荷重時で l の添字をそれぞれ付す

3. 安全性の照査

3.1 補修前の鋼部材欠損部の断面破壊（降伏）に対する照査

部材の座屈は考慮せず，鋼部材の欠損部の降伏に対して照査を行う．式（8.1.1）より，設計断面力 N_r，断面破壊に対する設計断面耐力 N_{ud} とすれば，照査式は次式となる．

$$\gamma_i \times N_r / N_u \leq 1 \tag{3.1}$$

設計断面力 N_r は，**表 2.4** の部分安全係数より，死荷重時（N_{rd}）と活荷重時（N_{rl}）の設計断面力の和として，次式で計算され，その結果を**表 3.1** に示す．

$$N_r = N_{rd} + N_{rl} = \gamma_{fd} \times \rho_{fd} \times P_d + \gamma_{fl} \times \rho_{fl} \times P_l$$

表 3.1 照査対象の部材の設計断面力（軸方向引張力）

項目	記号	単位	値
死荷重時	N_{rd}	kN	1378.1
活荷重時	N_{rl}	kN	1399.5
合計	N_r	kN	2777.5

断面破壊（降伏）に対する設計断面耐力 N_{ud} は，断面欠損が最も大きい最小断面積 A_{sd} を用いて，次式により算定する．

$N_{ud} = (f_{yk} / \gamma_{ms} \times A_{sd}) / \gamma_b = 2735.6 \text{ kN}$

これらの設計断面力，設計断面耐力を式（3.1）で照査すれば，

$\gamma_i \times N_r / N_{ud} = 1.17 > 1$ ························· NG

断面破壊（降伏）に対する安全性の照査を満足しない．よって，補修が必要である．

3.2 補修用FRPと照査のためのモデル化

補強用 FRP として，表 3.2 に示す炭素繊維の FRP シートを使用する．また，各部位への接着幅を表 3.3 に示す．ここで，FRP シートは上下左右対称になるように貼り付けるものとし，図 3.1 に，補強用 FRP の貼付位置を示す．また，軸力部材のため，表 3.2 に示すような板モデルとして照査を行う．

表 3.2 炭素繊維の FRP シートの諸元

項目	記号	単位	値
繊維目付	−	g/m²	300
弾性係数	E_f	N/mm²	640000
引張強度（特性値）	σ_f	N/mm²	1900
引張破断ひずみ（特性値）	ε_{ftu}	×10⁻⁶	2969
設計厚さ（1層あたり）	t_f	mm	0.143
接着幅（図 3.2 参照）	b_f	mm	880
断面積（1層あたり）	A_f	mm²	125.84
積層数	n	層	8

※引張破断ひずみは補強用 FRP が線形材料として，弾性係数と引張強度から算出．

表 3.3 FRP シートの接着幅

部位	接着幅（mm）
Top	440
Bottom	440
Web 内	440
Web 外	440

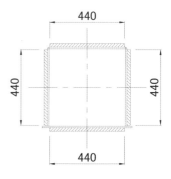

図 3.1 補強用 FRP の貼付位置

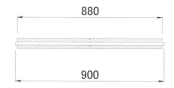

図 3.2 照査用の板モデル

3.3 補修後の鋼部材腐食部の断面破壊（降伏）に対する照査

補強用 FRP は活荷重による設計断面力 N_{rl} のみを負担するものとして，以下の式にて照査する．

$$\gamma_i \times (N_r / N'_{ud}) \leq 1 \tag{3.2}$$

ここに，N'_{ud} は，欠損した鋼部材が負担する死荷重時の設計断面力を除いて，補強後に FRP シートと鋼部材が分担できる設計断面耐力であり，次式で算定される．

$$N'_{ud} = \{ N_{rd} + (f_{yk} / \gamma_{ms} - N_{rd}/A_{sd}) \times (A_{sd} + 2 \times n \times A_f \times E_f / E_s) \} / \gamma_b = 3075.3 \ \text{kN}$$

照査式（3.2）に代入して照査を行う．

$$\gamma_i \times (N_r / N'_{ud}) = 0.993 \ \leq \ 1 \ \cdots\cdots\cdots\cdots\cdots\cdots\cdots \ \text{OK}$$

よって，高弾性型炭素繊維シート（300 目付）を 8 層貼付することで，断面破壊に対する安全性の照査を満足する．

3.4 補強用 FRP の必要定着長

必要定着長を算定するために，8 層をまとめて 1 層の FRP 層とし，8 層分の含浸接着樹脂が FRP 層と鋼の間にあるものとしてモデル化する．表 3.4 に，含浸接着樹脂の材料物性値を示す．式（解 7.4.1）～（解 7.4.3）を用いて必要定着長 l_n を計算する．

$$l_n \geq \frac{1}{c} \cosh^{-1} \left(\frac{2}{\eta - 1} \cdot \frac{E_f A_f}{E_s A_s} \right) \tag{解 7.4.1}$$

$$c = \sqrt{ \frac{b_f G_e}{h} \cdot \frac{2}{1 - \xi_0} \cdot \frac{1}{E_s A_s} } \tag{解 7.4.2}$$

$$\xi_0 = \frac{1}{1 + (2 E_f A_f) / (E_s A_s)} \tag{解 7.4.3}$$

ここに，η：軸力を受ける部材における鋼部材の発生応力に対する収束の度合い．$\eta > 1$ で，1.01 とした．表 2.1～2.3 および表 3.4 の値を代入することで，$c = 0.0312$，$\xi_0 = 0.729$ が得られ，$l_n \geq 138 \ \text{mm}$ となる．よって，定着長を 150 mm とする．なお，FRP シートは断面欠損がない部位に定着するため，定着長の計算では，鋼部材の断面積には，公称断面積 A_s を用いた．

表 3.4　含浸接着樹脂の材料物性値

項目	記号	単位	値
弾性係数	E_e	N/mm^2	3500
ポアソン比	v_e	—	0.4
せん断弾性係数	G_e	N/mm^2	1250
接着厚※	h	mm	2.4

※1 層あたり 0.3 mm の 8 層分

3.5 補強用 FRP の定着部の破壊に対する照査

8 層をまとめて 1 層の FRP 層とし，端部で照査する．式（8.1.1）より，補強用 FRP は活荷重による設計断面力 N_{rl} のみを負担することを考慮し，定着端部の設計引張耐力 N_{ud} とすれば，照査式は次式となる．

$$\gamma_i \times N_{rl} / N_{ud} \ \leq \ 1 \tag{3.3}$$

FRP シートは，部材断面に対して対称に積層されているため，定着端部の設計引張耐力として，式（解 8.2.1）を適用する．

$$N_{ud} = \frac{1}{\gamma_b} \sqrt{ \frac{G_u}{\gamma_{mm}} \frac{4 b E_s A_s}{1 - \xi_0} } \tag{解 8.2.1}$$

ここで，G_u ：引張軸力を受ける場合の補強用 FRP のはく離強度に対するエネルギー解放率の特性値．実

験により算出し，$G_u = 0.2$ N/mm とした．

γ_{mm} ：含浸接着樹脂の材料係数．1.3 とした．

式（解8.2.1）に代入すれば，$N_{ud} = 2028.4$ kN を得る．

$\gamma_i \times N_{rl} / N_{ud} = 0.759 \leq 1$ ································· OK

よって，定着部の破壊に対する照査を満足する．

3.6 鋼部材降伏後の補強用FRPの引張破壊に対する照査

欠損した鋼部材の降伏後を想定し，式（3.1）を用いて鋼部材降伏後の補強用 FRP の引張破壊に対する照査を行う．

$\gamma_i \times N_r / N_{ud} \leq 1$

ここに，N_{ud} は，補強用FRPが引張破壊する場合の設計引張耐力であり，式（解8.2.2）より，鋼部材の断面積を欠損部の最小断面積 A_{sd} に変更した次式で算定する．

$$N_{ud} = \left(A_{sd} f_{yk} / \gamma_{ms} + 2 A_f E_f \varepsilon_{ftu} / \gamma_{mf}\right) / \gamma_b \tag{3.4}$$

式（3.4）より，$N_{ud} = 5187.9$ kN となる．

式（3.1）に，$N_r = 2777.5$ kN，$N_{ud} = 5187.9$ kN を代入して，照査を行う．

$\gamma_i \times N_r / N_{ud} = 0.589 \leq 1$ ································· OK

よって，鋼部材降伏後において，補強用 FRP の引張破壊の安全性に対する照査を満足する．

4. 補強用FRPの貼付範囲

図 4.1 に，補強用 FRP の貼付範囲を示す．腐食による欠損範囲の全体に FRP シートを配置するとともに，定着長を確保する．

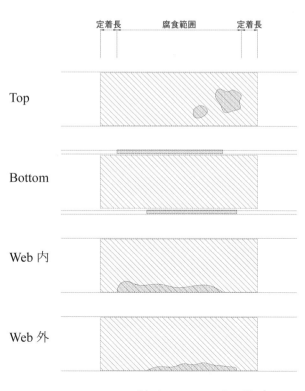

図 4.1 補強用 FRP の貼付範囲

この性能照査例では，欠損した鋼部材が最小断面積となる部位が降伏しない条件で，FRPシートの数量を計算しているため，積層数が8層となっている．一方，鋼部材降伏後の補強用FRPの引張破壊に対しては十分に余裕がある照査結果となっている．断面の欠損量がより多い場合，あるいは死荷重時の作用断面力が相対的に大きい場合，補強用FRPがさらに増加し，場合によっては対応が困難な場合がある．今後，合理的な設計・照査法の検討も必要である．

参考文献

1)　高速道路総合技術研究所：炭素繊維シートによる鋼構造物の補修・補強工法設計・施工マニュアル，2013.10

2. FRPストランドシート接着によるトラス橋下弦材の断面欠損補修（圧縮力）

1. 橋梁諸元

（1）橋梁形式　　：鋼3径間連続トラス橋（**図 1.1**，**図 1.2**）
（2）橋格　　　　：1等橋
（3）支間長　　　：67.8+90.4+67.8 m
（4）橋長　　　　：227.5 m
（5）幅員　　　　：10.0 m

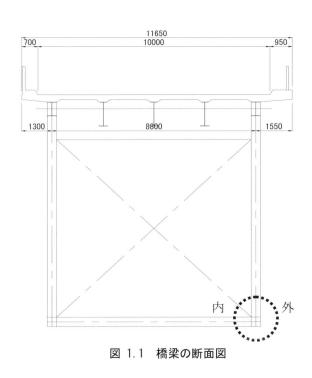

図 1.1　橋梁の断面図

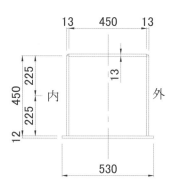

図 1.2　下弦材断面図

2. 設計・照査の方針

　圧縮軸力を受けるトラス橋の下弦材が腐食によって断面欠損した部位に対して，炭素繊維のFRPシートを接着して補修する事例を示す．照査は，トラス箱断面の部位（上下フランジ，左右ウェブ）ごとではなく，文献1)を準用して，公称断面として行う．照査位置は，最も欠損断面積の大きい断面にて実施し，断面欠損部全体を覆うようにFRPシートを接着する．

　表 2.1に鋼材諸元を，**表 2.2**に断面寸法と劣化後の板厚を，**表 2.3**に照査対象の部材に生じる断面力（軸方向圧縮力）をそれぞれ示す．このトラス橋の下弦材（圧縮部材）は，全体座屈で断面が決定されているが，腐食に伴う断面欠損により局部座屈に対する対策が必要となると判断された．設計・照査では，局部座屈，全体座屈を考慮するため，**鋼・合成構造標準示方書[設計編]**（2016年制定）[2)]を適用して，局部座屈，全体座屈に対する応力低減を考慮した．**表 2.4**に部分安全係数を示す．

　なお，この性能照査例は，部材の安全性の照査であり，部材に作用する断面力に対して，部分安全係数を考慮して照査を行うこととした．

表 2.1 鋼材諸元

項目	記号	単位	値
鋼種	—	—	SM490Y
弾性係数	E_s	N/mm^2	200000
降伏強度の特性値	f_{yk}	N/mm^2	355

表 2.2 断面寸法と劣化後の板厚

部位	項目	記号	単位	値
Top	幅	b_{fus}	mm	450.0
	設計板厚	t_{fus}	mm	13.0
	計測板厚	t_{fusd}	mm	10.6
Bottom	幅	b_{fls}	mm	530.0
	設計板厚	t_{fls}	mm	12.0
	計測板厚	t_{flsd}	mm	11.1
Web 内	幅	b_{wis}	mm	450.0
	設計板厚	t_{wis}	mm	13.0
	計測板厚	t_{wisd}	mm	12.2
Web 外	幅	b_{wos}	mm	450.0
	設計板厚	t_{wos}	mm	13.0
	計測板厚	t_{wosd}	mm	11.0
断面積	公称断面	A_s	mm^2	23910
	最小断面	A_{sd}	mm^2	21093

表 2.3 照査対象の部材に生じる断面力（軸方向圧縮力）

項目	記号	単位	値
死荷重時軸力	P_d	kN	−1395
活荷重時軸力	P_l	kN	−1060
合計軸力	P	kN	−2455

表 2.4 部分安全係数

	材料係数			部材係数	構造物係数	作用係数	作用修正係数
	鋼材 γ_{ms}	補強用 FRPγ_{mf}	接着用樹脂材料γ_{hm}	γ_b	γ_i	γ_f	ρ_f
死荷重時	1.05	1.20	1.30	1.30	1.10	1.10	1.00
活荷重時						1.20	1.65

3. 安全性の照査

3.1 補修前の鋼部材欠損部の断面破壊（降伏）に対する照査

部材の座屈は考慮せず，鋼部材の欠損部の降伏に対して照査を行う．式（8.1.1）より，設計断面力 N_r，断面破壊（降伏）に対する設計断面耐力 N_{ud} とすれば，照査式は次式となる．

$$\gamma_i \times N_r / N_{ud} \leq 1 \tag{3.1}$$

設計断面力 N_r は，**表 2.4** の部分安全係数より，死荷重時（N_{rd}）と活荷重時（N_{rl}）の設計断面力の和として，次式で計算され，その結果を**表 3.1** に示す．

$$N_r = N_{rd} + N_{rl} = \gamma_{fd} \times \rho_{fd} \times P_d + \gamma_{fl} \times \rho_{fl} \times P_l \tag{3.2}$$

Part B：鋼構造物 235

表 3.1 照査対象の部材の設計断面力（軸方向圧縮）

項目	記号	単位	値
死荷重時	N_{rd}	kN	−1534.5
活荷重時	N_{rl}	kN	−2098.8
合計	N_r	kN	−3633.3

断面破壊に対する設計断面耐力 N_{ud} は，断面欠損が最も大きい最小断面積 A_{sd} で算定する．

$$N_u = (f_{yk} / \gamma_{ms} \times A_{sd}) / \gamma_b = -6218.4 \text{ kN}$$

これらの設計断面力 N_r，設計断面耐力 N_{ud} を式（3.1）で照査すれば，

$$\gamma_i \times N_r / N_u = 0.643 \ \leq \ 1 \cdots\cdots\cdots\cdots\cdots\cdots\cdots\cdots\cdots\cdots\cdots \text{ OK}$$

よって，断面破壊（降伏）に対する安全性の照査を満足する．

3.2 補修前の鋼部材の座屈に対する照査

座屈に対しては，局部座屈，全体座屈を考慮した設計軸方向圧縮耐力を，**鋼・合成構造標準示方書［設計編］** [2] に準拠して算定して，照査する．設計断面力 N_r，設計軸方向圧縮耐力 N_{crd} とすれば，式（8.1.1）より，照査式は次式となる．

$$\gamma_i \times N_r / N_{crd} \ \leq \ 1 \tag{3.3}$$

部材の設計軸方向圧縮耐力 N_{crd} は，文献 2)の式（5.3.3）より，軸方向圧縮耐力の特性値 N_{cu} を部材係数 γ_b で除すことで，次式で与えられる．

$$N_{crd} = N_{cu} / \gamma_b \tag{3.4}$$

また，文献 2)の式（解 5.3.1）より，軸方向圧縮耐力の特性値 N_{cu} は，次式で与えられる．

$$N_{cu} = \begin{cases} A_{sd} Q_c f_{yd} & \left(\overline{\lambda} \leq \overline{\lambda}_0 \right) \\ \dfrac{A_{sd} Q_c f_{yd}}{2\overline{\lambda}^2} \left[\beta - \sqrt{\beta^2 - 4\overline{\lambda}^2} \right] & \left(\overline{\lambda} > \overline{\lambda}_0 \right) \end{cases} \tag{3.5 a}$$

$$\text{ただし，} \quad \beta = 1 + \alpha \left(\overline{\lambda} - \overline{\lambda}_0 \right) + \overline{\lambda}^2 \tag{3.5 b}$$

ここに，A_{sd} ：照査する断面の欠損を考慮した総断面積（mm²）

f_{yk} ：降伏強度の特性値（規格値）（N/mm²）

f_{yd} ：設計降伏強度（N/mm²）．鋼材の材料係数を γ_{ms} とすれば，$f_{yd} = f_{yk} / \gamma_{ms}$

$\overline{\lambda}_0$ ：限界細長比パラメータで，文献 2)の **表-解 5.3.2** より，0.2 とした．

$\overline{\lambda}$ ：細長比パラメータ

$$\overline{\lambda} = \frac{1}{\pi} \sqrt{\frac{Q_c f_{yk}}{E_s}} \frac{l}{r} \tag{3.6}$$

l ：部材の有効座屈長（mm）．ここでは，トラス橋の格点間距離（両端ピン）とし，$l = 11300$（mm）とした．

r ：腐食による欠損を考慮した総断面の断面二次半径（mm）

$$r = \sqrt{I_{sd} / A_{sd}} \tag{3.7}$$

I_{sd} ：欠損を考慮した総断面の断面二次モーメント（mm⁴）

α ：初期不整係数で，文献 2)の **表-解 5.3.2** より，0.089 とした．

Q_c ：局部座屈を生じる短柱の無次元化耐力

$$Q_c = \frac{\sum (\sigma_{rd} A_{fc})}{A_{sd} f_{yd}} \tag{3.8}$$

A_{fc} ：σ_{rd}を計算した板要素の断面積（mm²）

σ_{crd} ：設計局部座屈強度（N/mm²）．文献 2)の式（5.3.10）の次式で与えられる．

$$\sigma_{rd} = \sigma_u / \gamma_{bs} \tag{3.9}$$

γ_{bs} ：部材係数で，文献 2)より，1.10 とした．

σ_u ：面内圧縮を受ける片縁支持板の局部座屈強度の特性値（N/mm²）．文献 2)の式（解 5.3.40）の次式で与えられる．

$$\sigma_u = \begin{cases} f_{yd} & (R \le 0.70) \\ \left(\dfrac{0.7}{R}\right)^{0.86} \cdot f_{yd} & (R > 0.70) \end{cases} \tag{3.10}$$

R ：腐食による断面欠損を考慮した幅厚比パラメータ

$$R = \frac{1}{\pi} \sqrt{\frac{12(1-\nu^2)}{k}} \cdot \sqrt{\frac{f_{yk}}{E_s}} \cdot \frac{b_s}{t_{sd}} \tag{3.11}$$

ν ：鋼材のポアソン比．0.3 とした．

k ：座屈係数で，$k = 4$ とした．

b_s ：固定間距離（mm）．**表** 2.3 より，フランジ幅 $b_s = 450$（mm）とした．

t_{sd} ：腐食後の板厚（mm）

さらに，式（3.4）において，$A_{sd} f_{yd}$ で除した係数を K_{cu} とすれば，次式となる．

$$K_{cu} = \begin{cases} Q_c & (\overline{\lambda} \le \overline{\lambda}_0) \\ \dfrac{Q_c}{2\overline{\lambda}^2} \left[\beta - \sqrt{\beta^2 - 4\overline{\lambda}^2} \right] & (\overline{\lambda} > \overline{\lambda}_0) \end{cases} \tag{3.12}$$

以上から，設計・照査に用いる値をまとめると**表** 3.1，**表** 3.2 となる．

式（3.3）より，座屈に対する安全性の照査を行う．

$\gamma_i \times N_r / N_{crd} = 1.202 > 1$ ⋯⋯⋯⋯⋯⋯⋯⋯⋯⋯⋯⋯⋯ NG

断面破壊（座屈）に対する安全性の照査を満足しない．よって，補修が必要である．

表 3.2 の欠損のない公称断面（健全断面）の算定結果によれば，幅厚比パラメータ R に基づいた，式（3.9）の両縁支持板の設計局部座屈強度は，比較的高いが，欠損による板厚の減少により，設計局部座屈強度が低下している．したがって，補強用 FRP で不足した剛性を補うことで，性能回復を図る．

表 3.1 着目する部材断面の設計・照査に用いる値

項目	記号	単位	健全断面	欠損断面	補修断面
初期不整係数	α	―	0.2	0.2	0.2
欠損を考慮した総断面積	A_{sd}	mm	23910	21093	28836
断面二次モーメント	I_{sd}	mm⁴	617.9×10^6	536.6×10^6	740.5×10^6
断面二次半径：式（3.7）	r_{sd}	mm	160.8	159.5	160.3
有効座屈長	l	mm	11300	11300	11300
細長比パラメータ：式（3.6）	$\overline{\lambda}$	―	0.818	0.781	0.882
式（3.5 b）	β	―	1.724	1.661	1.839
短柱の無次元化耐力	Q_c	―	0.753	0.675	0.871
式（3.12）	K_{cu}	―	0.664	0.606	0.739

表 3.2 着目するフランジの設計・照査に用いる値

項目	記号	単位	健全断面 Top	健全断面 Bottom	欠損断面 Top	欠損断面 Bottom	補修断面 Top	補修断面 Bottom
部位	−	−	Top	Bottom	Top	Bottom	Top	Bottom
固定間距離	b_{sd}	mm	450	450	450	450	450	450
厚さ	t_{sd}	mm	13.0	12.0	10.6	11.1	14.7	15.2
σ_{rd}を計算した板要素の断面積	A_{fc}	mm^2	22950		20205		27618	
幅厚比パラメータ：式（3.11）	R	−	0.767	0.831	0.941	0.898	0.677	0.655
設計局部座屈強度：式（3.9）	σ_{crd}	N/mm^2	284	265	238	248	307	307

3.3 補修用 FRP と照査のためのモデル化

補強用 FRP として，表 3.3 に示す炭素繊維の FRP ストランドシートを使用する．また，表 3.4 に各部位への接着幅を示す．図 3.1 に示すように，ここでは，FRP ストランドシートを上下左右対称になるように 3 層ずつ貼り付ける．

表 3.3 FRP ストランドシートの諸元

項目	記号	単位	値
目付量	−	g/m^2	900
弾性係数	E_f	N/mm^2	640000
引張強度（特性値）	σ_f	N/mm^2	1900
引張破断ひずみ（特性値）	ε_{ft}	×10^{-6}	2969
圧縮破断ひずみ（特性値）	ε_{fc}	×10^{-6}	1752
設計厚さ（1層あたり）	t_f	mm	0.429
接着幅	b_f	mm	440
断面積（1層あたり）	A_f	mm^2	377.52
積層数	n	層	3
鋼換算厚さ	$t_{f,s}$	mm	4.1

※引張破断ひずみは補強用 FRP が線形材料として，弾性係数と強度から算出．
※圧縮破壊ひずみは JIS K 7072B 法による特性値．

表 3.4 FRP ストランドシートの貼付幅

部位	接着幅（mm）
Top	440
Bottom	440
Web 内	440
Web 外	440

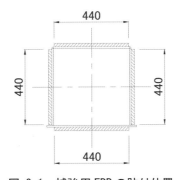

図 3.1 補強用 FRP の貼付位置

3.4 補強後の鋼部材の座屈に対する照査

補修前の照査式（3.1）において，断面破壊に対する補修後の設計軸方向圧縮耐力を N'_{crd} に変更して照査す

る．

$$\gamma_i \times N_r / N'_{crd} \leq 1 \tag{3.13}$$

部材の設計軸方向圧縮耐力 N'_{crd} は，式（3.4）より，補修後の軸方向圧縮耐力の特性値 N'_{cu} を部材係数 γ_b で除すことで，次式で与えられる．

$$N'_{crd} = N'_{cu} / \gamma_b \tag{3.14}$$

補修後の軸方向圧縮耐力の特性値 N'_{cu} は，次式で与えられる．

$$N'_{cu} = N_{rd} + (K'_{cu} f_{yd} - N_{rd} / A_{sd}) \times (A_{sd} + n A_f \times E_f / E_s) / \gamma_b \tag{3.15}$$

ここに，K'_{cu}　：式（3.12）より，補強用 FRP の効果を考慮した，Q'_c, $\overline{\lambda}'$, β', R' を用いて算定される．補強用 FRP の厚さ t_f は，鋼材と等価な弾性係数に換算した厚さ $t_{f,s}$ を求め，接着する鋼板に加えることで評価する．鋼換算厚さ $t_{f,s}$ は，積層数を n，1 層あたりの FRP ストランドシートの設計厚さを t_f とすれば，次式で計算できる．

$$t_{f,s} = n \cdot t_f \cdot \frac{E_f}{E_s} \tag{3.16}$$

表 3.3 に示したように，3 層の FRP ストランドシートでは，$t_{f,s}$ = 4.1 mm となる．照査対象の最小板厚は $t_{sd} + t_{f,s}$ より，14.7（=10.6+4.1）mm となる．

式（3.15）より，補修後の軸方向圧縮耐力の特性値 N'_{cu} を算定する．**表** 3.1, 3.2 の算定された結果を用いれば，以下となる．

$$\begin{aligned}
N'_{cu} &= N_{rd} + (K'_{cu} f_{yd} - N_{rd} / A_{sd}) \times (A_{sd} + n A_f \times E_f / E_s) \\
&= -1534.5 \times (0.739 \times -355 / 1.05 - (-1534.5 / 21093) \times (21093 + 3 \times 377.52 \times 640000 / 200000) \\
&= -9185.9 \text{（kN）}
\end{aligned}$$

式（3.14）より，補強後の設計軸方向圧縮耐力 N'_{cud} を算定し，式（3.13）より，照査を行う．

$$\begin{aligned}
\gamma_i \times N_r / N'_{cud} &= 1.1 \times (-3633.3) / (-9185.9 / 1.3) \\
&= 0.783 \leq 1 \cdots\cdots\cdots\cdots\cdots\cdots\cdots\cdots \text{OK}
\end{aligned}$$

よって，高弾性型炭素繊維ストランドシート（900 目付）を 3 層貼付することにより，断面破壊（座屈）に対する安全性の照査を満足する．なお，2 層でも照査を満足するが，3 層とすれば，幅厚比パラメータ R が 0.7 以下となり，材料強度（f_{yd}）まで適用できるため，3 層とした．

3.5　補強用 FRP の必要定着長

必要定着長を算定するために，3 層をまとめて 1 層の FRP 層とし，3 層分のエポキシ樹脂接着剤が FRP 層と鋼の間にあるものとして，**図** 3.2 に示すように，モデル化する．**表** 3.1 に，エポキシ樹脂接着剤の材料物性値を示す．式（解 7.4.1）～（解 7.4.3）を用いて必要定着長 l_n を計算する．

$$l_n \geq \frac{1}{c} \cosh^{-1}\left(\frac{2}{\eta - 1} \cdot \frac{E_f A_f}{E_s A_s} \right) \tag{解 7.4.1}$$

$$c = \sqrt{\frac{b_f G_e}{h} \cdot \frac{2}{1 - \xi_0} \cdot \frac{1}{E_s A_s}} \tag{解 7.4.2}$$

$$\xi_0 = \frac{1}{1 + (2 E_f A_f) / (E_s A_s)} \tag{解 7.4.3}$$

ここに，η：軸力を受ける部材における鋼部材の発生応力に対する収束の度合い．$\eta > 1$ で，1.01 とした．**表** 2.1～2.2 および**表** 3.5 の値を代入することで，c = 0.0287，ξ_0 = 0.767 が得られ，$l_n \geq$ 113 mm となる．

よって，定着長を 150 mm とする．なお，FRP ストランドシートは断面欠損がない部位に定着するため，定着長の計算では，鋼部材の断面積には，公称断面積 A_s を用いた．

表 3.5 エポキシ樹脂接着剤の物性

項目	記号	単位	値
弾性係数	E_e	N/mm^2	3500
ポアソン比	v_e	—	0.4
せん断弾性係数	G_e	N/mm^2	1250
接着厚※	h	mm	2.4

※1 層あたり 0.8 mm の 3 層分

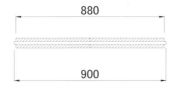

図 3.2 定着，はく離の照査用の板要素モデル

3.6 補強用 FRP の定着部の破壊に対する照査

3 層をまとめて 1 層の FRP 層とし，端部で照査する．式（8.1.1）より，補強用 FRP は活荷重による設計断面力 N_{rl} のみを負担することを考慮し，定着端部の設計引張耐力 N_{ud} とすれば，照査式は次式となる．

$$\gamma_i \times N_{rl} / N_{ud} \leq 1 \tag{3.17}$$

FRP ストランドシートは，部材断面に対して対称に積層され，図 3.2 のようにモデル化されるため，定着端部の設計軸方向耐力として，式（解 8.2.1）を適用する．

$$N_{ud} = \frac{1}{\gamma_b} \sqrt{\frac{G_u}{\gamma_{mm}} \frac{2bE_sA_s}{1-\xi_0}} \tag{解 8.2.1}$$

ここで，G_u ：軸力を受ける場合の補強用 FRP のはく離強度に対するエネルギー解放率．実験により算出し，G_u= 0.2 N/mm とした．

γ_{mm} ：エポキシ樹脂接着剤の材料係数．γ_{mm}=1.3 とした．

式（解 8.2.1）に代入すれば，N_{ud} = -1814.8 kN を得る．式（3.17）より，照査する．

$\gamma_i \times N_{rl} / N_{ud}$ = 1.272 > 1 ･･････････････････････ NG

定着部の破壊に対する照査を満足しない．

そこで，端部を階段状にずらして接着する．ずらし長は，文献 1)を参照し，各層 75mm とする．階段状に貼るため，FRP ストランドシートの 1 層目の端部で照査する．式（解 8.2.1）より，N_{ud}=-2889.3 kN となる．式（3.17）より，照査する．

$\gamma_i \times N_{rl} / N_{ud}$ = 0.799 ≤ 1 ･･････････････････････ OK

よって，段差状に貼り付けることで，定着部の破壊に対する安全性の照査を満足する．

4. 補強用 FRP の貼付範囲

図 4.1 に，補強用 FRP の貼付範囲を示す．腐食による欠損範囲の全体に FRP ストランドシートを配置するとともに，定着長，ずらし量を補強用 FRP の両端にそれぞれ確保する．

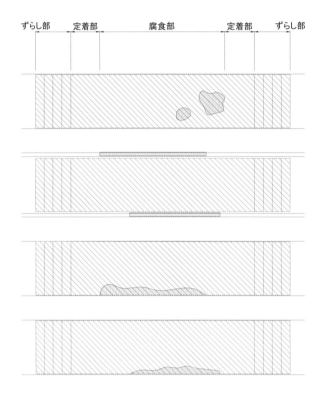

図 4.1 補強用 FRP の貼付範囲

　この照査例で補修の対象とした，トラス橋の下弦材は，全体座屈で断面が決定されている．したがって，圧縮軸力によって断面が降伏に達することはないと考えられるため，鋼部材が降伏した後の補強用 FRP の圧縮破壊による照査を省略した．

参考文献
1) 高速道路総合技術研究所：炭素繊維シートによる鋼構造物の補修・補強工法設計・施工マニュアル, 2013.10
2) 土木学会：鋼・合成構造標準示方書, 設計編, 2016 年制定, 2016.7

3. FRP ストランドシート接着による鈑桁下フランジの断面欠損補修（曲げモーメント）

1. 橋梁諸元
（1）橋梁形式　　：2径間連続非合成鈑桁（図 1.1, 図 1.2）
（2）橋格　　　　：1等橋
（3）支間長　　　：102+102 m
（4）橋長　　　　：206 m
（5）幅員　　　　：10.0～13.0 m

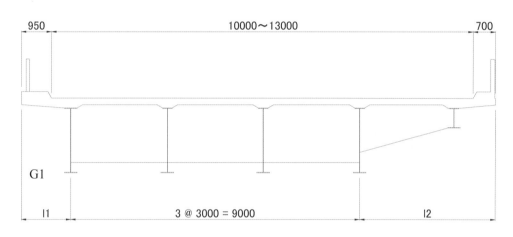

図 1.1　橋梁断面図

図 1.2　部材断面図と腐食位置

2. 設計・照査の方針

炭素繊維のFRPストランドシート接着による鋼鈑桁下フランジの断面欠損の補修事例を示す．照査位置は，最も欠損断面積の大きい断面にて実施する．断面欠損の位置は，図 1.2に示すように，下フランジ上面であるが，補強用FRPは下フランジ下面に接着し，上面は防錆のため，不陸修正および再塗装を実施するものとする．表 2.1に鋼材諸元を，表 2.2に公称断面の寸法を，表 2.3に断面欠損を生じた桁（G1）の欠損寸法を，表 2.4に断面力を，表 2.5に部分安全係数をそれぞれ示す．

表 2.1 鋼材諸元

項目	記号	単位	値
鋼種	—	—	SM490Y
ヤング係数	E_s	kN/m^2	200
降伏強度の特性値	f_{yk}	N/mm^2	355

表 2.2 照査対象の桁（G1）の公称断面の寸法

項目	記号	単位	値
フランジ幅	b_{fu} (b_{fl})	mm	480
フランジ厚	t_{fu} (t_{fl})	mm	22
ウェブ厚	t_w	mm	10
ウェブ高	h_w	mm	2,700
桁高	h	mm	2,744
断面積	A_s	mm^2	48,120

※文献2)の断面の分類によると，スレンダー断面である

表 2.3 断面欠損を生じた桁（G1）の欠損寸法

項目	記号	単位	値
ウェブ最大欠損深さ	t_{wd}	mm	0.0
ウェブ欠損高	h_{wd}	mm	0.0
ウェブ欠損断面積	A_{wd}	mm^2	0.0
欠損長	L_{wd}	mm	0
フランジ最大欠損深さ	t_{fld}	mm	7.5
フランジ欠損幅	b_{fld}	mm	240.0
フランジ欠損断面積	A_{fld}	mm^2	1800.0
欠損長	L_{fld}	mm	450

※最大欠損深さ×欠損幅=欠損断面積とする．

表 2.4 照査対象の部材（G1 桁）に生じる断面力（曲げモーメント）

項目	記号	単位	値
死荷重モーメント	M_d	kN m	3379
活荷重モーメント	M_l	kN m	2923
合計モーメント	$M_d + M_l$	kN m	6302

※当初の設計計算書より

表 2.5 部分安全係数

	材料係数			部材係数 γ_b	構造物係数 γ_i	作用係数 γ_f	作用修正係数 ρ_f
	鋼材 γ_{ms}	補強用FRP γ_{mf}	接着用樹脂材料 γ_{nm}				
死荷重時	1.05	1.20	1.30	1.30	1.10	1.10	1.00
活荷重時						1.20	1.65

2.1 腐食後の断面性能

　ウェブの中心を原点として，各部材の距離を計算し，断面欠損を生じた，補強前の桁（G1）における中立軸の偏心量を次式より算出する．**表 2.6** に，断面欠損を生じた桁（G1）の断面二次モーメントの計算結果を示す．

断面欠損後の中立軸の偏心量 　　　　　　　： $e_{s1} = \Sigma(A \times y) / \Sigma A$

断面欠損を考慮した下フランジ下端からの中立軸 ： $y_1 = h/2 + e_{s1}$

欠損を考慮した中立軸回りの断面二次モーメント ： $I_1 = \Sigma(A \times y^2) + \Sigma I - \Sigma A \times e_{s1}^2$

下フランジ下端からの断面係数 : $Z_1 = I_1 / y_1$

下フランジ下面に作用する応力度 : $\sigma_1 = (M_{rd} + M_{rl}) / Z_1$

表 2.6　断面欠損を生じた桁（G1）の断面二次モーメントの計算結果

項目	断面積 A (mm²)	図心位置 y (mm)	$A y$ (mm³)	$A y^2$ (mm⁴)	各図心回りの I (mm⁴)
上フランジ U-Flg.	10,560	−1361	−14,372,160	19,560,509,760	425,920
ウェブ Web.	27,000	0	0	0	16,402,500,000
下フランジ L-Flg.	10,560	1361	14,372,160	19,560,509,760	425,920
欠損（ウェブ）A_{wd}	0.0	1350	0	0	0
欠損（フランジ）A_{fld}	−1,800.0	1352	−2,436,750	−3,298,750,313	−8,438
合計	48,120.0	−	−2,436,750	35,822,269,208	16,403,343,403

上記の算定式を用いて計算した断面欠損を生じた桁の断面性能を，表 2.7 に示す．

表 2.7　断面欠損を生じた桁（G1）の断面性能（補修前）

項目	記号	単位	値
中立軸の偏心量	e_{s1}	mm	−52.6
中立軸位置	y_1	mm	1,425
断面二次モーメント	I_1	mm⁴	5.210×10^{10}
断面係数	Z_1	mm³	3.657×10^7

3.　安全性の照査

3.1　補修前の断面欠損した桁の断面破壊（降伏曲げモーメント）に対する照査

下フランジの断面欠損により断面性能が低下した桁を対象に，断面破壊（降伏曲げモーメント）に対する照査を行う．式（8.1.1）より，設計断面力 M_r，断面破壊に対する設計断面耐力 M_{ud} とすれば，照査式は次式となる．

$$\gamma_i \times M_r / M_{ud} \leq 1 \tag{3.1}$$

設計断面力は，表 2.4 の部分安全係数より，死荷重時（M_{rd}）と活荷重時（M_{rl}）の設計断面力の和として，次式で計算され，，その結果を表 3.1 に示す．

$$M_r = M_{rd} + M_{rl} = \gamma_{fd} \times \rho_{fd} \times M_d + \gamma_{fl} \times \rho_{fl} \times M_l = 9505 \text{ kN m}$$

表 3.1　照査対象の桁（G1）の設計断面力（曲げモーメント）

項目	記号	単位	値
死荷重時	M_{rd}	kN m	3717
活荷重時	M_{rl}	kN m	5788
合計	M_r	kN m	9505

断面破壊（降伏曲げモーメント）に対する設計断面耐力 M_{ud} は，表 2.7 の最小断面に対する断面係数 Z_1 を用いて，次式により算定する．

$$M_{ud} = (f_{yk} / \gamma_{ms} \times Z_1) / \gamma_b = 9511 \text{ kN m}$$

これらの設計断面力 M_r，設計断面耐力 M_{ud} を式（3.1）で照査する．

$$\gamma_i \times M_r / M_{ud} = 1.099 > 1 \cdots\cdots\cdots\cdots\cdots\cdots\cdots \text{ NG}$$

断面破壊（降伏曲げモーメント）に対する安全性の照査を満足しない．よって，補修が必要である．

3.2 補修用 FRP と貼付位置

降伏曲げモーメントの性能回復には，1層当りの剛性の大きい，炭素繊維の FRP ストランドシート（繊維目付量 $w = 900\text{g/m}^2$，高弾性型）を使用する．**表 3.2** に，FRP ストランドシートの諸元を，**図 3.1** に，補強用 FRP の貼付位置をそれぞれ示す．補強用 FRP による補強効果を大きくするために，下フランジ下面の最外縁に配置することとした．

表 3.2 FRP ストランドシートの諸元

項目	記号	単位	数値
種類	—	—	高弾性 900 目付
弾性係数	E_f	N/mm^2	640000
引張強度（特性値）	σ_f	N/mm^2	1900
限界ひずみ（特性値）	ε_f	×10^{-6}	2969
設計厚（1層あたり）	t_f	mm	0.429
貼付幅	b_f	mm	470
断面積（1層あたり）	A_f	mm^2	201.63
積層数	n	層	5
鋼換算厚さ（1層あたり）	$t_{f,s}$	mm	1.37
鋼換算厚さ（n 層）	$t_{f,ns}$	mm	6.86

※引張破断ひずみは補強用 FRP が線形材料として，弾性係数と強度から算出．

図 3.1 補強用 FRP の貼付位置

3.3 補強用 FRP 接着による補修後の桁の断面性能

補強用 FRP の設計厚 t_f を，鋼材の弾性係数で換算した厚さ（鋼換算厚さ $t_{f,s}$）に変換して，補強用 FRP の鋼換算面積 $A_{f,s}$ を算定すれば，$A_{f,s} = n \times t_f \times b_f \times (E_f / E_s)$ となる．ウェブの中心を原点として，各部材の距離を計算し，補強用 FRP の設置による，補修後の中立軸の偏心量を算出する．その断面二次モーメントの計算結果を，**表 3.3** に示す．

表 3.3 断面欠損を生じた桁（G1）の補強用 FRP 接着による補修後の断面二次モーメントの計算結果

項目	断面積 A (mm^2)	図心位置 y (mm)	Ay (mm^3)	Ay^2 (mm^4)	各図心回りの I (mm^4)
上フランジ U-Flg.	10,560	−1,361	−14,372,160	19,560,509,760	425,920
ウェブ Web.	27,000	0	0	0	16,402,500,000
下フランジ L-Flg.	10,560	1,361	−14,372,160	19,560,509,760	425,920
欠損（路肩側）	0	—	0	0	0
欠損（G2 側）	−1,800	1,354	−2,436,750	−3,298,750,313	−8,438
補強用 FRP	3,226.1	1,375	4,437,254	6,103,140,685	12,666
合計	49,546.1	—	2,000,504	41,925,409,892	16,403,359,069

補修後の中立軸の偏心量 : $e_{s2} = \Sigma(A \times y) / \Sigma A$

補修後の下フランジ下端からの中立軸 : $y_2 = h / 2 + e_{s2}$

補修後の中立軸回りの断面二次モーメント : $I_2 = \Sigma(A \times y^2) + \Sigma I - \Sigma A \times e_{s2}^2$

補修後の下フランジ下端からの断面係数 : $Z_2 = I_2 / y_2$

補修後の下フランジ下面に作用する応力度 : $\sigma_2 = M_{rd} / Z_1 + M_{rl} / Z_2$

上記の算定式を用いて計算した，補修後の桁の断面性能を**表 3.4**に示す．

表 3.4 断面欠損を生じた桁（G1）の補強用 FRP 接着による補修後の断面性能

項目	記号	単位	値
中立軸の偏心量	e_{s2}	mm	40.4
中立軸位置	y_2	mm	1,332
シート貼付幅	b_f	mm	470
断面二次モーメント	I_2	mm^4	5.825×10^{10}
断面係数	Z_2	mm^3	4.374×10^7

3.4 補強用 FRP 接着による補修後の桁の断面破壊（降伏曲げモーメント）に対する照査

補強用 FRP は活荷重による設計断面力 N_{rl} のみ負担するものとして，以下の式にて照査する．

$$\gamma_i \times (M_r / M'_{ud}) \leq 1 \tag{3.2}$$

ここに，M'_{ud} は，断面欠損した鋼桁材が負担する死荷重時の設計断面力 M_{rd} を除いて，補修後に FRP ストランドシートと鋼桁が分担できる設計断面耐力であり，**表 2.7**，**表 3.1**，**表 3.2**，**表 3.4** の各値を用いて，次式より算定される．

$$M'_{ud} = \{ M_{rd} + (f_{yk} / \gamma_{ms} - M_{rd} / Z_1) \times (y_2/(y_2 - n \times t_{f,s})) \times Z_2) \} / \gamma_b$$

$$= 14114 \text{ kN m}$$

照査式（3.2）に代入して照査を行う．

$$\gamma_i \times (M_r / M'_{ud}) = 0.993 \leq 1 \cdots\cdots\cdots\cdots\cdots\cdots\cdots\cdots\cdots\cdots\cdots \text{ OK}$$

よって，炭素繊維の FRP ストランドシート（高弾性型，900 目付）を，下フランジの下面に 5 層貼付することにより断面破壊（降伏曲げモーメント）に対する安全性の照査を満足する．

3.5 補強用 FRP の必要定着長

必要定着長を算定するために，5 層をまとめて 1 層の FRP 層とし，5 層分の接着樹脂剤が FRP 層と鋼の間にあるものとしてモデル化する．**表 3.5** に，エポキシ樹脂接着剤の物性値を示す．式（解 7.4.4～7.4.5）を用いて必要定着長 l_b を計算する．

$$l_b \geq \frac{1}{c_b} \cosh^{-1}\left(\frac{1}{1 - \eta_N} \right) \tag{解 7.4.4}$$

$$c_b = \sqrt{\frac{b_f G_e}{h}\left(\frac{1}{E_s A_s} + \frac{1}{E_f A_f} + \frac{a^2}{E_s I_s + E_f I_f} \right)} \tag{解 7.4.5}$$

ここに，η_N : 曲げモーメントを受ける部材における鋼部材の発生応力に対する収束の度合い．$\eta_N < 1$ で，0.99 とした．

I_s, I_f : それぞれ，鋼桁および補強用 FRP の断面二次モーメント（mm^4）．$I_s = I_1$，$I_f = b_f t_f^3/12$

とした.

a ：鋼部材の図心から補強用 FRP の図心までの距離（mm）．$a=y_2$ とした.

表 2.1〜2.3 および表 3.2，表 3.4，表 3.5 の値を代入することで，$c_b = 0.0268$ が得られ，$l_b \geq 198$（mm）となる．よって，定着長を 200 mm とする．なお，FRP ストランドシートは断面欠損がない部位に定着するが，定着長の計算では，欠損部に近いため，鋼桁の断面諸元は，欠損した最小断面を用いた.

表 3.5　エポキシ樹脂接着剤の物性値

項目	記号	単位	値
弾性係数	E_e	N/mm^2	3500
ポアソン比	ν_e	—	0.4
せん断弾性係数	G_e	N/mm^2	1250
接着厚※	h	mm	1.5

※1 層あたり 0.3 mm の 5 層分

3.6　補強用 FRP の定着部の破壊に対する照査

5 層分を 1 層の FRP とし，補強用 FRP の端部で照査する．式（8.1.1）より，補強用 FRP は活荷重による設計断面力 N_{rl} のみを負担することを考慮し，定着端部の設計断面耐力 M_{ud} とすれば，照査式は次式となる.

$$\gamma_i \times M_{rl} / M_{ud} \leq 1 \tag{3.3}$$

定着端部の設計断面耐力（曲げ耐力）M_{ud} は，欠損した鋼桁の断面二次モーメント（I_1），5 層の補強用 FRP が接着された鋼桁の断面二次モーメント（I_2）を用い，式（解 8.2.4）より，次式となる.

$$M_{ud} = \frac{1}{\gamma_b} \sqrt{2bE_s \frac{G_u}{\gamma_{mm}} \bigg/ \left(\frac{1}{I_1} - \frac{1}{I_2} \right)} \tag{解 8.2.4}$$

ここで，G_u　：接着用樹脂材料のエネルギー解放率の特性値（N/mm）．実験により算出し，0.2 N/mm とした.

γ_{mm}　：接着用樹脂材料の材料係数．$\gamma_{mm} = 1.3$ とした.

式（解 8.2.4）に代入すれば，$M_{ud} = 2906$（kN m）を得る．式（3.3）より照査すれば，

$$\gamma_i \times M_{rl} / M_{ud} = 2.191 > 1 \cdots\cdots\cdots\cdots\cdots\cdots\cdots\cdots\cdots\cdots \text{NG}$$

よって，定着部の破壊に対する安全性の照査を満足しない.

そこで，端部を階段状にずらして接着する．ずらし長は，文献1)を参照し，各層 75 mm とする．階段状に配置するため，1 層目端部で再度照査する．1 層の補強用 FRP が接着された鋼桁（公称断面）の断面二次モーメント（I_3）を計算して，式（解 8.2.4）に代入すれば，$M_{ud} = 6161$（kN m）を得る．ここで，$h = 0.3$（mm），$I_3 = 5.335 \times 10^{10}$（mm^4）とした．式（3.3）より照査すれば，

$$\gamma_i \times M_{rl} / M_{ud} = 1.033 > 1 \cdots\cdots\cdots\cdots\cdots\cdots\cdots\cdots\cdots\cdots \text{NG}$$

階段状にずらして設置しても，定着部の破壊に対する安全性の照査を満足しない．そこで，FRP ストランドシートと鋼桁の間に高伸度弾性樹脂を使用し，はく離しないことを前提に設計するものとする．高伸度弾性樹脂を使用した場合，定着長が変化するため，再計算する．なお，3.5 で算定した，エポキシ樹脂接着剤に対する定着長は適用せず，3.7 の高伸度弾性樹脂に対する定着長のみを考慮することとした.

3.7　高伸度弾性樹脂に対する補強用 FRP の必要定着長

表 3.6 に，高伸度弾性樹脂の物性値を示す．5 層をまとめて 1 層とし，式（解 7.4.4）〜（解 7.4.5）を用

いて必要定着長を計算する．表 2.1〜2.3 および表 3.2，表 3.4，表 3.6 の値を代入することで，$c_b = 0.0048$ が得られ，$l_b \geq 1095$ (mm) となる．よって，定着長を 1100 mm とする．また，ずらし長は各層 75mm とし，片側当り 75 (mm) × 4 ($n-1$) = 300 (mm) 必要である．

表 3.6 高伸度弾性樹脂の物性値

項目	記号	単位	値
弾性係数	E_e	N/mm^2	70
ポアソン比	v_e	—	0.49
せん断弾性係数	G_e	N/mm^2	23
接着厚（1層目）	h	mm	0.8

4. 貼付概略図

図 4.1 に，補強用 FRP の貼付範囲を示す．この性能照査例では，腐食部の範囲を含めて，全長 3250mm の補強用 FRP を接着する必要がある．

鋼桁の曲げモーメントに対する補強において，補強用 FRP を下フランジ下面に接着する場合，設計曲げモーメントが小さくなる位置に補強用 FRP を定着することで対応するが，断面欠損した下フランジ部の部分的な補修では，不経済となることから，設計曲げモーメントが大きい位置で定着することが要求される．高伸度弾性樹脂を用いれば，定着長は長くなるが，設計断面力が大きい場合でもはく離しないため，このような厳しい条件でも適用は可能である．

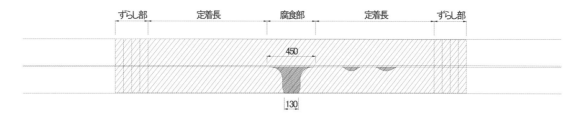

図 4.1 補強用 FRP の貼付範囲

参考文献

1) 高速道路総合技術研究所：炭素繊維シートによる鋼構造物の補修・補強工法設計・施工マニュアル，2013.10
2) 土木学会：鋼・合成構造標準示方書，設計編，2016 年制定，2016.7

4. FRPシート接着による鈑桁端部の断面欠損補修（支点反力）

1. 橋梁諸元
（1）橋梁形式　：2径間連続非合成鈑桁（図 1.1, 図 1.2）
（2）橋格　　　：1等橋
（3）支間長　　：102 + 102 m
（4）橋長　　　：206 m
（5）幅員　　　：10.0～13.0 m

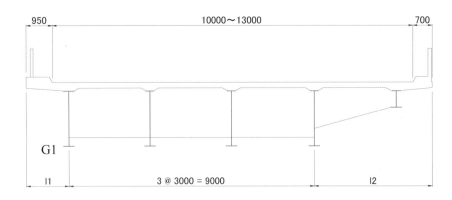

図 1.1　橋梁断面図

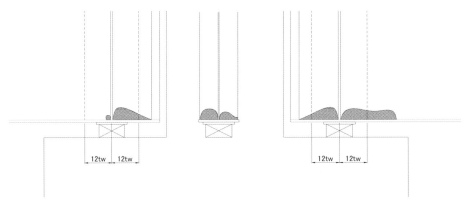

図 1.2　部材断面図

2. 設計・照査の方針

　支点反力を受ける鈑桁端部の腐食に対するFRPシートによる補修事例を示す．照査は，十字断面の部位（垂直補剛材，ウェブ）ごとではなく，文献1)を参考に，部材の公称断面として行う．照査位置は，最も欠損断面積の大きい断面にて実施し，断面欠損部全体を覆うようにFRPシートを接着する．**表 2.1**に鋼材諸元を，**表 2.2**に断面寸法を，**表 2.3**に欠損寸法を，**表 2.4**に断面力を，**表 2.5**に部分安全係数をそれぞれ示す．設計・照査では，垂直補剛材の断面欠損により，局部座屈強度が低下し，補修が必要と判断された．炭素繊維のFRPシートを接着することで，柱部材としての軸剛性を回復することとした．また，座屈に対する安全性の照査は，**鋼・合成構造標準示方書**［2016年制定］[2)]を参照して行うこととした．

Part B：鋼構造物

表 2.1　鋼材諸元

項目	記号	単位	値
鋼種	–	–	SM400
ヤング係数	E_s	kN/mm^2	200
降伏強度の特性値	f_{yk}	N/mm^2	235

表 2.2　照査対象の部材（G1 桁）の断面寸法

項目	記号	単位	値
補剛材 1 幅	B_{st1}	mm	370
補剛材 2 幅	B_{st2}	mm	370
補剛材 1 厚	t_{st1}	mm	22
補剛材 2 厚	t_{st2}	mm	22
腹板有効幅	B_w	mm	240
腹板厚	t_w	mm	10
十字断面の断面積	A_s	mm^2	18680
桁高	h	mm	2744

表 2.3　照査対象の部材（G1 桁）の欠損寸法

項目	記号	単位	値
補剛材 1 欠損幅	B_{std1}	mm	370.0
〃　　欠損厚	t_{std1}	mm	3.8
〃　　欠損高	h_{std1}	mm	50.0
補剛材 2 欠損幅	B_{std2}	mm	370.0
〃　　欠損厚	t_{std2}	mm	4.5
〃　　欠損高	h_{std2}	mm	50.0
支間側ウェブ欠損幅	B_{wd1}	mm	120.0
〃　　欠損厚	t_{wd1}	mm	6.2
〃　　欠損高	h_{wd1}	mm	50.0
端部側ウェブ欠損幅	B_{wd2}	mm	120.0
〃　　欠損厚	t_{wd2}	mm	10.0
〃　　欠損高	h_{wd2}	mm	50.0
欠損考慮断面積	A_{sd}	mm^2	13665

表 2.4　断面力

項目	記号	単位	値
死荷重	R_d	kN	−699.1
活荷重	R_l	kN	−490.3
合計	$R_d + R_l$	kN	−1,189.4

※当初の設計計算書より

表 2.5　部分安全係数

	材料係数			部材係数	構造物係数	作用係数	作用修正係数
	鋼材 γ_{ms}	補強用 FRP γ_{mf}	接合用材料 γ_{mm}	γ_b	γ_i	γ_f	ρ_f
死荷重時	1.05	1.20	1.30	1.30	1.10	1.10	1.00
活荷重時						1.20	1.65

3.　安全性の照査

3.1　補修前の断面欠損した鋼部材の断面破壊（降伏）に対する安全性の照査

　部材の座屈は考慮せず，鋼部材の欠損部の降伏に対して照査を行う．式（8.1.1）より，設計断面力を N_r,

断面破壊に対する設計断面耐力を N_{ud} とすれば，照査式は次式となる．

$$\gamma_i \times N_r / N_{ud} \leq 1 \tag{3.1}$$

設計断面力 N_r は，**表 2.4** の断面力，**表 2.5** の部分安全係数より，死荷重時（N_{rd}）と活荷重時（N_{rl}）の設計断面力の和として，次式で計算される．

$$N_r = N_{rd} + N_{rl} = \gamma_{fp} \times \rho_{fp} \times R_d + \gamma_{fr} \times \rho_{fr} \times R_l = 769.0 + 970.8 = -1739.8 \ （\text{kN}）$$

断面破壊に対する設計断面耐力 N_{ud} は，**表 2.3** の欠損を考慮した断面積 A_{sd} を用いて算定できる．

$$N_{ud} = (f_{yk} / \gamma_{ms} \times A_{sd}) / \gamma_b = -3216.0 \ （\text{kN}） \tag{3.2}$$

式（3.1）より照査する．

$$\gamma_i \times N_r / N_{ud} = 0.595 \ \leq \ 1 \ \cdots\cdots\cdots\cdots\cdots\cdots\cdots\cdots\cdots\cdots \ \text{NG}$$

よって，断面破壊（降伏）に対する安全性の照査を満足する．

3.2　補修前の断面欠損した鋼部材の座屈に対する安全性の照査

座屈に対する安全性の照査は，**鋼・合成構造標準示方書［設計編］［2016 年制定］**[2]を参照して行う．部材の設計断面力を N_r，設計軸方向圧縮耐力を N_{crd} とすれば，式（8.1.1）より，照査式は次式となる．

$$\gamma_i \times N_r / N_{crd} \ \leq \ 1 \tag{3.3}$$

部材の設計軸方向圧縮耐力 N_{crd} は，文献 2)の式（5.3.3）より，軸方向圧縮耐力の特性値 N_{cu} を部材係数 γ_b で除すことで，次式により算定される．

$$N_{crd} = N_{cu} / \gamma_b$$

また，文献 2)の式解（5.3.1）より，軸方向圧縮耐力の特性値 N_{cu} は，次式で与えられる．

$$N_{cu} = \begin{cases} A_{sd} Q_c f_{yd} & （\overline{\lambda} \leq \overline{\lambda}_0） \\ \dfrac{A_{sd} Q_c f_{yd}}{2\overline{\lambda}^2}\left[\beta - \sqrt{\beta^2 - 4\overline{\lambda}^2}\right] & （\overline{\lambda} > \overline{\lambda}_0） \end{cases} \tag{3.4 a}$$

ただし，$\beta = 1 + \alpha\left(\overline{\lambda} - \overline{\lambda}_0\right) + \overline{\lambda}^2$ $\tag{3.4 b}$

ここに，A_{sd}　：照査する断面の欠損を考慮した総断面積（mm^2）

$\quad\quad f_{yk}$　：降伏強度の特性値（規格値）（N/mm^2）

$\quad\quad f_{yd}$　：設計降伏強度（N/mm^2）．鋼材の材料係数を γ_{ms} とすれば，$f_{yd} = f_{yk} / \gamma_{ms}$

$\quad\quad \overline{\lambda}_0$　：限界細長比パラメータで，文献 2)の**表−解** 5.3.2 より，0.2 とした．

$\quad\quad \overline{\lambda}$　：細長比パラメータ

$$\overline{\lambda} = \frac{1}{\pi}\sqrt{\frac{Q_c f_{yk}}{E_s}}\frac{l}{r} \tag{3.5}$$

$\quad\quad l$　：部材の有効座屈長（mm）．ここでは，腐食により下端の回転に対する拘束が不十分と考え，座屈係数を 0.7 とした．ウェブ高さ 2700mm より，$0.7 \times 2700 = 1890$（mm）とした．

$\quad\quad r$　：腐食による欠損を考慮した総断面の断面二次半径（mm）

$$r = \sqrt{I_{sd} / A_{sd}} \tag{3.6}$$

$\quad\quad I_{sd}$　：欠損を考慮した総断面の断面二次モーメント（mm^4）

$\quad\quad \alpha$　：初期不整係数で，文献 2)の**表−解** 5.3.2 より，0.224 とした．

$\quad\quad Q_c$　：局部座屈を生じる短柱の無次元化耐力

$$Q_c = \frac{\sum (\sigma_{rd} A_{fc})}{A_{sd} f_{yd}} \tag{3.7}$$

A_{fc} ： σ_{rd}を計算した板要素の断面積（mm^2）

σ_{rd} ： 面内圧縮を受ける片縁支持板の局部座屈強度の特性値（N/mm^2）．文献2)の式（解 5.3.45）より，次式で与えられる．

$$\sigma_{rd} = \begin{cases} f_{yd} & (R \le 0.70) \\ \left(\dfrac{0.7}{R} \right)^{0.64} \cdot f_{yd} & (R > 0.70) \end{cases} \tag{3.8}$$

R ： 腐食による断面欠損を考慮した幅厚比パラメータ．次式により与えられる．

$$R = \frac{1}{\pi} \sqrt{\frac{12(1-\nu^2)}{k}} \cdot \sqrt{\frac{f_{yk}}{E_s}} \cdot \frac{b_s}{t_{sd}} \tag{3.9}$$

ν ： 鋼材のポアソン比．0.3 とした．

k ： 座屈係数で，$k = 0.425$ とした．

b_s ： 自由突出幅（mm）．**表 2.3** より，補剛材の幅 $b_s = 370$（mm）とした．

t_{sd} ： 腐食後の板厚（mm）

さらに，式（3.4）において，$A_{sd} f_{yd}$ で除した係数を K_{cu} とすれば，次式となる．

$$K_{cu} = \begin{cases} Q_c & (\bar{\lambda} \le \bar{\lambda}_0) \\ \dfrac{Q_c}{2\bar{\lambda}^2} \left[\beta - \sqrt{\beta^2 - 4\bar{\lambda}^2} \right] & (\bar{\lambda} > \bar{\lambda}_0) \end{cases} \tag{3.10}$$

以上から，設計・照査に用いる値をまとめると**表 3.1**，**表 3.2** となる．

表 3.1　着目する部材断面の設計・照査に用いる値

項目	記号	単位	健全断面	欠損断面	補修断面
欠損を考慮した総断面積	A_{sd}	mm^2	18680	13665	17527
断面二次モーメント	I_{sd}	mm^4	742.9×10^6	602.7×10^6	757.3×10^6
断面二次半径：式（3.6）	r	mm	199.4	210.0	235.4
有効座屈長	l	mm	1890	1890	1890
細長比パラメータ：式（3.5）	$\bar{\lambda}$	—	0.094	0.083	0.080
式（3.4 b）	β	—	0.985	0.981	0.980
短柱の無次元化耐力	Q_c	—	0.834	0.720	0.835
式（3.10）	K_{cu}	—	0.834	0.720	0.835

表 3.2　着目する補剛材の設計・照査に用いる値

項目	記号	単位	健全断面		欠損断面		補修断面	
			補剛材 1	補剛材 2	補剛材 1	補剛材 2	補剛材 1	補剛材 2
自由突出幅	b_s	mm	370	370	370	370	370	370
補剛板の厚さ	t_{sd}	mm	22	22	18.2	17.5	22.8	22.1
σ_{rd}を計算した板要素の断面積	A_{fc}	mm^2	18680		13665		17527	
幅厚比パラメータ：式（3.8）	R	—	0.930	0.930	1.124	1.169	0.898	0.927
局部座屈強度の特性値：式（3.3）	σ_{rc}	N/mm^2	186.6	186.6	165.3	161.2	190.8	187

これらの結果を踏まえると，設計軸方向圧縮耐力 N_{crd} は，$N_{crd} = -1694.0$（kN）となる．

式（3.2）より，座屈に対する安全性の照査を行う．

$\gamma_i \times N_r / N_{crd} = 1.130 > 1$ ・・・・・・・・・・・・・・・・・・・・・・・ **NG**

断面破壊（座屈）に対する安全性の照査を満足しない．よって，補修が必要である．

表 3.1 の算定結果によれば，対象部材の細長比パラメータは，式（3.5）より 0.2 以下となり，全体座屈による強度低下は考慮しなくてよい断面であることがわかる．補剛材の剛性が低下して，局部座屈に対する安全性の照査を満足していない．したがって，補強用 FRP で不足した剛性を補うことで性能回復を図るものとする．

3.3 補修用 FRP と設計・照査のためのモデル化

補強用 FRP として，表 3.3 に示す FRP シートを使用する．また，各部位への接着幅および積層数を表 3.4 に示す．各部材は両面に均等な層数を接着する．図 3.1 に，補強用 FRP の貼付位置を示す．

表 3.3 FRP シートの諸元

項目	記号	単位	値
種類	—	—	高弾性 300 目付
弾性係数	E_f	N/mm²	640000
引張強度（特性値）	σ_{ft}	N/mm²	1900
圧縮強度（特性値）	σ_{fc}	N/mm²	1121
引張破断ひずみ	ε_{ft}	×10⁻⁶	2969
圧縮破断ひずみ	ε_{fc}	×10⁻⁶	1752
設計厚さ（1層あたり）	t_f	mm	0.143

表 3.4 各面への FRP シート接着幅と積層数

部位	記号	単位	値
補剛材 1	b_{fst1}	mm	350
	n_{st1}	層	5※
	A_{fst1}	mm²	250.25
補剛材 2	b_{fst2}	mm	350
	n_{st2}	層	5※
	A_{fst2}	mm²	250.25
ウェブ（支間側）	b_{fw1}	mm	120
	n_{w1}	層	3※
	A_{fw1}	mm²	51.48
ウェブ（端部側）	b_{fw2}	mm	120
	n_{w2}	層	3※
	A_{fw2}	mm²	51.48

※積層数は片面あたりで，表裏で均等とする．

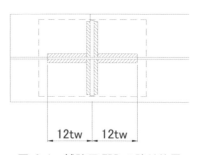

図 3.1 補強用 FRP の貼付位置

3.4 補修後の鋼部材の座屈に対する安全性の照査

補修後の鋼部材の座屈に対する安全性の照査では，補強用 FRP は活荷重のみを分担するものとして評価す

る．補修後の設計軸方向圧縮耐力を N'_{crd} とすれば，照査式は次式となる．

$$\gamma_i \times N_r / N'_{crd} \leq 1 \tag{3.11}$$

補修後の設計軸方向圧縮耐力 N'_{crd}，補強後の軸方向圧縮耐力の特性値 N'_{cu} は，次式で与えられる．

$$N'_{crd} = N'_{cu} / \gamma_b$$

$$N'_{cu} = N_{rd} + (K'_{cu} f_{vd} - N_{rd} / A_{sd}) \times A_{sd+f} \tag{3.12a}$$

$$\text{ただし，} \quad K'_{cu} = \begin{cases} Q'_c & (\overline{\lambda} \leq \overline{\lambda}_0) \\ \dfrac{Q'_c}{2\overline{\lambda}^2}\left[\beta - \sqrt{\beta^2 - 4\overline{\lambda}^2}\right] & (\overline{\lambda} > \overline{\lambda}_0) \end{cases} \tag{3.12b}$$

$$\beta' = 1 + \alpha\left(\overline{\lambda}' - \overline{\lambda}_0'\right) + \overline{\lambda}'^2 \tag{3.12c}$$

ここで，　A_{sd+f}　：補修後の断面積（mm^2）

$\overline{\lambda}'$　：補修後の細長比パラメータ

$$\overline{\lambda}' = \frac{1}{\pi}\sqrt{\frac{Q'_c f_{yk}}{E_s}}\frac{1}{r'}$$

r'：補修後の断面二次半径（mm）

$$r' = \sqrt{I_{sd+f} / A_{sd+f}}$$

I_{sd+f}　：補強後の断面二次モーメント（mm^4）

Q'_c　：補修後の局部座屈を生じる短柱の無次元化耐力

$$Q'_c = \frac{\sum\left(\sigma'_{rd} A_{fc+f}\right)}{A_{sd+f} \cdot f_{yd}}$$

A_{fc+f}　：σ'_{rd} を計算した板要素の断面積（mm^2）．補強用 FRP による断面積を考慮する．

σ'_{rd}　：補修後の片縁支持板の局部座屈強度（N/mm^2）

$$\sigma'_{rd} = \begin{cases} f_{yd} & (R' \leq 0.70) \\ \left(\dfrac{0.7}{R}\right)^{0.64} \cdot f_{yd} & (R' > 0.70) \end{cases}$$

R'　：補修後の腐食による断面欠損を考慮した幅厚比パラメータ

$$R' = \frac{1}{\pi}\sqrt{\frac{12\left(1-\nu^2\right)}{k}} \cdot \sqrt{\frac{f_{yk}}{E_s}} \cdot \frac{b}{t_{s+cf}}$$

k　：座屈係数で，0.425 とする．

t_{sd+f}　：補修後の板厚（mm）．鋼換算した補強用 FRP の厚さを考慮する．

以上から，設計・照査に用いる値をまとめると**表 3.1**，**表 3.2** に示した通りである．
これらの結果を踏まえると，設計軸方向圧縮耐力 N_{crd} は，$N_{crd} = -2353.9$（kN）となる．

式（3.11）より，座屈に対する安全性の照査を行う．

$$\gamma_i \times N_r / N_{crd} = 0.813 > 1 \quad \cdots\cdots\cdots\cdots\cdots\cdots\cdots\cdots\cdots\cdots \text{ OK}$$

よって，高弾性型炭素繊維の FRP シートを垂直補剛材に 5 層，ウェブに 3 層接着することで，破壊断面（座屈）に対する安全性の照査を満足する．

3.5　補強用 FRP の必要定着長

必要定着長を算定するために，全層をまとめて 1 層の FRP 層とし，全ての含浸接着樹脂が FRP 層と鋼の間にあるとしてモデル化する．**表 3.5** に，含浸接着樹脂の材料物性値を示す．式（解 7.4.1）～式（解 7.4.3）

を用いて必要定着長を計算する.

$$l_n \geq \frac{1}{c}\cosh^{-1}\left(\frac{2}{\eta-1}\cdot\frac{E_f A_f}{E_s A_s}\right) \qquad\text{(解 7.4.1)}$$

$$c = \sqrt{\frac{b_f G_e}{h}\cdot\frac{2}{1-\xi_0}\cdot\frac{1}{E_s A_s}} \qquad\text{(解 7.4.2)}$$

$$\xi_0 = \frac{1}{1+\left(2E_f A_f\right)/\left(E_s A_s\right)} \qquad\text{(解 7.4.3)}$$

ここに,η:軸力を受ける部材における鋼部材の発生応力に対する収束の度合い.$\eta > 1$ で,1.01 とした.

表 3.5　含浸接着樹脂の物性値

項目	記号	単位	値
弾性係数	E_e	N/mm^2	3500
ポアソン比	v_e	—	0.4
せん断弾性係数	G_e	N/mm^2	1250
接着厚※	h	mm	1.5(5 層),1.2(3 層)

※1 層あたり 0.3 mm の接着厚として計算する

垂直補剛材,ウェブの必要定着長について,**表 2.1～2.3** および**表 3.4** の値を式(解 7.4.1)～式(解 7.4.3)に代入することで算定すれば,**表 3.6** のようにまとめられる.よって,定着長は 80mm とする.

表 3.6　必要定着長の計算結果

項目	記号	単位	評価の対象部位 垂直補剛材	評価の対象部位 ウェブ
積層数	n	—	5	3
式（解 7.4.3）	ξ_0	—	0.836	0.785
式（解 7.4.2）	c	—	0.0467	0.0803
式（解 7.4.1）	l_n	mm	78.7	49.9
定着長	—	mm	80	80

3.6　補強用 FRP の定着部の破壊に対する照査

全層をまとめて 1 層の FRP 層とし,端部で照査する.式(8.1.1)より,補強用 FRP は活荷重による設計断面力 N_{rl} のみを負担することを考慮し,定着端部の設計断面耐力を N_{ud} とすれば,照査式は次式となる.

$$\gamma_i \times N_{rl}/N_{ud} \leq 1 \qquad\qquad (3.13)$$

FRP シートは,部材断面に対して対称に積層されているため,定着端部の設計断面耐力として,式(解 8.2.1)を適用する.

$$N_{ud} = \frac{1}{\gamma_b}\sqrt{\frac{G_u}{\gamma_{mm}}\frac{4bE_s A_s}{1-\xi_0}} \qquad\text{(解 8.2.1)}$$

ここで,G_u　:軸力を受ける場合の補強用 FRP のはく離強度に対するエネルギー解放率の特性値.実験により算出し,$G_u = 0.2$ N/mm とした.

γ_{mm}　:含浸接着樹脂の材料係数.1.3 とした.

垂直補剛材,ウェブについて,それぞれ設計断面耐力を算定し,式(3.13)により照査を行う.照査結果を**表 3.7** に示す.

表 3.7 定着部の破壊に対する照査結果

項目	記号	単位	評価の対象部位 垂直補剛材	ウェブ
積層数	n	—	5	3
作用断面力	N_{rl}	kN	452	66.6
式（解 8.2.1）	N_{ud}	kN	1123.4	1311
式（3.13）	$\gamma_i \times N_{rl} / N_{ud}$	—	0.443	0.075
照査	—	—	OK	OK

よって，定着部の破壊に対する安全性の照査を満足する．

3.7 鋼部材降伏後の補強用 FRP の圧縮破壊に対する照査

鋼部材降伏後の補強用 FRP の圧縮破壊に対する安全性の照査を行う．圧縮ひずみの限界値は，補強用 FRP 単体での圧縮試験（JIS K 7072B 法）により求めたが，構造物に接着された補強用 FRP は，単体の圧縮試験と比べて，座屈が起こり難く，安全側の照査である．式（8.1.1）より，補強用 FRP の設計圧縮耐力を N_{ud} とすれば，照査式は次式となる．

$$\gamma_i \times N_r / N_{ud} \leq 1 \tag{3.14}$$

補強用 FRP の設計圧縮耐力は，式（解 8.2.1）より，次式となる．

$$N_{ud} = (A_{sd} \times \sigma(\varepsilon_{fc}) + 2 \times \Sigma A_f \times E_f \times \varepsilon_{fc} / \gamma_{mf}) / \gamma_b = (A_{sd} \times f_{yd} + 2 \times \Sigma A_f \times E_f \times \varepsilon_{fc} / \gamma_{mf}) / \gamma_b$$
$$= 3219.9 \text{（kN）}$$

ここに，γ_{mf} ：補強用 FRP の材料係数．$\gamma_{mf} = 1.2$ とした．

照査式（3.14）より照査する．

$\gamma_i \times N_r / N_{ud} = 0.594 \leq 1$ ……………………………… OK

よって，鋼部材降伏後の補強用 FRP の圧縮破壊に対する安全性の照査を満足する．

4. 貼付概略図

図 4.1 に，補強用 FRP の貼付範囲を示す．

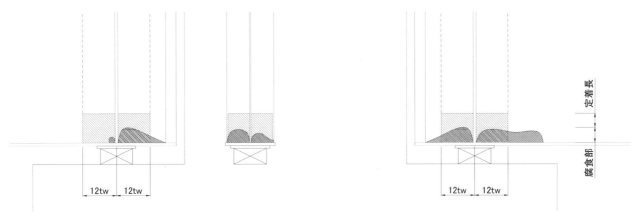

図 4.1 補強用 FRP の貼付範囲

この補修事例では，垂直補剛材の幅が，標準的な鈑桁橋に比べて，大きい特徴がある．そのため，断面欠損により幅厚比パラメータがさらに大きくなり，局部座屈強度が低下している．補強用 FRP の効果は，活荷重のみを負担するとして，設計・照査しているため，断面欠損が大きい場合，死荷重による作用が相対的に大きい場合には，設計が困難になる場合があると考えられる．

参考文献

1) 高速道路総合技術研究所：炭素繊維シートによる鋼構造物の補修・補強工法設計・施工マニュアル，2013.10
2) 土木学会：鋼・合成構造標準示方書，設計編，2016 年制定，2016.7

5. FRPシート接着によるウェブ下端部の断面欠損補修（せん断力）

1. 橋梁諸元

（1）橋梁形式　　：2径間連続非合成鈑桁（図 1.1，図 1.2）
（2）橋格　　　　：1 等橋
（3）支間長　　　：102 + 102 m
（4）橋長　　　　：206 m
（5）幅員　　　　：10.0～13.0 m

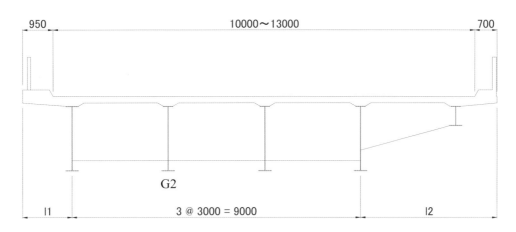

図 1.1　橋梁断面図

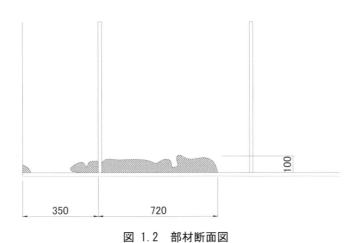

図 1.2　部材断面図

2. 設計・照査の方針

　せん断力を受ける鈑桁ウェブ下端部の腐食に対する FRP シートによる補修事例を示す．この指針（案）の 8.2.4.3 の鋼部材の照査（せん断力に対する照査）では，腐食に伴って断面欠損が生じた腹板のせん断力に対する補修設計では，補強用 FRP を接着する前後の荷重状態を考慮した応力度照査や耐荷力の評価は行わず，最大欠損板厚の軸剛性に相当する補強用 FRP を接着すればよいとしている．これは，断面欠損が生じた部材のせん断応力度やせん断耐力の評価が一般に煩雑になることもあるが，桁端部腹板のせん断応力は設計応力

度に対して一般に十分余裕があることや，腹板下端の断面欠損に伴うせん断耐力の低下率はそれ程大きくないことを考慮したためである．このような特性は，断面減少が進行するにつれて応力増加や強度低下が生じる軸方向力を受ける部材等と大きく異なる．このため，最大欠損板厚の軸剛性に相当する積層数の補強用FRPで補修することにより，せん断力に対する安全性が確保できるとしている．そこで，この補修事例では，安全性の照査は実施せず，文献1)を参考に，必要積層数のみを計算する．**表 2.1**に，照査対象の部材（G2桁）の断面寸法を，**表 2.2**に，照査対象の部材（G2桁）の欠損寸法を示す．

表 2.1 照査対象の部材（G2桁）の断面寸法

項目	記号	単位	値
腹板厚	t_s	mm	10.0

表 2.2 照査対象の部材（G2桁）の欠損寸法

項目	記号	単位	値
腹板欠損厚	t_{sd}	mm	9.0

2.1 安全性の照査

安全性の照査は行わず，最大欠損に相当する剛性のFRPシートを±45°方向にそれぞれ貼付する．FRPシートには，弾性係数が大きい，高弾性型の炭素繊維FRPシートを用いることとした．**表 2.3**にFRPシートの物性値を示す．

表 2.3 FRPシートの物性値

項目	記号	単位	値
種類	—	—	高弾性300目付
弾性係数	E_f	N/mm^2	640000
引張強度（特性値）	σ_f	N/mm^2	1900
引張破断ひずみ（特性値）	ε_{ft}	$\times 10^{-6}$	2969
圧縮破断ひずみ（特性値）	ε_{fc}	$\times 10^{-6}$	1752
設計厚さ（1層あたり）	t_f	mm	0.143

FRPシートの必要積層数は，鋼と等価な弾性係数で換算することで，次式より算定することができる．

$$t_{f,s} = n \times t_f \times (E_f / E_s)$$

ここに，　$t_{f,s}$　：鋼換算したFRPシートの厚さ（mm）

　　　　　n　：FRPシートの積層数

　　　　　E_s　：鋼材のヤング係数（N/mm^2）．E_s=200000（N/mm^2）とした．

上式から鋼換算したFRPシートの厚さが9mm以上となる，FRPシートの積層数を算定する．その結果，n=19.7層となる．そこで，**表 2.4**に示すように，20層とした．

表 2.4 FRPシートの必要積層数

項目	記号	単位	値
腹板必要層数	n_{cfw}	層	20

図 2.1に，補強用FRPの配置を示す．1面当り10層を±45°方向にそれぞれ配置することで，せん断力に

対する安全性は確保される．

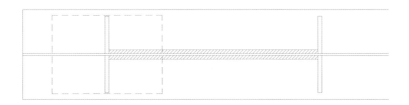

図 2.1 補強用 FRP の貼付位置

2.2 補強用 FRP の必要定着長

文献 1)を参照し，定着長および各層の端部ずらし長は以下とする．

　　　定着長　　：100 mm
　　　ずらし長　：10 mm（各層）
　　　　　　※＋45°方向と－45°方向は交互に積層するものとする．

3. 貼付概略図

図 3.1 に，補強用 FRP の貼付範囲を示す．下端の FRP シートには，ずらしを設けずに，フランジ部にすり合わせて接着する．

図 3.1 補強用 FRP の貼付範囲

参考文献

1)　高速道路総合技術研究所:炭素繊維シートによる鋼構造物の補修・補強工法設計・施工マニュアル, 2013.10

FRP 接着による構造物の補修・補強事例

FRP 接着による構造物の補修・補強事例

No.	工事・橋梁名称	補強を行う部材	補強目的	補強作用	補強用FRP	FRPタイプ	選定理由	施主
1	地域自主戦略交付金事業曙跨線橋補修工事	RC床板	疲労耐久性	曲げ補強	FRPプレート	高強度型	補修・補強後の維持管理性, 輪荷重試験検証効果	札幌市
2	大北橋耐震補強工事	RC床板	耐荷力向上	曲げ補強	FRPプレート	高弾性型	対腐食性、工期短縮	国土交通省関東地方整備局常陸河川国道事務所
3	滝口橋補強工事（けた・床板補強）	鋼桁	耐荷力向上	曲げ補強	FRPプレート	高弾性型	補強による既存桁影響（穿孔・溶接）	東京都北多摩建設局
4	ふるさと農道大名橋補強工事	鋼桁	耐荷力向上	曲げ補強	FRPプレート	高弾性型	〃	鳥取県西部総合事務所
5	新湊川橋耐震補強工事	鋼桁	B活荷重対応	曲げ補強	FRPプレート（緊張材）	高強度型炭素繊維＋ガラス繊維	桁下空間の確保	神戸市建設局西部建設事務所
6	北今市橋耐震工事	PCH桁	B活荷重対応	曲げ補強	FRPプレート（緊張材）	高強度型炭素繊維＋ガラス繊維	供用中の施工可能	奈良県高田土木事務所
7	浅利橋	鋼トラス橋下弦材	断面欠損補修	軸力補強	FRPシート	高弾性型	―	NEXCO中日本
8	稲生跨線橋	ラーメン式橋脚梁部	耐震補強	せん断補強	FRPシート	高強度型	鉄道跨線部の狭隘部施工	川崎市建設緑政局
9	本城橋	鋼トラス橋斜材	断面欠損補修	軸力補強	FRPストランドシート	高弾性型	工期短縮, 施工性	栃木県
10	草加料金所桁補強工事	鋼桁上フランジ下フランジ	耐荷力向上	曲げ補強	FRPストランドシート	高弾性型	軽量, 工期短縮, 施工性	NEXCO東日本
11	丸山橋	RC床板下面	疲労耐久性	曲げ補強	FRPストランドシート	高弾性型	工期短縮, 施工性	秋田県由利地域振興局
12	尾白川橋耐荷補強工事	PCT桁	B活荷重対応	曲げ補強	FRPストランドシート	高弾性型	〃	山梨県
13	三刀屋新大橋	RC床板上面	疲労耐久性	曲げ補強	FRPストランドシート	高弾性型高強度型	〃	国土交通省中国地方整備局松江国道事務所

No.1	工事名称	地域自主戦略交付金事業　曙跨線橋補修工事
	構造形式	RC床版
	竣工年度	平成26年（補修工事）
	補強目的	疲労耐久性向上
	補強部位	床板下面
	補強用FRP	FRPプレート（高強度型）
	接合用樹脂材料	不陸修正材兼用のペースト状
	素地調整	
	参考文献	

写真・図面

全景

CFRPプレート貼り付け完了

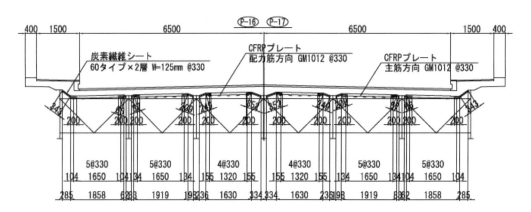

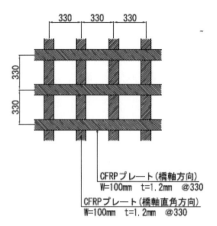

断面図

No.2	工事名称	大北橋耐震補強工事
	構造形式	RC桁
	竣工年度	平成21年4月（補強工事）
	補強目的	耐荷力向上
	補強部位	桁下面
	補強用FRP	FRPプレート（高弾性型）
	接合用樹脂材料	不陸修正材兼用のペースト状
	素地調整	
	参考文献	

写真・図面

全景

施工後

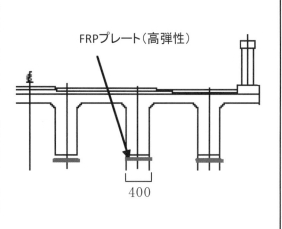

断面図

No.3	工事名称	滝口橋補強工事（けた・床板補強）
	構造形式	単純活荷重合成鋼桁
	竣工年度	平成21年4月（補強工事）
	補強目的	耐荷力向上
	補強部位	主桁下フランジ
	補強用FRP	FRPプレート（高弾性型）
	接合用樹脂材料	不陸修正材兼用のペースト状
	素地調整	ディスクサンダーを用いて鋼桁下面の塗膜を除去
	参考文献	土木学会，複合構造レポート05，FRP接着による鋼構造の補修・補強技術の最先端，2012.6
写真・図面		

全景

CFRPプレート貼り付け状況

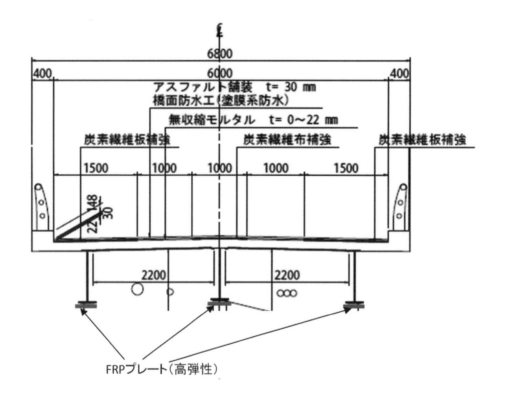
断面図

No.4	工事名称	ふるさと農道大名橋補強工事
	構造形式	4連単純活荷重合成桁
	竣工年度	平成21年8月（補強工事）
	補強目的	耐荷力向上
	補強部位	主桁下フランジ
	補強用FRP	FRPプレート（高弾性型）
	接合用樹脂材料	不陸修正材兼用のペースト状
	素地調整	ディスクサンダーを用いて鋼桁下面の塗膜を除去
	参考文献	

写真・図面

全景

CFRPプレート貼り付け状況

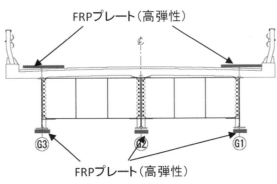

断面図

No.5	工事名称	新湊川橋耐震補強工事
	構造形式	単純鋼合成鈑桁橋
	竣工年度	平成25年（補強工事）
	補強目的	曲げ補強（B活荷重対応）
	補強部位	下フランジ
	補強用FRP	FRPプレート緊張材（高強度型炭素繊維+ガラス繊維）
	接合用樹脂材料	エポキシ接着剤
	素地調整	
	参考文献	平野ら：炭素繊維プレート緊張材を用いた鋼橋の補強，PC工学会，第22回PCシンポジウム論文集，pp.169-172, 2013.10

写真・図面

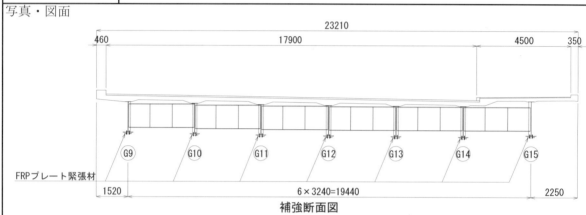

補強断面図

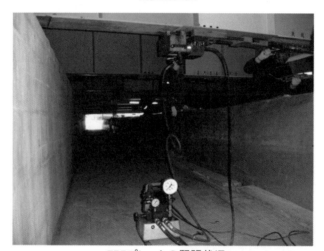

FRPプレートの緊張状況

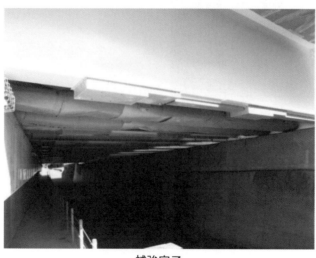

補強完了

No.6	工事名称	北今市橋　耐震工事
	構造形式	旧建設省ホロー桁橋
	竣工年度	平成24年（補強工事）
	補強目的	曲げ補強（B活荷重，拡幅対応）
	補強部位	桁下面
	補強用FRP	FRPプレート緊張材（高強度型炭素繊維+ガラス繊維）
	接合用樹脂材料	エポキシ接着剤
	素地調整	
	参考文献	長谷川ら：炭素繊維プレート緊張材を用いた北今市橋（旧建設省ホロー桁）の補強，PC工学会，第21回PCシンポジウム論文集，pp.169-172，2012.10

写真・図面

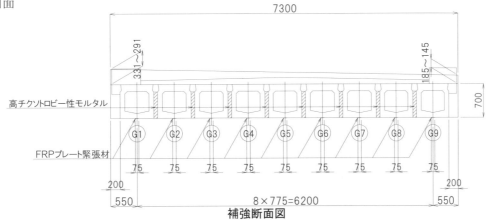

補強断面図

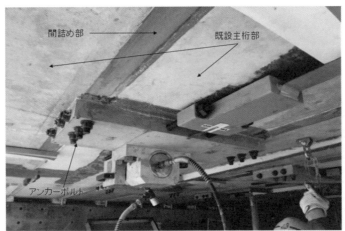

FRPプレートの緊張状況

補強完了

No.7	工事名称	浅利橋
	構造形式	鋼3径間連続ワーレントラス橋
	竣工年度	平成19年（補強工事）
	補強目的	断面欠損補修
	補強部位	下弦材
	補強用FRP	FRPシート（高弾性型）
	接合用樹脂材料	エポキシ含浸接着樹脂
	素地調整	2種ケレン相当（ディスクサンダーにてサビ，塗膜を除去）
	参考文献	杉浦ら：鋼部材腐食損傷部の炭素繊維シートによる補修技術に関する設計施工法の提案，土木学会，土木学会論文集F，pp.106-118, Vol.65, No.1, 2009.3

写真・図面

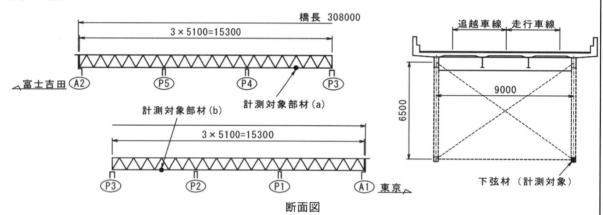

全景

劣化状況

補修後

No.8	工事名称	稲生跨線橋
	構造形式	ラーメン式橋脚
	竣工年度	平成25年（補強工事）
	補強目的	せん断補強
	補強部位	梁部
	補強用FRP	FRPシート（高強度型）
	接合用樹脂材料	エポキシ含浸接着樹脂
	素地調整	ディスクサンダーにて表層をケレン
	参考文献	

写真・図面

施工前

端定着用アンカー設置

シート貼付

端部定着鋼板設置

No.9	工事名称	本城橋補修工事
	構造形式	鋼5径間連続ゲルバートラス橋
	竣工年度	平成20年（補修工事）
	補強目的	断面欠損補修
	補強部位	斜材
	補強用FRP	FRPストランドシート（高弾性型）
	接合用樹脂材料	エポキシ接着剤
	素地調整	2種ケレン相当（ディスクサンダーにてサビ，塗膜を除去）
	参考文献	土木学会，複合構造レポート05，FRP接着による鋼構造の補修・補強技術の最先端，2012.6

写真・図面

全景

劣化状況

ケレン後

シート施工後

塗装後

No.10	工事名称	草加料金所桁補強工事
	構造形式	非合成鈑桁橋
	竣工年度	平成22年（補強工事）
	補強目的	耐荷力向上
	補強部位	鈑桁 上下フランジ
	補強用FRP	FRPストランドシート
	接合用樹脂材料	エポキシ接着剤
	素地調整	1種ケレン（バキュームブラスト）
	参考文献	

写真・図面

補強前

ケレン

プライマー

シート工

シート工完了

塗装後

No.11	工事名称	丸山橋
	構造形式	合成鈑桁橋
	竣工年度	平成23年（補強工事）
	補強目的	疲労耐久性向上
	補強部位	RC床版
	補強用FRP	FRPストランドシート
	接合用樹脂材料	プライマー・不陸修正兼用のエポキシ接着剤
	素地調整	ディスクサンダーにより表層をケレン
	参考文献	

写真・図面

FRPストランドシート貼付

ハンチ部の押え

No.11	工事名称	丸山橋
	構造形式	合成鈑桁橋
	竣工年度	平成23年（補強工事）
	補強目的	疲労耐久性向上
	補強部位	RC床版

No.12	工事名称	尾白川橋耐荷補強工事
	構造形式	PCT橋
	竣工年度	平成29年（補強工事）
	補強目的	B活荷重対応
	補強部位	主桁下面
	補強用FRP	FRPストランドシート
	接合用樹脂材料	プライマー・不陸修正兼用のエポキシ接着剤
	素地調整	ディスクサンダーにより表層をケレン
	参考文献	

写真・図面

外観

シート工①

シート工②

No.13	工事名称	三刀屋新大橋
	構造形式	3径間連続トラス橋
	竣工年度	平成27年（補強工事）
	補強目的	B活荷重対応
	補強部位	RC床版上面
	補強用FRP	FRPストランドシート
	接合用樹脂材料	湿潤対応エポキシ樹脂接着剤
	素地調整	接着剤と超速硬型ポリマーセメントモルタル（JCM）はウェットで連続施工
	参考文献	

写真・図面

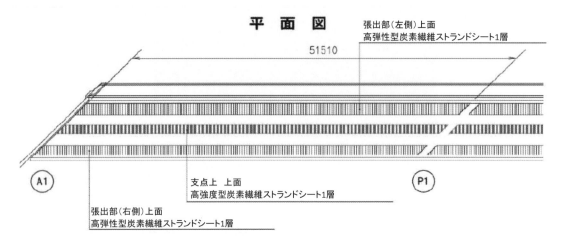

下地調整

打継部接着剤の塗布

不陸修正JCMの塗布

接着剤の塗布

炭素繊維ストランドシートの設置

保護用JCMの塗布

土木学会　複合構造委員会の本

複合構造標準示方書

書名	発行年月	版型：頁数	本体価格
2009年制定 複合構造標準示方書	平成21年12月	A4：558	
※2014年制定 複合構造標準示方書　原則編・設計編	平成27年5月	A4：791	6,800
※2014年制定 複合構造標準示方書　原則編・施工編	平成27年5月	A4：216	3,500
※2014年制定 複合構造標準示方書　原則編・維持管理編	平成27年5月	A4：213	3,200

複合構造シリーズ一覧

号数	書名	発行年月	版型：頁数	本体価格
01	複合構造物の性能照査例　－複合構造物の性能照査指針（案）に基づく－	平成18年1月	A4：382	
02	Guidelines for Performance Verification of Steel-Concrete Hybrid Structures （英文版　複合構造物の性能照査指針（案）　構造工学シリーズ11）	平成18年3月	A4：172	
03	複合構造技術の最先端　－その方法と土木分野への適用－	平成19年7月	A4：137	
04	FRP歩道橋設計・施工指針（案）	平成23年1月	A4：241	
05	基礎からわかる複合構造－理論と設計－	平成24年3月	A4：116	
※06	FRP水門設計・施工指針（案）	平成26年2月	A4：216	3,800
※07	鋼コンクリート合成床版設計・施工指針（案）	平成28年1月	A4：314	3,000
※08	基礎からわかる複合構造－理論と設計－（2017年版）	平成29年12月	A4：140	2,500
※09	FRP接着による構造物の補修・補強指針（案）	平成30年7月	A4：310	3,500

複合構造レポート一覧

号数	書名	発行年月	版型：頁数	本体価格
01	先進複合材料の社会基盤施設への適用	平成19年2月	A4：195	
02	最新複合構造の現状と分析－性能照査型設計法に向けて－	平成20年7月	A4：252	
03	各種材料の特性と新しい複合構造の性能評価－マーケティング手法を用いた工法分析－	平成20年7月	A4：142＋CD-ROM	
04	事例に基づく複合構造の維持管理技術の現状評価	平成22年5月	A4：186	
※05	FRP接着による鋼構造物の補修・補強技術の最先端	平成24年6月	A4：254	3,800
※06	樹脂材料による複合技術の最先端	平成24年6月	A4：269	3,600
※07	複合構造物を対象とした防水・排水技術の現状	平成25年7月	A4：196	3,400
※08	巨大地震に対する複合構造物の課題と可能性	平成25年7月	A4：160	3,200
※09	FRP部材の接合および鋼とFRPの接着接合に関する先端技術	平成25年11月	A4：298	3,600
※10	複合構造ずれ止めの抵抗機構の解明への挑戦	平成26年8月	A4：232	3,500
※11	土木構造用FRP部材の設計基礎データ	平成26年11月	A4：225	3,200
※12	FRPによるコンクリート構造の補強設計の現状と課題	平成26年11月	A4：182	2,600
※13	構造物の更新・改築技術 －プロセスの紐解き－	平成29年7月	A4：258	3,500
※14	複合構造物の耐荷メカニズム－多様性の創造－	平成29年12月	A4：300	3,500

※は、土木学会および丸善出版にて販売中です。価格には別途消費税が加算されます。

定価（本体 3,500 円＋税）

複合構造シリーズ 09
FRP 接着による構造物の補修・補強指針（案）

平成 30 年　7 月 31 日　第 1 版・第 1 刷発行
令和 元 年　8 月 29 日　第 1 版・第 2 刷発行
令和 5 年　3 月 8 日　第 1 版・第 3 刷発行

編集者……公益社団法人　土木学会　複合構造委員会
　　　　　FRP による構造物の補修・補強指針作成小委員会
　　　　　委員長　大垣　賀津雄
発行者……公益社団法人　土木学会　専務理事　塚田　幸広

発行所……公益社団法人　土木学会
　　　　　〒160-0004　東京都新宿区四谷 1 丁目（外濠公園内）
　　　　　TEL　03-3355-3444　FAX　03-5379-2769
　　　　　http://www.jsce.or.jp/
発売所……丸善出版株式会社
　　　　　〒101-0051　東京都千代田区神田神保町 2-17　神田神保町ビル
　　　　　TEL　03-3512-3256　FAX　03-3512-3270

©JSCE2018／Committee on Hybrid Structures
ISBN978-4-8106-0970-7
印刷・製本：勝美印刷（株）　用紙：京橋紙業（株）

・本書の内容を複写または転載する場合には、必ず土木学会の許可を得てください。
・本書の内容に関するご質問は、E-mail（pub@jsce.or.jp）にてご連絡ください。

オンライン土木博物館

ドボ博
DOBOHAKU
www.dobohaku.com

オンライン土木博物館「ドボ博」は、ウェブ上につくられた全く新しいタイプの博物館です。

ドボ博では、「いつものまちが博物館になる」をキャッチフレーズに、地球全体を土木の博物館に見立て、独自の映像作品、貴重な図版資料、現地に誘う地図を巧みに融合して、土木の新たな見方を提供しています。

展示内容の更新や「学芸員」のブログ、関連イベントなどの最新情報をドボ博フェイスブックでも紹介しています。

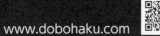 www.dobohaku.com　 www.facebook.com/dobohaku　

写真:「東京インフラ065 羽田空港」より　撮影:大村拓也

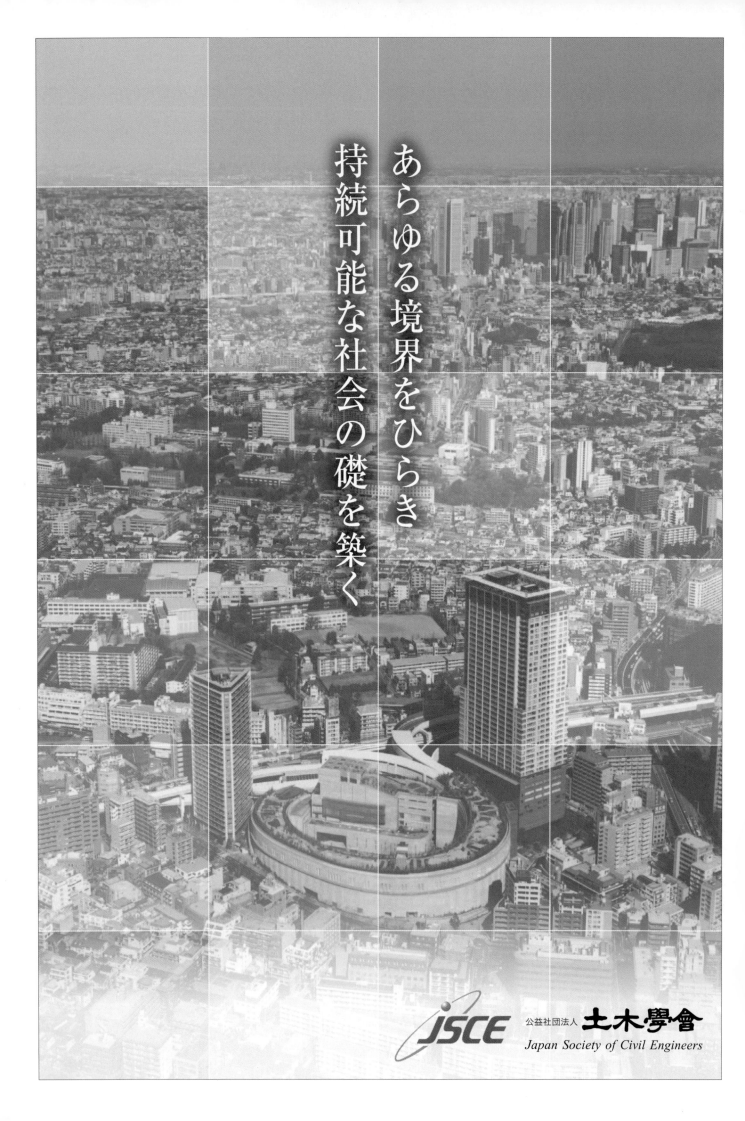